高等学校土木工程专业"十三五"系列教材
普通高等教育土建学科专业"十二五"规划教材
高等学校土木工程专业系列教材

地基处理（第四版）

叶观宝　主编

中国建筑工业出版社

图书在版编目（CIP）数据

地基处理/叶观宝主编. —4 版. —北京：中国建筑
工业出版社，2020.7（2024.11重印）
高等学校土木工程专业"十三五"系列教材　普通
高等教育土建学科专业"十二五"规划教材　高等学
校土木工程专业系列教材
　ISBN 978-7-112 25167-4

　Ⅰ.①地… Ⅱ.①叶… Ⅲ.①地基处理-高等学
校-教材　Ⅳ.①TU472

中国版本图书馆 CIP 数据核字（2020）第 082702 号

　　　　本书结合《建筑地基处理技术规范》JGJ 79—2012 和《复合地基技术规范》GB/T
50783—2012 的技术要求，详细介绍了当前国内外各种地基处理技术的概念、加固机理、设计
计算、施工工艺和质量检验等内容。这些地基处理方法包括：砂（或砂石、碎石）垫层、素
土（或灰土、二灰）垫层、粉煤灰垫层、干渣垫层、加筋垫层、轻质材料垫层（EPS 垫层）、
强夯和强夯置换、碎（砂）石桩、土（或灰土）桩、水泥粉煤灰碎石桩、堆载预压、真空预
压、灌浆、水泥土搅拌桩、高压喷射注浆、土工合成材料、加筋土挡墙。书中还对复合地基
的理论和设计进行了系统的阐述。

　　　　本书可作为土木工程、地质工程、港口与航道工程等专业学生的教材，也可供以上专业
从事勘察、设计、施工、监理和检测的技术人员参考使用。

　　　　为了更好地支持相应课程的教学，我们向采用本书作为教材的教师提供课件，有需要者
可与出版社联系。建工书院：http://edu. cabplink. com，邮箱：jckj@cabp. com. cn，电话：
（010）58337285。

责任编辑：吉万旺　王　跃
责任校对：焦　乐

高等学校土木工程专业"十三五"系列教材
普通高等教育土建学科专业"十二五"规划教材
高等学校土木工程专业系列教材

地基处理（第四版）

叶观宝　主编

*

中国建筑工业出版社出版、发行（北京海淀三里河路 9 号）

各地新华书店、建筑书店经销

霸州市顺浩图文科技发展有限公司制版

北京同文印刷有限责任公司印刷

*

开本：787×1092 毫米　1/16　印张：16¾　字数：406 千字
2020 年 8 月第四版　　　2024 年 11 月第四十一次印刷

定价：**48.00** 元（赠教师课件）

ISBN 978-7-112-25167-4

（35816）

第四版前言

本书第四版是在第三版的基础上结合《建筑地基处理技术规范》JGJ 79—2012 和《复合地基技术规范》GB/T 50783—2012 的技术要求进行再版编写的，并做了以下补充和修改：

1. 考虑到最近几年地基处理技术的发展，增加了大面积场地形成地基处理理念和地基处理新技术的介绍，包括组合型复合地基、复合桩技术、新材料和新的地基处理施工技术。

2. 增加处理后的地基应满足建筑物承载力、变形和稳定性要求的规定；增加采用多种地基处理方法综合使用的地基处理工程验收检验的综合安全系数的检验要求；增加地基处理采用的材料，应根据场地环境类别符合有关标准对耐久性设计的要求；增加处理后的地基整体稳定分析方法。

3. 各章中增加了对一些新的地基处理施工方法的介绍，如加筋垫层、真空和堆载联合预压、高夯击能强夯等。取消了石灰桩一章。

4. 增加复合地基承载力考虑基础深度修正的有黏结强度增强体桩身强度验算方法；调整复合地基承载力和变形计算表达式；调整复合地基变形计算方法和经验系数。

5. 增加检验与监测内容；增加复合地基勘察要点；调整复合地基增强体单桩载荷试验要点和复合地基承载力试验要点。

6. 拓展了复合地基应用领域。

本书共 13 章，由叶观宝教授主编，高彦斌副教授、张振副教授和邢皓枫副教授共同编写。

本书编写过程中引用了很多单位和个人的科研成果及技术总结，再次谨向这些单位和个人致以衷心的谢意。限于作者水平，谬误之处，敬请读者批评指正。

编　者
2020 年 2 月

第三版前言

本书第三版是在第二版的基础上进行再版编写的，并做了以下补充和修改：

1. 第二版按照地基处理的原理安排章节内容，第三版中各种地基处理方法独立成章。

2. 考虑到最近几年地基处理技术的发展，绪言中增加了对一些新的地基处理方法，包括组合式地基处理工法、新的地基处理桩型和新的地基处理施工技术的介绍。

3. 各章中增加了对一些新的地基处理施工方法的介绍，如冲击碾压法、长螺旋钻孔管内泵压成桩法、降水联合低能量强夯法等。

4. 适当增加对一些地基处理方法的设计计算方法介绍，如强夯置换法设计、排水预压法设计和加筋土挡墙设计等。

5. 增加一章"复合地基理论和设计"，系统地介绍复合地基的概念、分类、特性以及设计计算方法。

6. 增加了地基处理设计案例，有助于提高该课程的教学效果。

本书共分 14 章，由叶观宝教授和高彦斌副教授共同编写，由叶书麟教授主审。研究生荆婷婷、梁振宁和郭聪灵参与了本书的有关编辑和校对工作。

本书的编写过程中得到了教育部、财政部"第四批高等学校特色专业建设点（项目编号：TS 11385）"和上海市重点学科建设项目（项目编号：B 308）的资助。

本书编写过程中引用了很多单位和个人的科研成果及技术总结，再次谨向这些单位和个人致以衷心的谢意。限于作者水平，谬误之处，敬请读者批评指正。

编　者
2008 年 12 月

第二版前言

自第一版《地基处理》问世以来，已有7年之久。在这7年中，我国经济建设突飞猛进，因而如何选择既满足工程要求，又节省建设资金的地基处理方法，成为广大工程技术人员所关注的重大技术问题。

本书再版编写的原则是：

1. 当前我国再版的《建筑地基处理技术规范》JCJ 79—2002已正式颁布。为此，本书编写时是根据该规范技术要求和符号进行编写的，以使读者在参考和应用其他技术资料时较为方便。

2. 考虑土工合成材料这一领域在全国各地蓬勃兴起，又鉴于我国颁布了《土工合成材料应用技术规范》GB 50290—98，本书对土工合成材料这一新内容结合新规范做了修改和加深；另外，在加筋一章内又增加了树根桩这一节新内容，使读者能了解树根桩这一新技术在国内外的应用和进展。

3. 自第一版出版后，在我国很多大专院校将它作为必修课、选修课或研究生教材，也作为科技人员的培训教材。为此，编写过程中更为着重阐明加固机理、对各种地基处理方法的相互比较和综合分析。

本书共分六章，第一、二、六章由叶书麟编写；第三、四、五章由叶观宝编写。

本书编写过程中引用了很多单位的科研成果和技术总结，再次谨向这些单位和原作者致以衷心的谢意。限于作者水平，谬误之处，敬请读者批评指正。

叶书麟　叶观宝
2004年4月

第一版前言

我国地域辽阔、幅员广大、自然地理环境不同、土质各异、地基条件区域性较强；随着当前经济建设的蓬勃发展，不仅事先要选择在地质条件良好的场地从事建设，而且有时也不得不在地质条件不好的地方进行修建，因此就需对天然的软弱地基进行处理。

地基处理的主要目的是指提高软弱地基的强度、保证地基的稳定；降低软弱地基的压缩性、减少基础的沉降和不均匀沉降；防止地震时地基土的振动液化；消除特殊土的湿陷性、胀缩性和冻胀性。

目前国内外地基处理方法众多，很多方法还在不断发展和完善中。每一种地基处理方法都有它的适用范围和局限性，因而选用某一种地基处理方法时，一定要根据地基土质条件、工程要求、工期、造价、料源、施工机械设备条件等因素综合分析后确定。

本教材是根据建筑工程专业教学计划进行编写的；结合过去的地下建筑工程、工程地质和水文地质、岩土工程三专业所需要的内容，自 1978 年来在以上三专业试用铅印教材后，于 1988 年 8 月正式出版《地基处理》（建筑施工工程师技术丛书）（中国建筑工业出版社）。此后，积极搜集资料，并广泛征求多数院校的意见，吸收国内外比较成熟的新内容，以适应我国基本建设中现代化的需要和教学需要，改编成本教材。

本教材的编写有以下特点：

1. 当前我国《建筑地基处理技术规范》JGJ 79—91 已正式颁布。为此，本书编写时是根据该规范要求和符号进行编写的，以使学员在今后工作中参考使用时较为方便。

2. 鉴于当前地基处理技术发展情况，为反映国内外最新技术成果，对原《地基处理》内各章进行了补充和加深，力求使本教材全面反映先进性和完整性。

3. 本书遵照全国土力学基础工程学会下"土力学基础工程名词委员会"编制的《土力学及基础工程名词》（汉英及英汉对照）（中国建筑工业出版社出版，1983）一书统一全书专业技术名词，有的地基处理技术名词还注出英语原文，并简要阐明其术语定义。

4. 本书各章节安排按地基处理的作用机理进行分章列节，作者认为可体现各种地基方法的主要特点和将某些地基处理方法的共性归纳入同一章内，以示科学性。但考虑学员阅读各章节时保持各章节的独立性，因而个别章节内容上不免有极少部分的搭接。

5. 鉴于《地基处理》问世后，除了有很多大专院校将它作为必修课和选修课教材外，还有作为成人教学的培训教材。因此，编写过程中根据作者对本门"地基处理"教学的多年实践经验，对各种地基处理方法阐明其加固机理，设计、施工和质量检验，每章尽可能结合实践附以工程实例、算例、思考题与习题，并对各种地基处理方法进行比较和综合考虑。

本书共分六章，第一、二、六章由叶书麟编写；第三、四、五章由叶观宝编写，全书由叶书麟担任主编，由赵志缙教授担任主审。

本书编写过程中引用了许多科研单位和工程单位的一些科研成果和技术总结，谨向这些单位和同志致以衷心的谢意。

限于作者水平，本书不足和错误之处在所难免，敬请读者批评指正。

编　者
1997 年 1 月

目　　录

1 绪 言

1.1 地基处理的定义

1.1.1 场地

场地（Site）是指工程建设所直接占有并直接使用的有限面积的土地。场地范围内及其邻近的地质环境都会直接影响着场地的稳定性。场地的概念是宏观的，它不仅代表着所划定的土地范围，还应扩大涉及某种地质现象或工程地质问题所概括的地区。所以场地的概念不能机械地理解为建筑占地面积，在地质条件复杂的地区，还应包括该面积在内的某个微地貌、地形和地质单元。场地的评价对工程的总体规划具有深远的实际意义，关系到工程的安全性和工程造价。

1.1.2 地基

地基（Foundation，Subgrade）是指受工程直接影响的这一部分范围很小的场地。建筑物的地基所面临的问题概括起来有以下四方面。

1. 强度及稳定性问题

当地基的抗剪强度不足以支承上部结构的自重及外荷载时，地基就会产生局部或整体剪切破坏。它会影响建（构）筑物的正常使用，甚至引起开裂或破坏。承载力较低的地基容易产生地基承载力不足问题而导致工程事故。

土的抗剪强度不足除了会引起建筑物地基失效的问题外，还会引起其他一系列的岩土工程稳定问题，如边坡失稳、基坑失稳、挡土墙失稳、堤坝垮塌、隧道塌方等。

2. 变形问题

当地基在上部结构的自重及外界荷载的作用下产生过大的变形时，会影响建（构）筑物的正常使用；当超过建筑物所能容许的不均匀沉降时，结构可能开裂。

高压缩性土的地基容易产生变形问题。一些特殊土地基在大气环境改变时，由于自身物理力学特性的变化而往往会在上部结构荷载不变的情况下产生一些附加变形，如湿陷性黄土遇水湿陷、膨胀土的遇水膨胀和失水干缩、冻土的冻胀和融沉、软土的扰动变形等。这些变形对建（构）筑物的安全都是不利的。

3. 渗漏问题

渗漏是由于地基中地下水运动产生的问题。渗漏问题包括两方面：水量流失和渗透变形。

水量流失是由于地基土的抗渗性能不足而造成水量损失，从而影响工程的储水或防水性能，或者造成施工不便，如堤坝防水性能不足会降低堤坝的性能，垃圾填埋场中地基防渗性能不足会引起污染物随地下水的扩散和迁移，地下水位以下地下结构（隧道、基坑等）施工中的防水问题不足会引起施工不便等。

渗透变形是指渗透水流将土体的细颗粒冲走、带走或局部土体产生移动，导致土体变形。渗透变形又分为流土和管涌。流土是在渗流作用下，局部土体表面隆起，或某一范围内土粒群同时发生移动的现象。管涌是在渗流作用下，无黏性土中的细小颗粒通过较大颗粒的孔隙，发生移动并被带出的现象。在堤坝工程和地下结构（隧道、基坑等）施工过程中，经常会产生由于渗透变形造成的工程事故。

4. 液化问题

在动力荷载（地震、机器以及车辆、爆破和波浪）作用下，会引起饱和松散砂土（包括部分粉土）产生液化，它是使土体失去抗剪强度近似液体特性的一种动力现象，并会造成地基失稳和震陷。

1.1.3 基础

基础（Foundation，Footing）是指建筑物向地基传递荷载的下部结构，它具有承上启下的作用。它处于上部结构的荷载及地基反力的相互作用下，承受由此而产生的内力（轴力、剪力和弯矩）。另外，基础底面的反力反过来又作为地基上的荷载，使地基土产生应力和变形。地基和基础的设计往往是不可截然分割的，基础设计时，除需保证基础结构本身具有足够刚度和强度外，同时还需选择合理的基础尺寸和布置方案，使地基的强度和变形满足规范的要求。

需要指出的是，对于一些建（构）筑物并没有一个明确的基础，如堤坝和隧道，在这些工程中，基础和地基的概念是不作区分的。

1.1.4 地基处理

凡是基础直接建造在未经加固的天然土层上时，这种地基称之为天然地基。若天然地基很软弱，不能满足地基强度和变形等要求，则事先要经过人工处理后再建造基础，这种地基加固称为地基处理（Ground Treatment，Ground Improvement）。

我国地域辽阔，从沿海到内地，由山区到平原，分布着多种多样的地基土，其抗剪强度、压缩性以及透水性等因土的种类不同而可能有很大的差别，地基条件区域性较强。一些软弱地基或特殊土地基往往需要进行地基处理才可使用。另外，随着结构物的荷载日益增大，对变形的要求也越来越严，因而原来一般可被评价为良好的地基，也可能在特定条件下需要进行地基处理。

地基处理的方法多种多样，加固原理和适用范围也不尽相同。因此，对某一具体工程来讲，在选择处理方法时需要综合地质条件、上部结构要求、周围环境条件、材料来源、施工工期、施工队伍技术素质与施工技术条件、设备状况和经济指标等，科学制定地基处理方案，必要时可进行现场试验以确定设计、施工参数。不仅如此，由于地基处理工程属于隐蔽工程，在施工过程中，还应该通过可靠的检测、监测和其他质量控制程序严格控制施工质量。地基处理工程验收时，还需进行一些必要的检测工作。

1.2 地基处理的对象及其特征

地基处理的对象是软弱地基（Soft Foundation）和特殊土地基（Special Ground）。我国《建筑地基基础设计规范》GB 50007—2011 中规定："软弱地基系指主要由淤泥、淤泥质土、冲填土、杂填土或其他高压缩性土层构成的地基"。特殊土地基大部分带有地区特点，它包括软土、湿陷性黄土、膨胀土、红黏土、冻土和岩溶等。

1.2.1 软弱地基

1. 软土

软土（Soft Soil）是淤泥（Muck）和淤泥质土（Mucky Soil）的总称。它是在静水或非常缓慢的流水环境中沉积，经生物化学作用形成的。

软土的特性是天然含水量高、天然孔隙比大、抗剪强度低、压缩系数高、渗透系数小。在外荷载作用下地基承载力低、地基变形大，不均匀变形也大，且变形稳定历时较长，在比较深厚的软土层上，建筑物基础的沉降往往持续数年乃至数十年之久。

设计时宜利用其上覆较好的土层作为持力层；应考虑上部结构和地基的共同作用；对建筑体型、荷载情况、结构类型和地质条件等进行综合分析，再确定建筑和结构措施及地基处理方法。

施工时应注意对软土基槽底面的保护，减少扰动；对荷载差异较大的建筑物，宜先建重、高部分，后建轻、低部分。

对活荷载较大如料仓等油罐等构筑物或构筑物群，使用初期应根据沉降情况控制加载速率，掌握加载间隔时间或调整活荷载分布，避免过大不均匀沉降。

2. 冲填土

冲填土（Hydraulic Fill）是指整治和疏浚江河航道时，用挖泥船通过泥浆泵将泥砂夹大量水分吹到江河两岸而形成的沉积土，南方地区称吹填土。

如以黏性土为主的冲填土，因吹到两岸的土中含有大量水分且难于排出而呈流动状态，这类土是属于强度低和压缩性高的欠固结土。如以砂性土或其他粗颗粒土所组成的冲填土，其性质基本上和粉细砂相类似而不属于软弱土范畴。

冲填土是否需要处理和采用何种处理方法，取决于冲填土的工程性质中颗粒组成、土层厚度、均匀性和排水固结条件。

3. 杂填土

杂填土（Miscellaneous Fill）是指由人类活动而任意堆填的建筑垃圾、工业废料和生活垃圾而形成的土。

杂填土的成因很不规律，组成的物质杂乱，分布极不均匀，结构松散。因而强度低、压缩性高和均匀性差，一般还具有浸水湿陷性。即使在同一建筑场地的不同位置，其地基承载力和压缩性也有较大差异。

对有机质含量较多的生活垃圾和对基础有侵蚀性的工业废料，未经处理不应作为持力层。

4. 其他高压缩性土

主要指饱和松散粉细砂和部分粉土，在动力荷载（机械振动、地震等）重复作用下将产生液化；在基坑开挖时也会产生管涌。

1.2.2 特殊土地基

1. 湿陷性黄土

凡天然黄土在上覆土的自重应力作用下，或在上覆土自重应力和附加应力作用下，受水浸润后土的结构迅速破坏而发生显著附加下沉的黄土，称为湿陷性黄土（Collapsible Loess）。

我国湿陷性黄土广泛分布在甘肃、陕西、黑龙江、吉林、辽宁、内蒙古、山东、河北、河南、陕西、山西、甘肃、宁夏、青海和新疆等地区。由于黄土的浸水湿陷而引起建筑物的不均匀沉降是造成黄土地区事故的主要原因，设计时首先要判断是否具有湿陷性，再考虑如何进行地基处理。

2. 膨胀土

膨胀土（Expansive Soil）是指黏粒成分主要由亲水性黏土矿物组成的黏性土。它是一种吸水膨胀和失水收缩、具有较大的胀缩变形性能，且变形往复的高塑性黏土。利用膨胀土作为建筑物地基时，如果不进行地基处理，常会对建筑物造成危害。

我国膨胀土分布范围很广。在广西、云南、湖北、河南、安徽、四川、河北、山东、陕西、江苏、贵州和广东等地均有不同范围的分布。

3. 红黏土

红黏土（Red Clay）是指石灰岩和白云岩等碳酸盐类岩石在亚热带温湿气候条件下，经风化作用所形成的褐红色黏性土。通常红黏土是较好的地基土，但由于下卧岩面起伏及存在软弱土层，一般容易引起地基不均匀沉降。

我国红黏土主要分布在云南、贵州、广西等地。

4. 季节性冻土

冻土（Frozen Soil）是指气候在负温条件下，其中含有冰的各种土。季节性冻土（Seasonally Frozen Ground）是指该冻土在冬季冻结，而夏季融化的土层。多年冻土或永冻土（Permafrost）是指冻结状态持续三年以上的土层。

季节性冻土因其周期性的冻结和融化，因而对地基的不均匀沉降和地基的稳定性影响较大。季节性冻土在我国东北、华北和西北广大地区均有分布，占我国领土面积一半以上，其南界西从云南章凤，向东经昆明、贵阳，绕四川盆地北缘，到长沙、安庆、杭州一带。多年冻土分布在东北大兴安岭、小兴安岭，西部阿尔泰山、天山、祁连山及青藏高原等地，总面积超过全国领土面积的 1/5 。

5. 岩溶

岩溶（或称喀斯特 Karst）主要出现在碳酸类岩石地区。其基本特性是地基主要受力层范围内受水的化学和机械作用而形成溶洞、溶沟、溶漕、落水洞以及土洞等。建造在岩溶地基上的建筑物，要慎重考虑可能会造成底面变形和地基陷落。

我国岩溶地基广泛分布在贵州和广西两省区。岩溶是以岩溶水的溶蚀为主，由潜蚀和机械塌陷作用而造成的。溶洞的大小不一，且沿水平方向延伸，有的溶洞已经干涸或泥砂填实；有的有经常性水流。

土洞存在于溶沟发育，地下水在基岩上下频繁活动的岩溶地区，有的土洞已停止发育；有的在地下水丰富地区还可能发展，大量抽取地下水会加速土洞的发育，严重时可引起地面大量塌陷。

1.3 地基处理的目的

地基处理的目的是利用置换、夯实、挤密、排水、胶结、加筋和热学等方法对地基土进行加固，用以改良地基土的工程特性。

1. 提高地基的抗剪切强度

地基的剪切破坏表现在：建筑物的地基承载力不够；由于偏心荷载及侧向土压力的作用使结构物失稳；由于填土或建筑物荷载，使邻近地基产生隆起；土方开挖时边坡失稳；基坑开挖时坑底隆起。地基的剪切破坏反映在地基土的抗剪强度不足，因此，为了防止剪切破坏，就需要采取一定措施以增加地基土的抗剪强度。

2. 降低地基的压缩性

地基的压缩性表现在建筑物的沉降和差异沉降大；由于有填土或建筑物荷载，使地基产生固结沉降；作用于建筑物基础的负摩擦力引起建筑物的沉降；大范围地基的沉降和不均匀沉降；基坑开挖引起邻近地面沉降；由于降水地基产生固结沉降。地基的压缩性反映在地基土的压缩模量指标的大小。因此，需要采取措施以提高地基土的压缩模量，借以减少地基的沉降或不均匀沉降。

3. 改善地基的透水特性

地基的透水性表现在堤坝等基础产生的地基渗漏；基坑开挖工程中，因土层内夹薄层粉砂或粉土而产生流砂和管涌。以上都是在地下水的运动中所出现的问题。为此，必须采取措施使地基土降低透水性或减少其水压力。

4. 改善地基的动力特性

地基的动力特性表现在地震时饱和松散粉细砂（包括部分粉土）将产生液化；由于交通荷载或打桩等原因，使邻近地基产生振动下沉。为此，需要采取措施防止地基液化，并改善其振动特性以提高地基的抗震性能。

5. 改善特殊土的不良地基特性

主要是消除或减少特殊土地基的一些不良工程性质，如湿陷性黄土的湿陷性、膨胀土的胀缩性和冻土的冻胀融沉性等。

1.4 地基处理方法的分类、原理及适用范围

1.4.1 地基处理方法的分类

地基处理的历史可追溯到古代，许多现代的地基处理技术都可在古代找到它的雏形。我国劳动人民在处理地基方面有着极其宝贵的丰富经验。根据历史记载，早在 2000 年前就已采用了软土中夯入碎石等压密土层的夯实法；灰土和三合土的换土垫层法也是我国传统的建筑技术之一。

地基处理方法的分类可有多种多样。如按时间可分临时处理和永久处理；按处理深度可分为浅层处理和深层处理；按土性对象可分为砂性土处理和黏性土处理，饱和土处理和非饱和土处理；也可按照地基处理的作用机理进行分类。

按地基处理的作用机理进行的分类如表 1-1 所示，它体现了各种处理方法的主要特点。

1.4.2 各种地基处理方法原理简介

下面简要介绍常用各种地基处理方法的基本原理，详细内容将在各章节中阐述。

1. 换土垫层法

（1）垫层法

地基处理方法的分类　　　　表 1-1

物理处理	换土处理	挖除换土法	全部挖除换土法、部分挖除换土法		
		强制换土法	自重强制换土法、强夯挤淤法		
		爆破换土法（或称爆破挤淤法）			
	密实处理	浅层密实处理	碾压法、重锤夯实法、振动压实法		
		深层密实处理	冲击密实法	爆破挤密法、强夯法	
			振冲法（碎石桩法）		
			挤密法	砂(石)桩挤密法、灰土桩挤密法、石灰桩挤密法	
	排水处理	力学排水	加压排水	砂井排水法、袋装砂井排水法、塑料排水带法	
			降水	水井排水法	浅井排水法 深井排水法
				井点排水法	普通井点排水法 真空井点排水法
			负压排水（真空排水法）		
		电学排水（电渗排水）			
		其他排水	排水砂(砂石)垫层法、土工聚合物法		
	加筋处理	加筋土 土工聚合物 土锚 土钉 树根桩 砂(石)桩			
	热学处理	热加固法 冻结法			
化学处理	灌浆法				
	搅拌法	石灰系搅拌法			
		水泥系搅拌法	水泥土搅拌法	湿喷、干喷、夯实水泥土桩法	
			高压喷射注浆法		

　　将基础底面以下处理范围内的软弱土层部分或全部挖去，然后分层换填强度较大的砂（碎石、素土、灰土、高炉干渣、粉煤灰）或其他性能稳定、无侵蚀性等材料，并压（夯、振）实至要求的密实度形成一定厚度的垫层；也可在垫层中设置土工合成材料形成加筋垫层，或采用聚苯乙烯板块（EPS）和泡沫轻质土进行换填。换土垫层法可提高持力层的承载力，减少沉降量；消除或部分消除土的湿陷性和胀缩性；防止土的冻胀作用及改善土的

抗液化性。

（2）强夯挤淤法

采用边强夯、边填碎石、边挤淤的方法，在地基中形成碎石墩体，可提高地基承载力和减小变形。

2. 振密、挤密法

振密、挤密法的原理是采用一定的手段，通过振动、挤压使地基土体孔隙比减小，强度提高，达到地基处理的目的。

（1）表层压实法

采用人工或机械夯实、机械碾压或振动对填土、湿陷性黄土、松散无黏性土等软弱或原来比较疏松表层土进行压实，也可采用分层回填压实加固。

（2）重锤夯实法

利用重锤自由下落时的冲击能来夯击浅层土，使其表面形成一层较为均匀的硬壳层。

（3）强夯法

利用强大的夯击能，迫使深层土液化和动力固结，使土体密实，用以提高地基土的强度并降低其压缩性、消除土的湿陷性、胀缩性和液化性。

（4）振冲挤密法

振冲挤密法一方面依靠振冲器的强力振动使饱和砂层发生液化，颗粒重新排列，孔隙比减少；另一方面依靠振冲器的水平振动力，形成垂直孔洞，在其中加入回填料，使砂层挤压密实。

（5）土（或灰土、粉煤灰加石灰）桩法

是利用打入钢套管（或振动沉管、炸药爆破）在地基中成孔，通过"挤"压作用，使地基土得到加"密"，然后在孔中分层填入素土（或灰土、粉煤灰加石灰）后夯实而成土桩（或灰土桩、二灰桩）。

（6）砂桩

在松散砂土或人工填土中设置砂桩，能对周围土体或产生挤密作用，或同时产生振密作用。可以显著提高地基强度，改善地基的整体稳定性，并减少地基沉降量。

（7）爆破法

利用爆破产生振动使土体产生液化和变形，从而获得较大密实度，用以提高地基承载力和减小沉降。

3. 排水固结法

其基本原理是软土地基在附加荷载的作用下，逐渐排出孔隙水，使孔隙比减小，产生固结变形。在这个过程中，随着土体超静孔隙水压力的逐渐消散，土的有效应力增加，地基抗剪强度相应增加，并使沉降提前完成。

排水固结法主要由排水和加压两个系统组成。按照加载方式的不同，排水固结法又分为堆载预压法、真空预压法、真空-堆载联合预压法、降低地下水位法和电渗排水法。

（1）堆载预压法

在建造建筑物以前，通过临时堆填土石等方法对地基加载预压，地基中孔隙水被逐渐"压出"而达到预先完成部分或大部分地基沉降，并通过地基土固结提高地基承载力，然后撤除荷载，再建造建筑物。

为了加速堆载预压地基固结速度，常可与砂井法或塑料排水带法等同时应用。如黏土层较薄，透水性较好，也可单独采用堆载预压法。

（2）真空预压法

在黏土层上铺设砂垫层，然后用薄膜密封砂垫层，用真空泵对砂垫层及砂井抽气，产生一定的真空度。地基中孔隙水被逐渐"吸出"而完成预压过程。

（3）真空-堆载联合预压法

当真空预压达不到要求的预压荷载时，可与堆载预压联合使用，其堆载预压荷载和真空预压荷载可叠加计算。

（4）降低地下水位法

通过降低地下水位使土体中的孔隙水压力减小，从而增大有效应力，使地基产生固结。

（5）电渗排水法

在土中插入金属电极并通以直流电，由于直流电场作用，土中的水从阳极流向阴极，然后将水从阴极排除，而不让水在阳极附近补充，借助电渗作用可逐渐排除土中水。在工程上常利用它降低黏性土中的含水量或降低地下水位来提高地基承载力或边坡的稳定性。

4. 置换法

其原理是以砂、碎石等材料置换软土，与未加固部分形成复合地基，达到提高地基强度的目的。

（1）振冲置换法（或称碎石桩法）

碎石桩法是利用一种单向或双向振动的冲头，边喷高压水流边下沉成孔，然后边填入碎石边振实，形成碎石桩。桩体和原来的黏性土构成复合地基，以提高地基承载力和减小沉降。

（2）石灰桩法

在软弱地基中用机械成孔，填入作为固化剂的生石灰并压实形成桩体，利用生石灰的吸水、膨胀、放热作用以及土与石灰的物理化学作用，改善桩体周围土体的物理力学性质，同时桩与土形成复合地基，达到地基加固的目的。

（3）强夯置换法

对厚度小于10m的软弱土层，边夯边填粗颗粒材料，形成直径为2m左右的置换墩体，与周围土体形成复合地基。

（4）水泥粉煤灰碎石桩（CFG桩）

水泥粉煤灰碎石桩是在碎石桩基础上加入一些石屑、粉煤灰和少量水泥，加水拌合，用振动沉管打桩机或其他成桩机具制成的一种具有一定黏结强度的桩。桩和桩间土通过褥垫层形成复合地基。

（5）柱锤冲扩法

柱锤冲扩法是利用直径为 $300\sim500mm$、长度 $2\sim6m$、质量 $2\sim10t$ 的柱状锤冲扩成孔，填入碎砖三合土等材料，夯实成桩，桩和桩间土通过褥垫层形成复合地基。

（6）EPS超轻质料填土法

发泡聚苯乙烯（EPS）的重度只有土的 $1/100\sim1/50$，并具有较好的强度和压缩性能，用于填土料，可有效减少作用在地基上的荷载，需要时也可置换部分地基土，以达到更好的效果。

5. 加筋法

通过在土层中埋设强度较大的土工聚合物、拉筋、受力杆件等提高地基承载力、减小沉降或维持建筑物稳定。

（1）土工聚合物

利用土工聚合物的高强度、韧性等力学性能，扩散土中应力，增大土体的抗拉强度，改善土体或构成加筋土以及各种复合土工结构。

（2）加筋土

把抗拉能力很强的拉筋埋置在土层中，通过土颗粒和拉筋之间的摩擦力形成一个整体，用以提高土体的稳定性。

（3）土层锚杆

土层锚杆是依赖于土层与锚固体之间的黏结强度来提供承载力的，它使用在一切需要将拉应力传递到稳定土体中去的工程结构，如边坡稳定、基坑围护结构的支护、地下结构抗浮、高耸结构抗倾覆等。

（4）土钉

土钉技术是在土体内放置一定长度和分布密度的土钉体，与土共同作用，用以弥补土体自身强度的不足。土钉不仅提高了土体整体刚度，又弥补了土体的抗拉和抗剪强度低的弱点，显著提高了整体稳定性。

（5）树根桩法

在地基中沿不同方向，设置直径为 75～250mm 的细桩，可以是竖直桩，也可以是斜桩，形成如树根状的群桩，以支撑结构物，或用以挡土，稳定边坡。

6. 胶结法

在软弱地基中部分土体内掺入水泥、水泥砂浆以及石灰等土体固化剂，形成一定强度的加固体，与未加固部分形成复合地基，以提高地基承载力和减小沉降。

（1）灌浆法

其原理是用压力泵把水泥或其他化学浆液灌入土体，以达到提高地基承载力、减小沉降、防渗、堵漏等目的。

（2）高压喷射注浆法

将带有特殊喷嘴的注浆管，通过钻孔置入要处理土层的预定深度，然后将水泥浆液以高压冲切土体，在喷射浆液的同时，以一定速度旋转、提升，形成水泥土圆柱体；若喷嘴提升而不旋转，则形成墙状固结体。可以提高地基承载力、减少沉降、防止砂土液化、管涌和基坑隆起。

（3）水泥土搅拌法

利用水泥、石灰或其他材料作为固化剂的主剂，通过特别的深层搅拌机械，在地基深处就地将软土和固化剂（水泥或石灰的浆液或粉体）强制搅拌，形成坚硬的拌合柱体，与原地层共同形成复合地基。

（4）夯实水泥土桩

利用沉管、冲击、人工洛阳铲、螺旋钻等方法成孔，回填水泥和土的拌合料，分层夯实形成坚硬的水泥土柱体，并挤密桩间土，通过褥垫层与原地基土形成复合地基。

7. 冷热处理法

（1）冻结法

通过人工冷却，使地基温度低到孔隙水的冰点以下，使之冷却，从而具有理想的截水性能和较高的承载力。

（2）烧结法

通过渗入压缩的热空气和燃烧物，并依靠热传导，而将细颗粒土加热到100℃以上，从而增加土的强度，减小变形。

1.4.3 各种地基处理方法的适用范围和加固效果

地基处理的基本方法，无非是置换、夯实、挤密、排水、胶结、加筋、和热学等方法。根据加固后地基性状可以分为土质整体改良和形成复合地基两种类型。这些方法是千百年以前以至迄今仍然有效的方法。各种地基处理方法的主要适用范围和加固效果见表1-2。

各种地基处理方法的主要适用范围和加固效果　　　　　表1-2

按处理深浅分类	序号	处理方法	适用情况						加固效果				最大有效处理深度(m)
			淤泥质土	人工填土	黏性土 饱和	黏性土 非饱和	无黏性土	湿陷性黄土	降低压缩性	提高抗剪强度	形成不透水性	改善动力特性	
浅层加固	1	换土垫层法	*	*	*	*		*	*	*		*	3
	2	机械碾压法		*		*	*	*	*	*			3
	3	平板振动法		*		*	*	*	*	*			1.5
	4	重锤夯实法		*		*	*	*	*	*			1.5
	5	土工聚合物法	*		*				*	*			
深层加固	6	强夯法		*		*	*	*	*	*		*	20
	7	强夯置换法	*	*	*	*	*	*	*	*	*		10
	8	砂桩挤密法		*	*	*	*		*	*		*	20
	9	振动水冲法		*	*	*	*		*	*		*	20
	10	灰土(土、二灰)桩挤密法		*		*		*	*	*			20
	11	石灰桩挤密法	*		*				*	*			20
	12	水泥粉煤灰碎石桩法			*	*			*	*			30
	13	柱锤冲扩桩法		*		*	*	*	*	*			10
	14	砂井(袋装砂井、塑料排水带)堆载预压法	*		*				*	*			30
	15	真空预压法	*		*				*	*			25
	16	降水预压法	*		*				*	*			30
	17	电渗排水法	*		*				*	*			20
	18	水泥灌浆法	*		*	*	*	*	*	*	*	*	20
	19	硅化法			*	*	*	*	*	*	*	*	20

按处理深浅分类	序号	处理方法	适用情况						加固效果				最大有效处理深度（m）
			淤泥质土	人工填土	黏性土		无黏性土	湿陷性黄土	降低压缩性	提高抗剪强度	形成不透水性	改善动力特性	
					饱和	非饱和							
深层加固	20	电动硅化法	＊		＊				＊	＊	＊		
	21	高压喷射注浆法	＊	＊	＊	＊	＊		＊	＊	＊		50
	22	深层搅拌法	＊		＊	＊			＊	＊	＊		20
	23	粉体喷射搅拌法	＊		＊	＊			＊	＊	＊		15
	24	夯实水泥土桩法		＊					＊	＊	＊		15
	25	热加固法					＊		＊	＊			15
	26	冻结法	＊	＊	＊	＊	＊			＊	＊		

值得注意的是，很多地基处理的方法具有多种处理的效果。如碎石桩具有置换、挤密、排水和加筋的多重作用；石灰桩又挤密又吸水，吸水后又进一步挤密等，因而一种处理方法可能具有多种处理效果。另外，为了提高工效和缩短工期，还常常采用一些组合型地基处理方法，也就是将几种单一的地基处理方法有机地组合在一起，充分发挥各自的优点，如长板短桩工法（塑料排水板和搅拌桩组合使用）、刚-柔性桩复合地基技术、劲性复合桩技术、强夯和降水组合工法等。

1.5 一些新的地基处理方法

随着地基处理技术的发展，一些新的技术和方法得到了应用。本节将简要概括一下最近几年出现的地基处理的新理念和新技术，主要包括：大面积场地形成地基处理、组合式地基处理工法、新的地基处理桩型、新的地基处理施工技术和新材料。

1.5.1 大面积场地形成地基处理

随着我国城镇化、工业化的快速发展，建设用地供需矛盾日益突出，为了增加城市建设用地的供给，我国开展了大规模的工程造地活动，即场地形成，包括整理和开发滩涂、围填海造地和开山石填沟等。

目前，我国工程项目建设的通常做法是在场地平整后，只要求地基强度满足正常施工条件即可，然后再针对场地上不同建筑物的荷载水平，对建筑物地基进行局部加固。对于大面积场地形成而言，常规的只针对建筑物地基进行处理，往往会造成人为的后期开发障碍（如开山石回填，无法对地基深层进行处理；明沟、暗浜的回填中不清除其有机质，造成对建筑材料的腐蚀；回填材料及回填方式无要求，造成整个场地的不均匀）和影响的工程问题（如场地形成附加荷载引起大面积沉降及不均匀沉降、地坪开裂、桩基负摩阻力），从而影响工程建设的品质，降低拟建建（构）筑物使用期间的安全度。

"场地形成"是根据场地既有地质条件、环境条件以及拟建工程对场地用途的要求，采用合理的方法对场地及地基进行预处理，使处理后的场地在标高、地基沉降、地基强度等方面都达到一定水平，以满足拟建建（构）筑物及场地其余部分在后续建造期间和之后有足够的安全度。其中将大面积场地地基预处理定义为"场地形成地基处理"。场地形成地基处理可以解决大面积场地形成后开发建设中所不能解决的相关问题，提高工程建设质量，消除大面积地面沉降和不均匀沉降对工程设施及运营中造成的安全隐患，充分体现人性化设计的先进理念。

针对大面积深厚软土地基的特性，目前常用的场地形成地基处理方法主要有以下几种：①排水固结法，如堆载预压、真空预压、真空联合堆载预压法；②复合地基法，形成一定厚度复合层；③强夯动力排水固结法，即综合了动力固结法和排水固结法，包括组合锤强夯法、高能级强夯、强夯置换法等。其中以排水固结法最为经济。传统的复合地基法处理深厚软基时造价高，为满足场地形成工程对地基稳定性控制与沉降控制双重标准的要求，可以选用组合型复合地基方法进行处理，如长板-短桩复合地基或长-短桩复合地基等，采用组合型复合地基的优势在于通过合理配置各种桩型充分发挥各自的优势，提高地基处理效果。

1.5.2 组合式地基处理工法

组合地基处理方法，就是将几种单一的地基处理方法组合有机的组合在一起，充分发挥各自的优点，从而达到提高工效和缩短工期的目的。需要指出的是，组合并不是将单一的地基处理方法作排列组合，而是需要进行合理的组合，达到"一加一大于二"的目的。

1. 高真空击密法

高真空击密法即高真空强排水结合强夯法，是将高真空排水＋强夯击密两道工序相结合，对软土地基进行交替、多遍处理的一种方法，适用于荷载不大、作用范围比较小的工程。

2. 水下真空预压法

水下真空预压法是真空预压在水中的应用，通常水下真空预压与堆载预压结合在一起，利用真空产生的负超静水压力，加上水荷载为主和堆载预压为辅联合加固土体，加快土体加固进度和强度，缩短工期，节省原材料，节约投资成本。

3. 动力排水固结法

动力排水固结法是将强夯法与塑料排水板结合处理各种软土地基的方法，施工工期比堆载预压法、真空预压法要短，造价又比块石强夯法、粉喷桩法要低，并且在使用范围上比传统的强夯法要广泛。

4. 刚-柔性桩组合法

刚-柔性桩组合法是一种由刚性桩和柔性桩结合起来的长短桩所形成的新型复合地基，这种复合地基最大限度地利用了两种桩的特点，提高了桩间土的参与作用，有效地提高了地基强度，减少了沉降，加快了施工速度，并降低了造价。

5. 长板-短桩法

长板-短桩法是采用水泥搅拌桩和塑料排水板联合处理的组合型复合地基，其特点是将高速公路填土路堤施工和预压的过程作为路基处理的过程，充分利用填土路堤荷载加速路基沉降，以达到减小工后沉降的目的。

1.5.3 新的地基处理桩型

1. 螺杆桩

螺杆桩由上部的普通圆柱部分和下部的螺纹部分结合而成，用途广泛、工艺简单、施工环保、处理效果好、可节约成本，虽然兴起的时间不久，但在我国岩土工程界得到了广泛应用。

2. 螺旋桩

螺旋桩作为一种地下锚固系统，由一根中空钢管和两个螺旋叶片组成，由液压旋转设备进入土层后，通过大直径的钢管表面与土壤挤压产生的摩擦力和螺旋片与土壤产生的阻力来承受桩所受的上拔力和压力，具有适应性强，单桩承载力高，机械投入少，工期可预性强，有利于环境保护等优点。

3. 高压注浆碎石桩

高压注浆碎石桩简称 HGP 桩，是在预成孔中灌入碎石，然后利用液压、气压，通过注浆管把水泥浆液注入桩孔中的碎石和桩周围土壤的缝隙中，水泥浆凝固后形成的半刚性结石桩体，HGP 桩与桩间土共同形成复合地基。

4. 劲芯搅拌桩

劲芯搅拌桩是由水泥土搅拌桩和混凝土芯桩组成，在水泥土搅拌桩制成初凝前，用专用设备压入预制混凝土芯桩或复打混凝土灌注芯桩而形成的复合桩，适用于处理正常固结的淤泥与淤泥质土、粉土、粉细砂、素填土、黏性土等地基。

5. 散柔复合桩

散柔复合桩是由散体桩与柔性桩复合形成的桩。可先施工散体桩，后再在散体桩上原位施工柔性桩；也可先施工散体桩，后注浆或施工含砂水泥土复合桩。

6. 柔刚复合桩

柔刚复合桩是由柔性桩与刚性桩复合形成的桩。可先施工水泥土柔性桩，在水泥土硬化前，在水泥土桩桩体上施打刚性桩。

7. 散刚复合桩

散刚复合桩是由散体桩与刚性桩复合形成的桩。可先施工散体桩，再在散体桩上原位施打刚性桩，也可利用特殊工艺同时施打散体桩和刚性桩。

8. 三元复合桩

三元复合桩是由散体桩、柔性桩、刚性桩三种桩复合形成的桩。可先施工散柔复合桩，散柔复合桩桩身硬化前，在桩体上施打刚性桩形成散柔刚三元复合桩；可先施工散刚复合桩，再在散体外芯内注浆形成散刚柔三元复合桩。

9. 实散体组合桩

实散组合桩是一根由上下两部分组成的桩，下部用取土夯扩法制成散体桩，用以挤密深部较弱的地基，在散体桩顶部桩孔内，现场制作（如夯实、浇筑）实体桩，用以直接承担荷载，这样制成的实散组合桩可以解决单纯使用实体桩而桩端没有持力层的问题。

10. 钉形水泥土双向搅拌桩

钉形水泥土双向搅拌桩是对现行水泥土搅拌桩成桩机械的动力传动系统、钻杆以及钻头进行改进，采用同心双轴钻杆，通过双向搅拌水泥土的作用，保证水泥浆在桩体中均匀分布和搅拌均匀，同时将搅拌叶片设置成可伸缩叶片，以方便施工水泥土搅拌桩的上、下不同截面的桩。

11. 水泥粉煤灰钢渣桩（GFS桩）

水泥粉煤灰钢渣桩是由水泥粉煤灰及钢渣按照一定的比例配合而成凝结后具有相当的黏结强度，其力学性能介于刚性—半刚性之间与桩间土及褥垫层共同组成复合地基，可用于处理湿陷性黄土软土及松散填土等不良地基。

12. 爆夯加固法

爆夯加固法是利用炸药在竖孔中爆炸产生巨大的爆炸冲击波和高温、高压的爆炸气体来挤密周围的土体，改善地基土的承载和变形性能。

13. 组合锤法

组合锤法是指采用三种不同直径、高度和重量的夯锤，即柱锤、中锤与扁锤对地基土进行挤密夯实或置换，夯实或置换墩体与墩间土，以提高地基承载力和改善地基土工程性质。分为组合锤挤密法和组合锤置换法。

1.5.4 新的地基处理施工技术和新材料

1. 冲击碾压技术

冲击碾压技术采用拖车牵引三边形或五边形双轮来产生集中的冲击能量达到压实土石料的目的，在提高地基强度、稳定性和均匀性、减少工后沉降、防止不均匀沉陷等方面都远远优于振动压路机。

2. 静压挤密桩法

静压挤密桩法与振动沉管、冲击等挤密桩的成孔方法相比具有自动化程度高，行走方便，运转灵活，桩位定点准确，施工时无振动、无噪声、无污染、施工速度快、施工现场干净文明等特点。

3. 水坠砂技术

水坠砂技术是通过水对砂子的水坠作用，使砂粒之间重新排列组合，让砂土层形成密实的砂土垫层，达到较高的密实度和承载力来承受建筑物的作用力，多适用于砂土地区。

4. 夯扩挤密碎石桩

夯扩挤密碎石桩适用于公路、建筑、市政等领域的地基处理，该工艺无环境污染，是一种高效经济的地基处理方案，特别是对有液化特征的砂土和粉土场地，该工艺能有效消除地基土的液化。

5. 干振碎石桩

干振碎石桩是一种利用振动荷载预沉导管，通过桩管灌入碎石，在振、挤、压作用下形成较大密度的碎石桩，它克服了振冲法存在的耗水量大和泥浆排放污染等缺点。

6. 孔内深层强夯法（DDC法）

DDC法先用长螺旋钻头在场地内钻成直径一般为400mm的孔，然后在孔内填入素土、灰土、建筑垃圾或其他材料，并用20~60kN的重锤夯实，由下而上重复操作，直至形成直径为550~600mm的桩体，并使桩间土挤密，从而形成DDC桩复合地基。该法适用于素填土、杂填土、砂土、黏性土、湿陷性黄土、淤泥质土等地基的处理，使用该法可以提高土的密实度和抗剪强度，改善土的变形特性，大幅度提高地基的承载力。

7. 孔内深层强夯法（SDDC法）

SDDC法，它是用重锤（最大150kN）夯击成直径约1500mm的孔，并对桩周土挤密，再在孔内填料并用重锤夯实，形成直径最大可达 3000mm 的桩体。

8. 双液分喷法

双液分喷法是在已形成的钻孔内分别喷射高压水和高压水泥浆，该方法具有设备简单、移动灵活、质量可靠、施工快捷易行等优点。

9. 多桩型复合地基

多桩型复合地基是指采用两种及两种以上不同材料增强体，或采用同一材料、不同长度增强体加固形成的复合地基。

10. 超高压喷射注浆

超高压喷射注浆是采用超高压水和压缩空气先行切削土体，然后采用超高压水泥浆液和压缩空气接力切削，并使水泥浆液与土体拌合形成水泥土加固体的方法。根据超高压水和超高压水泥浆液喷射压力、喷射流量和施工设备的不同，超高压喷射注浆包括 RJP 型喷射注浆和 SGY 型喷射注浆。

RJP 型喷射注浆（RJP-Type Jet Grouting）是采用不低于 40MPa 水泥浆液喷射压力、不低于 20MPa 水喷射压力和不低于 1.05MPa 压缩空气压力进行喷射注浆的工艺，该工艺成桩直径可达 3000mm，成桩深度可达 70m。

SGY 型喷射注浆（SGY-Type Jet Grouting）是采用不低于 25MPa 水泥浆液喷射压力、不低于 35MPa 水喷射压力和不低于 0.5MPa 压缩空气压力进行喷射注浆的工艺，该工艺成桩直径可达 1600mm，成桩深度可达 50m。

11. 全方位高压喷射注浆

全方位高压喷射注浆（简称 MJS）是一种可进行水平、倾斜、垂直方向施工的高压喷射注浆方法。全方位高压喷射注浆钻杆采用多孔管的构造形式，具有强制排浆和地内压力监控功能，通过调整强制排浆量控制地内压力。喷射压力不低于 40MPa，成桩直径 2000～2600mm，垂直成桩深度可达 70m，水平成桩长度可达 60m。

12. GS 土体硬化剂

GS 土体硬化剂是一种以水泥、矿渣、钢渣、石膏和外加剂等为原材料生产而成的，与土体充分拌合后，通过其自身各组分之间以及与土体之间的物理、化学反应，将土体胶结成为能够长期保持强度稳定的硬化体的无机粉状水硬性胶凝材料。它可以在水泥土搅拌法、高压喷射注浆法、灌浆法等水泥类加固方法中完全替代常规水泥固化剂。

1.6 地基处理方案确定

地基处理的核心是处理方法的正确选择与实施。而对某一具体工程来讲，在选择处理方法时需要综合考虑各种影响因素，如地质条件、上部结构要求、周围环境条件、材料来源、施工工期、施工队伍技术素质与施工技术条件、设备状况和经济指标等。只有综合分析上述因素，坚持技术先进、经济合理、安全适用、确保质量的原则拟定处理方案，才能获得最佳的处理效果。

1.6.1 地基处理方案确定需考虑的因素

地基处理方案受上部结构、地基条件、环境影响和施工条件四方面的影响。在制定地基处理方案之前，应充分调查掌握这些影响因素。

1. 上部结构形式和要求

建筑物的体型、刚度、结构受力体系、建筑材料和使用要求；荷载大小、分布和种类；基础类型、布置和埋深；基底压力、天然地基承载力和变形容许值等。这些决定了地基处理方案制定的目标。

2. 地基条件

地形及地质成因、地基成层状况；软弱土层厚度、不均匀性和分布范围；持力层位置及状况；地下水情况及地基土的物理和力学性质。

各种软弱地基的性状是不同的，现场地质条件随着场地的位置不同也是多变的。即使同一种土质条件，也可能具有多种地基处理方案。

如果根据软弱土层厚度确定地基处理方案，当软弱土层厚度较薄时，可采用简单的浅层加固的方法，如换土垫层法；当软弱土层厚度较厚时，则可按加固土的特性和地下水位高低采用排水固结法、水泥土搅拌桩法、挤密桩法、振冲法或强夯法等。

如遇砂性土地基，若主要考虑解决砂土的液化问题，则一般可采用强夯法、振冲法或挤密桩法等。

如遇软土层中夹有薄砂层，则一般不需设置竖向排水井，而可直接采用堆载预压法；另外，根据具体情况也可采用挤密桩法等。

如遇淤泥质土地基，由于其透水性差，一般应采用竖向排水井和堆载预压法、真空预压法、土工合成材料、水泥土搅拌法等。

如遇杂填土、冲填土（含粉细砂）和湿陷性黄土地基，在一般情况下采用深层密实法是可行的。

对于新近成陆的场地，可采用真空预压、堆载预压、真空联合堆载预压、强夯或复合地基等方法进行场地预处理，以减少大面积地面沉降和不均匀沉降等地质灾害。

3. 环境影响

随着社会的发展，环境污染问题日益严重，公民的环境保护意识也逐步提高。常见的与地基处理方法有关的环境污染主要是噪声、地下水质污染、地面位移、振动、大气污染以及施工场地泥浆污水排放等。几种主要地基处理方法可能产生的环境问题如表 1-3 所示。在地基处理方案确定过程中，应该根据环境要求选择合适的地基处理方案和施工方法。如在居住密集的市区，振动和噪声较大的强夯法几乎是不可行的。

几种主要地基处理方法可能产生的环境影响 表 1-3

可能的环境影响 / 地基处理方法	噪声	水质污染	振动	大气造成污染	地面泥浆污染	地面位移
换填法						
振冲碎石桩法	△		△		○	
强夯置换法	○		○			△
砂石桩(置换)法	△		△			
石灰桩法	△		△	△		
堆载预压法						△
超载预压法						△

可能的环境影响 地基处理方法	噪声	水质污染	振动	大气造成 污染	地面泥浆 污染	地面位移
真空预压法						△
水泥浆搅拌法					△	
水泥粉搅拌法				△		
高压喷射注浆法		△			△	
灌浆法		△			△	
强夯法	○		○			△
表层夯实法	△		△			
振冲密实法	△		△			
挤密砂石桩法	△		△			
土桩、灰土桩法	△		△			
加筋土法						

注：○—影响较大；△—影响较小；空格表示没有影响。

4. 施工条件

施工条件主要包括以下几方面内容：

（1）用地条件。如施工时占地较大，对施工虽较方便，但有时却会影响工程造价。

（2）工期。从施工观点，若工期允许较长，这样可有条件选择缓慢加荷的堆载预压法方案。但有时工程要求工期较短，早日完工投产使用，这样就限制了某些地基处理方法的采用。

（3）工程用料。尽可能就地取材，如当地产砂，则就应考虑采用砂垫层或挤密砂桩等方案的可能性；如当地有石料供应，则就应考虑采用碎石桩或碎石垫层等方案。地基处理所采用的材料，应根据场地类别符合有关标准对耐久性设计与使用的要求。

（4）其他。施工机械的有无、施工难易程度、施工管理质量控制、管理水平和工程造价等因素也是采用何种地基处理方案的关键因素。

1.6.2 地基处理方案确定

地基处理方案确定可按照以下步骤进行：

1. 搜集详细的工程地质、水文地质及地基基础的设计资料。

2. 根据结构类型、荷载大小及使用要求，结合地形地貌、地层结构、土质条件、地下水特征、周围环境和相邻建筑物等因素，初步选定几种可供考虑的地基处理方案。另外，在选择地基处理方案时，应同时考虑上部结构、基础和地基的共同作用，也可选用加强结构措施（如设置圈梁和沉降缝等）和处理地基相结合的方案。

3. 对初步选定的几种地基处理方案，分别从处理效果、材料来源和消耗、施工机具和进度、环境影响等各种因素，进行技术经济分析和对比，从中选择最佳的地基处理方案。任何一种地基处理方法不可能是万能的，都有它的适用范围和局限性。另外也可采用两种或多种地基处理的综合处理方案。如对某冲填土地基的场地，可进行真空预压联合碎石桩的加固方案，经真空预压加固后的地基承载力特征值可达 130kPa，在联合碎石桩后，地基承载力特征值可提高到 200kPa，从而可能满足了设计对地基承载力较高的要求。

4. 对已选定的地基处理方案，根据建筑物的安全等级和场地复杂程度，可在有代表性的场地上进行相应的现场试验和试验性施工，其目的是为了检验设计参数、确定合理的施工方法（包括机械设备、施工工艺、用料及配比等各项施工参数）和检验处理效果。如地基处理效果达不到设计要求时，应查找原因并调整设计方案和施工方法。现场试验最好安排在初步设计阶段进行，以便及时地为施工设计图提供必要的参数。试验性施工一般应在地基处理典型地质条件的场地以外进行，在不影响工程质量问题时，也可在地基处理范围内进行。

经处理后的地基，当按地基承载力确定基础底面积及埋深而需要对本规范确定的地基承载力特征值进行修正时，应符合下列规定：

（1）大面积压实填土地基，基础宽度的地基承载力修正系数应取零；基础埋深的地基承载力修正系数，对于压实系数大于0.95、黏粒含量 ρ_c 大于等于10%的粉土，可取1.5，对于干密度大于 2.1t/m^3 的级配砂石可取2.0。

（2）其他处理地基，基础宽度的地基承载力修正系数应取零，基础埋深的地基承载力修正系数应取1.0。

处理后的地基应进行地基承载力和变形评价、处理范围和有效加固深度内地基均匀性评价，以及复合地基增强体的成桩质量和承载力评价。

采用多种地基处理方法综合使用的地基处理工程验收检验时，应采用大尺寸承压板进行载荷试验，其安全系数不应小于2.0。

地基处理所采用的材料，应根据场地类别符合有关标准对耐久性设计与使用的要求。

地基处理施工中应有专人负责质量控制和监测，并做好施工记录；当出现异常情况时，必须及时会同有关部门妥善解决。施工结束后应按国家有关规定进行工程质量检验和验收。

1.7 地基处理施工、监测和检验

地基处理工程与其他建筑工程不同，一方面，大部分地基处理方法的加固效果并不是施工结束后就能全部发挥和体现，一般须经过一段时间才能逐步体现；另一方面，每一项地基处理工程都有它的特殊性，同一种方法在不同地区应用其施工工艺也不尽相同，对每一个具体的工程往往有些特殊的要求。而且地基处理大多是隐蔽工程，很难直接检验其施工质量。因此，必须在施工中和施工后加强管理和检验。否则虽然采取了较好的地基处理方案，但由于施工管理不善，也就失去了采用良好处理方案的优越性。

在地基处理施工过程中要对各个环节的质量标准要求严格掌握，如换填垫层压实时的最大干密度和最优含水量要求；堆载预压的填土速率和边桩位移的控制；碎石桩的填料量、密实电流和留振时间的掌握等。施工过程中，施工单位应有专人负责质量控制，并做好施工记录。当出现异常情况时，须及时会同有关部门妥善解决。另外，施工单位还需做好地基处理施工质量检测工作，如搅拌桩、碎石桩的桩身质量检测等。

地基处理施工过程中，为了了解和控制施工对周围环境的影响，或保护临近的建筑物和地下管线，常常需要进行一些必要的监测工作。监测方案根据地基处理施工方法和周围环境的复杂程度确定。如当施工场地临近有重要地下管线时，需要进行管线位移监测。

对于一些地基处理方法，需要在施工过程中进行地基处理效果的监测工作，及时了解地基土的加固效果，检验地基处理方案和施工工艺的合理性，从而达到信息化施工的目的。例如在堆载预压法施工期间，需要进行地面沉降、孔压等监测工作，以掌握地基土固结情况。

处理后的地基应进行地基承载力和变形评价、处理范围和有效加固深度内地基均匀性评价，以及复合地基增强体的成桩质量和承载力评价。采用多种地基处理方法综合使用的地基处理工程验收检验时，应采用大尺寸承压板进行载荷试验，其安全系数不应小于2.0。地基处理效果检验在地基处理施工后一段时间进行。其目的是检验地基处理的效果，从而完成工程验收工作。检验项目根据地基处理的目的确定。如对于碎石桩复合地基，在挤密法中，重点进行桩间土挤密效果检验；而在置换法中，重点进行桩的承载力检测。地基处理如以防渗为目的，则重点检验防渗性能。具体检验的方法有：钻孔取样、静力触探试验、轻便触探试验、标准贯入试验、载荷试验、取芯试验、波速测试、注水试验、拉拔试验等。有时需要采用多种手段进行检验，以便综合评价地基处理效果。

处理后地基的检验内容和检验方法选择可参见表1-4。

处理后地基的检验内容和检验方法选择　　　　表1-4

检测内容 / 处理地基类型	承载力			处理后地基的施工质量和均匀性							复合地基增强体或微型桩的成桩质量						
检测方法	复合地基静载荷试验	增强体单桩静载荷试验	处理后地基承载力静载荷试验	干密度	轻型动力触探	标准贯入	动力触探	静力触探	土工试验	十字板剪切试验	桩身强度或干密度	静力触探	标准贯入	动力触探	低应变试验	钻芯法	探井取样法
换填垫层			√	√	△	△	△	△									
预压地基			√					√	√	√							
压实地基			√	√		△	△	△									
强夯地基			√			△	△	△		√							
强夯置换地基			√			△	△	△		√							
复合地基　振冲碎石桩	√	○				√	√	△					√	√			
复合地基　沉管砂石桩	√	○				√	√	△					√	√			
复合地基　水泥搅拌桩	√	√	○				△				√			△		○	○
复合地基　旋喷桩	√	√	○				△				√			△		○	○
复合地基　灰土挤密桩	√	○				△	△				√						○
复合地基　土挤密桩	√	√	○			△	△		√		√		△	△			○
复合地基　夯实水泥土桩	√	√	○		○			○	○		√			△		○	
复合地基　水泥粉煤灰碎石桩	√	√	○					○	○		√				√	○	
复合地基　柱锤冲扩桩	√					√	√		△		√					○	
复合地基　多桩型	√	√	○			√	√		△	√	√		√	√	√	○	

检测内容 检测方法 处理地基类型	承载力			处理后地基的施工质量和均匀性							复合地基增强体或微型桩的成桩质量						
	复合地基静载荷试验	增强体单桩静载荷试验	处理后地基承载力静载荷试验	干密度	轻型动力触探	标准贯入	动力触探	静力触探	土工试验	十字板剪切试验	桩身强度或干密度	静力触探	标准贯入	动力触探	低应变试验	钻芯法	探井取样法
注浆加固			√		√	√	√	√	√								
微型桩加固		√	○			○	○	○			√				√	○	

注：1. 处理后地基的施工质量包括预压地基的抗剪强度、夯实地基的夯间土质量、强夯置换地基墩体着底情况、消除液化或消除湿陷性的处理效果、复合地基桩间土处理后的工程性质等；

2. 处理后地基的施工质量和均匀性检验应涵盖整个地基处理面积和处理深度；

3. √ 为应测项目，是指该检验项目应该进行检验；

△ 为可选项目，是指该检验项目为应测项目在大面积检验使用的补充，应在对比试验结果基础上使用；

○ 为该检验内容仅在其需要时进行的检验项目；

4. 消除液化或消除湿陷性的处理效果、复合地基桩间土处理后的工程性质等检验仅在存在这种情况时进行；

5. 应测项目、可选测项目以及需要时进行的检验项目中两种或多种检验方法检验内容相同时，可根据地区经验选择其中一种方法。

1.8 地基处理技术发展历史

地基处理是古老而又年轻的领域，许多现代的地基处理技术都可在古代找到它的雏形。地基处理技术在我国有着悠久的历史，人民群众在长期的生产实践中积累了丰富的经验。据史料记载，早在 3000 年前，我国已开始采用竹子、木头以及麦秸等来加固地基。向软土中夯入碎石等材料以挤密软土也早在两千多年前就有记载。此外，利用夯实的灰土和三合土等作为建（构）筑物垫层，在我国古建筑中就更为广泛。如经历了无数次地震已屹立了一千多年的西安小雁塔，就是采用了分层夯实的 3m 多厚的黄土垫层；陕西扶风塔的垫层，也是采用了分层夯实的拌合了石灰的黄土；在更为著名的万里长城的建设中，石灰也常常被用来加固软弱地基。

地基处理技术在中华人民共和国成立后，尤其是 40 余年来取得了迅速的发展。中华人民共和国刚刚诞生时，百废待兴，为了满足中华人民共和国建设的需要，大量地基处理技术从苏联引进国内。随着当时工业建设和城市建设的发展需要，出现了一个地基处理技术引进和开发的应用高潮。这个时期，砂石垫层法、砂桩挤密法、石灰桩、化学灌浆法、重锤夯实法、堆载预压法、挤密土桩和灰土桩、预浸水法以及井点降水等地基处理技术先后被引进或开发使用。但是，受当时对地基处理加固机理的研究和认识水平及地基处理实践经验的限制，在地基处理中主要是参照苏联的规范和实践经验，仍有一定的盲目性。和工业与民用建筑发展水平及机械化施工水平相适应，这个时期最为广泛使用的是换填等浅层处理法。

从 20 世纪 70 年代末开始，由于改革开放，伴随着沿海地区大批工业项目的上马兴建，尤其是上海宝山钢铁公司等大型现代化企业的建设和沿海城市高层建筑的发展，大批国外先进的地基处理技术被引进，从而大大促进了我国地基处理技术的应用和研究。在这个阶段，地基处理已成为土木工程中最活跃的领域之一，地基处理在我国得到了飞速发展。地基处理技术最新发展反映在地基处理技术的普及与提高、施工队伍的壮大、地基处理机械、材料、设计计算理论、施工工艺、现场监测技术、智能化、动态设计与控制、低碳环保、高性价比，以及地基处理新方法的不断发展和多种地基处理方法综合应用等各个方面。

随着地基处理工程实践和发展，人们在改造土的工程性质的同时，不断丰富了对土的特性研究和认识，从而又进一步推动了地基处理技术和方法的更新，因而成为土力学基础工程领域中一个较有生命力的分枝。在 1981 年 6 月召开的第十届国际土力学及基础工程会议上有 46 篇论文专门论述了"地基处理"技术，并成为其中 12 个重要议题之一；在 1983 年召开的第八届欧洲土力学及基础工程会议上所讨论的主题就是"地基处理"。为了适应工程建设对地基处理技术发展的需要，中国土木工程学会土力学及基础工程分会地基处理学术委员会于 1984 年在杭州成立。地基处理学术委员会于 1986 年在上海宝钢召开了我国第一届地基处理学术讨论会。该系列会议至今已组织 15 次：上海，1986；烟台，1989；秦皇岛，1992；肇庆，1995；武夷山，1997；温州，2000；兰州，2002；长沙，2004；太原，2006；南京，2008；海口，2010；昆明，2012；西安，2014；南昌，2016；武汉，2018。学术委员会组织全国专家编写并于 1988 年在中国建筑工业出版社出版了《地基处理手册》，2000 年出版发行《地基处理手册》（第二版），2008 年出版发行《地基处理手册》（第三版），学术委员会还于 1990 年创刊《地基处理》杂志，2019 年 2 月获得公开发行刊号，由国家新闻出版署批准，由浙江大学主办、中华人民共和国教育部主管、浙江大学出版社出版。中国建筑学会地基基础专业委员会于 1990 年在承德召开了全国第一次以复合地基为主题的学术讨论会。地基处理学术委员会还于 1993 年在杭州组织召开了深层搅拌设计与施工学术讨论会，1996 年在杭州组织召开了复合地基理论与实践学术讨论会，1998 年在无锡组织召开了全国高速公路软弱地基处理学术讨论会，2005 年在广州组织召开了高等级公路地基处理学术讨论会。许多规程、规范出台指导和规范地基处理设计、施工：《建筑地基处理技术规范》JGJ 79—91、JGJ—2002、JGJ 79—2012，《复合地基技术规范》GB/T 50783—2012，《刚-柔性桩复合地基技术规程》JGJ/T 210—2010，《水泥土配合比设计规程》JGJ/T 233—2011，《强夯地基处理技术规程》CECS 279：2010，《组合锤法地基处理技术规程》JGJ/T 290—2012，《劲性复合桩技术规程》JGJ/T 327—2014 等。为了适应地区地质条件，上海市发布了《地基处理技术规范》DBJ 08-40-94、DG/TJ 08-40-2010，深圳市发布了《深圳地区地基处理技术规范》SJG 04—96 等。各地区、各行业、各部门以地基处理作为专题的学术讨论会、研讨会、学习班非常频繁，地基处理领域的专著、报告、论文大量出版，许多全国的、行业的、地区的研究成果通过鉴定，许多技术专利获得批准。近 20 多年来，地基处理施工单位雨后春笋般不断涌现和发展。

地基处理方法名目繁多，而限于篇幅，本书仅对常用的地基处理方法进行详细介绍，并着重阐明各种地基处理方法的加固机理、适用范围、设计计算、施工方法和质量检验。

思考题与习题

1. 一般建筑物地基所面临的问题有哪些?
2. 根据地基的概念,地基处理的范围应该如何确定?
3. 何谓"软土""软弱土"和"软弱地基"?
4. 软弱地基主要包括哪些地基?具有何种工程特性?
5. 特殊土地基主要包括哪几类地基?具有何种工程特性?
6. 试述地基处理的目的和其方法的分类。
7. 选用地基处理方法时应考虑哪些因素?
8. 湿陷性黄土地基,一般可采用哪几种地基处理方法?
9. 为防止地基土液化,一般可采用哪几种地基处理方法?
10. 对软土地基,一般可采用哪几种地基处理方法?
11. 试述"场地形成"和"场地形成地基处理"的概念及处理目的。
12. 试述地基处理的施工质量控制的重要性以及主要的措施。

2 换 填

2.1 概 述

当软弱土地基的承载力和变形满足不了建筑物的要求，而软弱土层的厚度又不很大时将基础底面以下处理范围内的软弱土层的部分或全部挖去，然后分层换填强度较大的砂（碎石、素土、灰土、高炉干渣、粉煤灰）或其他性能稳定、无侵蚀性等材料，并压（夯、振）实至要求的密实度为止，这种地基处理的方法称为换填法（Replacement Method）。另外，低洼地域筑高（平整场地、地坪抬高）或堆填筑高（道路路基、园林绿化人造山体）中也会涉及垫层或者堆筑体的施工，其施工方法和质量控制与本章所述的换填法基本相同。

机械碾压、重锤夯实、平板振动可作为压（夯、振、冲击）实垫层的不同机具对待，这些施工方法不但可处理分层回填土，又可加固地基表层土。换填法在国外亦有的将它归属于"压实"的地基处理范畴，"压实"可认为是由于排除空气而使空隙减小，因此它不同于"固结"，"固结"是由于排除孔隙水而使空隙体积减小。换填后将土层压实，就增加了土的抗剪强度，减少了渗透性和压缩性，减弱了液化势，并增加了抗冲刷能力。

换填法适用于淤泥、淤泥质土、湿陷性黄土、素填土、杂填土地基及暗沟、暗塘等的浅层处理。按回填材料不同，垫层（Cushion）可分为砂垫层、砂石垫层、碎石垫层、素土垫层、灰土垫层、二灰垫层、干渣垫层和粉煤灰垫层等；在垫层中铺设土工合成材料可提高垫层的强度和稳定性，称之为土工合成材料加筋垫层；在堆筑工程中，为了减小堆筑材料荷载，发明采用了轻质土工材料，如聚苯乙烯板块，称之为聚苯乙烯板块垫层。

不同材料的垫层的适用范围见表 2-1。

虽然不同材料的垫层，其应力分布稍有差异，但从试验结果分析其极限承载力还是比较接近的；通过沉降观测资料发现，不同材料垫层的特点基本相似，故可将各种材料的垫层设计都近似地按砂垫层的计算方法进行计算。但对湿陷性黄土、膨胀土、季节性冻土等某些特殊土采用换土垫层处理时，因其主要处理目的是为了消除地基土的湿陷性、膨胀性和冻胀性，所以在设计时需考虑的解决问题的关键也应有所不同。

换填法虽也可处理较深的软弱土层，但经常由于地下水位高而需要采取降水措施；坑壁放坡占地面积大或需要基坑支护；以及施工土方量大，弃土多等因素，从而使处理费用增高、工期拖长，因此换填法的处理深度通常宜控制在 3m 以内，但也不宜小于 0.5m，因为垫层太薄，则换土垫层的作用并不显著。在湿陷性黄土地区或土质较好场地，一般坑壁可直立或边坡稳定时，处理深度可限制在 5m 以内。

| | | 垫层的适用范围 | 表 2-1 |

垫层种类		适 用 范 围
砂(砂石、碎石)垫层		多用于中小型建筑工程的浜、塘、沟等的局部处理。适用于一般饱和、非饱和的软弱土和水下黄土地基处理,不宜用于湿陷性黄土地基,也不适宜用于大面积堆载、密集基础和动力基础的软土地基处理,砂垫层不宜用于有地下水,且流速快、流量大的地基处理。不宜采用粉细砂作垫层
土垫层	素土垫层	适用于中小型工程及大面积回填、湿陷性黄土地基的处理
	灰土或二灰垫层	适用于中小型工程,尤其适用于湿陷性黄土地基的处理
粉煤灰垫层		用于厂房、机场、港区陆域和堆场等大、中、小型工程的大面积填筑,粉煤灰垫层在地下水位以下时,其强度降低幅度在 30% 左右
干渣垫层		用于中、小型建筑工程,尤其适用于地坪、堆场等工程大面积的地基处理和场地平整、铁路、道路地基等。但对于受酸性或碱性废水影响的地基不得用干渣作垫层
土工合成材料加筋垫层		护坡、堤坝、道路、堆场、高填方及建(构)筑物垫层等
土工合成材料轻质垫层 (聚苯乙烯板块垫层)		道路工程路基不均匀沉降处理、深软基低填方且工期紧迫的路堤修筑工程、高填方工程置换等

2.2 压实原理

当黏性土的土样含水量较小时,其粒间引力较大,在一定的外部压实功能作用下,如还不能有效地克服引力而使土粒相对移动,这时压实效果就比较差。当增大土样含水量时,结合水膜逐渐增厚,减小了引力,土粒在相同压实功能条件下易于移动而挤密,所以压实效果较好。但当土样含水量增大到一定程度后,孔隙中就出现了自由水,结合水膜的扩大作用就不大了,因而引力的减少就显著,此时自由水填充在孔隙中,从而产生了阻止土粒移动的作用,所以压实效果又趋下降,因而设计时要选择一个"最优含水量"。这就是土的压实机理。

最优含水量采用《土工试验方法标准》GB/T 50123—2019 中规定的标准击实试验确定。击实试验采用击实仪进行,击实仪的主要部件包括击实桶、击锤和导桶,规格见表 2-2。试验分为轻型击实和重型击实两种。轻型击实试验适用于粒径小于 5mm 的黏性土。重型击实试验适用于粒径不大于 20mm 的土。轻型击实试验的单位体积击实功为 $592.2kJ/m^3$,重型击实试验的单位体积击实功为 $2684.9kJ/m^3$。

| | | | 击实仪主要部件规格表 | | | | 表 2-2 |

试验 方法	锤底直径 (mm)	锤质量 (kg)	落高 (mm)	击实筒			护筒高度 (mm)
				内径(mm)	筒高(mm)	容积(cm³)	
轻型	51	2.5	305	102	116	947.4	50
重型	51	4.5	457	162	116	2130.9	50

在标准的击实仪器、土样大小和击实能量的条件下,对于不同含水量的土样,可击实得到不同的干密度 ρ_d,从而绘制干密度 ρ_d 和制备含水量 w 的关系曲线,如图 2-1 所示。曲线上 ρ_d 的峰值,即为最大干密度 ρ_{dmax},与之相应的制备含水量为最优含水量 w_{op}。图

中给出的饱和度 $S_r=100\%$ 的理论曲线高于实际曲线的原因是由于理论曲线假定土中空气全部排出，孔隙完全被水所占据导出的，但事实上空气不可能完全排除，因此实际的干密度就比理论值为小。

从图 2-1 可以看出，相同的压实功能对不同土料的压实效果并不完全相同，黏粒含量较多的土，土粒间的引力就愈大，只有在比较大的含水量时，才能达到最大干密度的压实状态，如图中粉质黏土和黏土所示。

上述分析是对某一特定压实功能而言的。如果改变压实功能，如不同碾压的遍数，则曲线的基本形态不变，但曲线位置却发生移动，如图 2-2 所示。在加大压实功能时，最大干密度增大，最优含水量减小。亦即压实功能越大，则越容易克服粒间引力，因此在较低含水量下可达更大的密实程度。可见对于某一种土料，其最大干密度和最优含水量并不是一个固定的值。设计所采用的指导施工的最大干密度和最优含水量为由标准击实试验得到的数值。

击实试验是用锤击方法使土的密度增加，以模拟现场压实土的室内试验。实际上击实试验是土样在有侧限的击实筒内，不可能发生侧向位移，力作用在有限体积的整个土体上，且夯实均匀，在最优含水量状态下所获得的最大干密度。而现场施工的土料，土块大小不一，含水量和铺填厚度实又很难控制均匀，实际压实效果较差。因而对现场土的压实，控制在含水量为 $w_{op}\pm2\%$ 来施工，以土的控制干密度 ρ_d 与最大干密度 ρ_{dmax} 之比即压实系数（λ_c）来作为垫层施工质量控制指标。

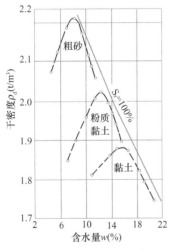

图 2-1　砂土和黏土的压实曲线

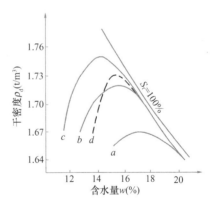

图 2-2　工地试验与室内击实试验的比较

a—碾压 6 遍；b—碾压 12 遍；
c—碾压 24 遍；d—室内击实试验

2.3　垫层设计

垫层的厚度和宽度确定是垫层设计的关键内容。正如前面所说的，换填法可以起到提高地基承载力和减小地基变形的作用，但是针对不同的地基土，其作用机理是不同的。下面结合换填法处理浅部土层的不同作用来介绍不同情况下换填法设计的基本原则。

1. 提高地基承载力

浅基础的地基承载力与持力层的抗剪强度有关，以抗剪强度较高的砂或其他填筑材料代替软弱的土，可提高地基的承载力，避免地基破坏。对于以提高地基承载力为目的的垫层，既要求有足够的厚度以置换可能被剪切破坏的软弱土层，又要求有足够大的宽度以防止砂垫层向两侧挤出。土工合成材料加筋垫层则通过垫层中布置的加筋体来提高地基承载力。

2. 减少地基沉降量和湿陷量

一般地基浅层部分沉降量在总沉降量中所占的比例是比较大的。以条形基础为例，在相当于基础宽度的深度范围内的沉降量约占总沉降量50％。如以密实砂或其他填筑材料代替上部软弱土层，就可以减少这部分的沉降量。由于砂垫层或其他垫层对应力的扩散作用，使作用在下卧层土上的压力较小，这样也会相应减少下卧层土的沉降量。对于这一类垫层，其厚度应该满足地基变形的要求。

聚苯乙烯板块垫层自重轻，作为轻质填料减小填土荷重，从而达到减小地基沉降的目的。

对于湿陷性黄土地基，采用不具有湿陷性的垫层处理后可大大减小地基湿陷量。在这种情况下，垫层的厚度要满足建筑物对地基剩余湿陷量的要求。

3. 防止地基冻胀

因为粗颗粒的垫层材料孔隙大，不易产生毛细管现象，因此可以防止寒冷地区土中结冰所造成的冻胀。这时，砂垫层的底面应满足当地冻结深度的要求。

4. 消除膨胀土地基的胀缩作用

在膨胀土地基上可选用砂、碎石、块石、煤渣、二灰或灰土等材料作为垫层以消除胀缩作用。垫层厚度应依据变形计算确定，一般不少于0.3m，且垫层宽度应大于基础宽度，而基础的两侧宜用与垫层相同的材料回填。

除以上所述之外，工程中还有一类垫层是为了加速软弱地基的排水固结。建筑物的不透水基础直接与软弱土层相接触时，在荷载的作用下，软弱土层地基中的水被迫绕基础两侧排出，因而使基底下的软弱土不易固结，形成较大的孔隙水压力，还可能导致由于地基强度降低而产生塑性破坏的危险。砂垫层和砂石垫层等垫层材料透水性大，软弱土层受压后，垫层可作为良好的排水面，可以使基础下面的孔隙水压力迅速消散，加速垫层下软弱土层的固结和提高其强度，避免地基土塑性破坏。同一种垫层在不同工程中所起的作用有时也是不同的，如房屋建筑物基础下的砂垫层主要起换土的作用；而在路堤及土坝等工程，主要是利用砂垫层起排水固结作用。

下面详细介绍各类垫层的特性，用于提高地基承载力和减小地基变形时的设计方法以及设计参数的确定。

2.3.1 砂（或砂石、碎石）垫层

对砂垫层的设计，既要求有足够的厚度以置换可能被剪切破坏的软弱土层，又要求有足够大宽度以防止砂垫层向两侧挤出。

1. 垫层厚度的确定

垫层厚度 z（图 2-3）应根据垫层底部下卧土层的承载力确定，并符合下式要求：

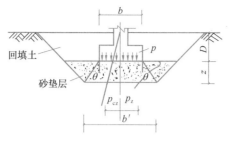

图 2-3 垫层内应力分布

$$p_z + p_{cz} \leqslant f_z \tag{2-1}$$

式中 p_z——相应于荷载效应标准组合时，垫层底面处的附加应力值（kPa）；

      p_{cz}——垫层底面处土的自重压力值（kPa）；

      f_z——垫层底面处经深度修正后的地基承载力特征值（kPa）。

假定附加应力在垫层中沿深度按照某一角度 θ 扩散，这个角度称为压力扩散角。则垫层底面处的附加压力值 p_z 可按下式计算：

条形基础：
$$p_z = \frac{b(p_k - p_c)}{b + 2z \cdot \tan\theta} \tag{2-2}$$

矩形基础：
$$p_z = \frac{b \cdot l(p_k - p_c)}{(b + 2z \cdot \tan\theta)(l + 2z \cdot \tan\theta)} \tag{2-3}$$

式中 b——矩形基础或条形基础底面的宽度（m）；

      l——矩形基础底面的长度（m）；

      p_k——相应于荷载效应标准组合时，基础底面处的平均压力（kPa）；

      p_c——基础底面处土的自重压力值（kPa）；

      z——基础底面下垫层的厚度（m）；

      θ——垫层的压力扩散角（°），可按表 2-3 采用。

具体计算时，一般可根据垫层的承载力确定出基础宽度，再根据下卧土层的承载力确定出垫层的厚度。可先假设一个垫层的厚度，然后按式（2-1）进行验算，直至满足要求为止。

不同垫层材料的压力扩散角 θ（°）   表 2-3

换填材料 z/b	中砂、粗砂、砾砂、圆砾、角砾、石屑、卵石、碎石、矿渣	粉质黏土 粉煤灰	灰土
0.25	20	6	28
≥0.50	30	23	

注：1. 当 $z/b < 0.25$ 时，除灰土取 $\theta = 28°$ 外，其他材料均取 $\theta = 0°$，必要时宜由试验确定；

    2. 当 $0.25 < z/b < 0.50$ 时，θ 值可内插求得；

    3. 土工合成材料加筋垫层其压力扩散角宜由现场静载荷试验确定。

2. 垫层宽度的确定

垫层的底面宽度应以满足基础底面应力扩散和防止垫层向两侧挤出为原则进行设计。关于宽度计算，目前还缺乏可靠的方法。一般可按下式计算或根据当地经验确定。

$$b' \geqslant b + 2 \cdot z\tan\theta \tag{2-4}$$

式中 b'—— 垫层底面宽度（m）；

  θ—— 垫层的压力扩散角（°），可按表 2-2 采用；当 $z/b<0.25$ 时，仍按 $z/b=0.25$ 取值。

垫层顶面每边超出基础底边缘不应小于 300mm，或从垫层底面两侧向上按当地开挖基坑经验的要求放坡，整片垫层的宽度可根据施工的要求适当加宽。

3. 垫层承载力的确定

垫层的承载力宜通过现场试验确定，当无试验资料时，可按表 2-4 选用，并应验算下卧层的承载力。

表 2-4

各种垫层的承载力

施工方法	换填材料类别	压实系数 λ_c	承载力特征值 f_k(kPa)
碾压或振密	碎石、卵石	0.94～0.97	200～300
	砂夹石(其中碎石、卵石占全重的 30%～50%)		200～250
	土夹石(其中碎石、卵石占全重的 30%～50%)		150～200
	中砂、粗砂、砾砂		150～200
	黏性土和粉土($8<I_p<14$)		130～180
	灰土	0.93～0.95	200～250
重锤夯实	土或灰土	0.93～0.95	150～200

4. 沉降计算

对于重要的建筑或垫层下存在软弱下卧层的建筑，还应进行地基变形计算。建筑物基础沉降 s 等于垫层自身的变形量 s_1 与下卧土层的变形量 s_2 之和。

作为粗颗粒的垫层材料与下卧的软土层相比，其变形模量比值均接近或大于 10，且回填材料的自身压缩，在建造期间几乎全部完成，因而对于碎石、卵石、砂夹石、砂和矿渣垫层，在地基变形计算中，可以忽略垫层自身部分的变形值；但对于细粒材料的尤其是厚度较大的换填垫层，则应计入垫层自身的变形。垫层的模量应根据试验或当地经验确定。在无试验资料或经验时，可参照表 2-5 选用。

垫层下卧层附加应力和变形量的计算可按照天然地基的计算方法进行，详细计算过程可参考现行国家标准《建筑地基基础设计规范》GB 50007—2011 中的有关规定。

表 2-5

垫层模量（MPa）

模量 垫层材料	压缩模量 E_s	变形模量 E_0
粉煤灰	8～20	—
砂	20～30	—
碎石、卵石	30～50	—
矿渣	—	35～70

注：压实矿渣的 E_0/E_s 的比值可按 1.5～3.0 取用。

对超出原地面标高的垫层或换填材料的密度高于天然土层密度的垫层，宜早换填并考虑其附加的荷载对建造的建筑物及邻近建筑物的影响，其值可按应力叠加原理，采用角点法计算。

2.3.2 素土（或灰土、二灰）垫层

素土垫层（简称土垫层）或灰土垫层在湿陷性黄土地区使用较为广泛，这是一种以土治土的处理湿陷性黄土地基的传统方法，处理厚度一般为 1～3m。通过处理基底下的部分湿陷性土层，可达到减小地基的总湿陷量，并控制未处理土层湿陷量的处理效果。

1. 垫层材料

素土垫层是采用素土作为垫层材料，素土中的有机质含量不得超过 5%，亦不得含有冻土或膨胀土，不得夹有砖、瓦和石块等渗水材料，碎石粒径不得大于 50mm。

灰土垫层采用石灰和土的混合物作为垫层材料，石灰与土的体积比一般为 2∶8 或 3∶7。土料宜用黏性土及塑性指数大于 4 的粉土，不得含有松软杂质，并应过筛，其颗粒不得大于 15mm。石灰宜用新鲜的消石灰，其颗粒不得大于 5mm。

2. 垫层设计

素土垫层或灰土垫层的平面布置可分为局部垫层和整片垫层。局部垫层一般设置在矩形（或方形）基础或条形基础底面下，主要用于消除地基的部分湿陷量，并可提高地基的承载力。根据工程实践经验，局部垫层的平面处理范围，垫层底面的宽度可按下式计算确定，每边超出基础底边的宽度不应小于其厚度的一半：

$$b' = b + 2z\tan\theta + c \tag{2-5}$$

式中　b'——垫层底面的宽度（m）；

　　　b——条形（或矩形）基础短边的宽度（m）；

　　　z——基础底面至处理土层底面的距离（m）；

　　　c——考虑施工机具影响而增设的附加宽度，且为 0.2m；

　　　θ——垫层压力扩散角，可按表 2-3 选取。

采用局部垫层处理后，地面水仍可从垫层侧向渗入下部未经处理的湿陷性土层而引起湿陷，故对有防水要求的建筑物不得采用。

整片垫层一般设置在整个建（构）筑物的（跨度大的工业厂房除外）的平面范围内，每边超出建筑物外墙基础外缘的宽度不应小于垫层的厚度，并不得小于 2m。整片垫层的作用是消除被处理土层的湿陷量，以及防止生产和生活用水从垫层上部渗入下部未经处理的湿陷性土层。

当仅要求消除基底下处理土层的湿陷性时，宜采用素土垫层；除上述要求外，并要求提高土的承载力或水稳性时，宜采用灰土垫层。垫层承载力特征值，应通过现场载荷试验求得。若无试验资料时，对土垫层不宜超过 180kPa；对灰土垫层不宜超过 250kPa。

2.3.3 粉煤灰垫层

粉煤灰是燃煤电厂的工业废弃物。实践证明，粉煤灰是一种良好的地基处理材料资源，具有良好的物理、力学性能，能满足工程设计的技术要求。粉煤灰垫层适用于厂房、机场、港区陆域和堆场等工程大面积填筑。粉煤灰垫层厚度的计算方法可参照砂垫层。

1. 粉煤灰材料特性

粉煤灰按其排放系统的不同，可分为干排灰、湿排灰和调湿灰三种。按钙含量多少又可分为高钙灰（CaO 含量≥10%）和低钙灰（CaO 含量<10%）两种，我国大多数燃煤

电厂排放的粉煤灰是水排低钙灰，其化学成分列于表 2-6。

上海各电厂粉煤灰的化学成分 表 2-6

厂名和灰名	化学成分								烧失量
	SiO$_2$	Al$_2$O$_3$	Fe$_2$O$_3$	CaO	SO$_3$	MgO	K$_2$O	Na$_2$O	
宝钢干灰	50.48	33.23	7.34	2.30	0.53	0.60	0.81	0.54	2.80
宝钢湿灰	52.28	30.85	7.97	2.66	0.18	1.11	0.65	0.29	3.53
杨浦干灰	49.90	33.35	6.73	2.58	0.35	0.70	0.33	0.30	4.86
杨浦湿灰	49.12	32.95	5.62	1.97	0.44	0.61	0.84	0.44	
闸北湿灰	48.54	30.76	7.34	3.07	0.50	0.70	0.74	0.30	6.66
闵行干灰	52.12	34.24	5.14	2.50	0.33	0.74	0.63	0.44	2.08
吴泾湿灰	54.83	29.79	6.41	2.69	0.37	0.58	0.77	0.28	4.06
GB 1596—2017（国家标准）	50～70			1～4	≤3.5				5～10

电厂在煤粉燃烧过程中，当煤灰通过炉膛高温时绝大部分矿物杂质在高温下熔化，在被送到低温区时固化成球状颗粒的玻璃体，绝大部分随烟气飞出，随后用电收尘器将其从烟气中分离收集下来的（称为干排灰）。上海粉煤灰大多由无烟煤通过正常燃烧而得，其 CaO 含量<10％，属低钙灰。

从表 2-6 中所列各种化学成分的变化幅值都在《用于水泥和混凝土中的粉煤灰》GB 1596—2017 的规定范围内，因此，从工程实用而言，上海各电厂粉煤灰均可作填筑材料。其粒径组成主要分布在 0.05～0.01 段，其次是 0.1～0.05 段，两者相加总量达 80％，按土工规范均属砂质粉土。

粉煤灰的粒径组成类似于砂质粉土，其主要工程特性如下：

（1）自重轻

粉煤灰相对密度比黏性土小得多，一般松散重度在 6～7kN/m^3 之间，经轻型击实试验后干密度在 0.92～1.35t/m^3 之间；比土轻得多，产生差别的原因在于粉煤灰主要是以硅、铝为主的非晶态玻璃球体组成，结晶矿物含量较少。而黏性土矿物都由石英、长石和黏性土矿物等晶体矿物组成，因此粉煤灰的相对密度和重度均比黏性土为小。粉煤灰自重轻对回填土工程带来有利的一面，可降低下卧层土的压力，减少沉降，如利用该特点，道路路堤的填筑高度现在可提高至 8m，打破了土路堤 4.5m 的高度极限。为此，软弱地基土的高路堤在技术经济合理的条件下应优先采用粉煤灰。

（2）击实性能好

粉煤灰的颗粒组成特点，使它具有可振实或碾压的条件，击实试验曲线峰值段比天然土具有相对较宽的最优含水量区间。粉煤灰的最优含水量变动幅度是±4％，大于土的±2％的变动幅度。因此，粉煤灰在回填施工过程中达到设计密实度要求的含水量容易控制，施工质量容易得到保证。

当地下水位高、雨水多、土含水量大，压实试验采用轻型击实标准较为适宜，大量实践证明，压实系数达到 95％。以上的轻型击实标准，亦要采用 10t 振动压路机碾压 8～10 遍。

（3）抗剪强度

抗剪试验按直剪（快剪）和三轴剪（固结不排水剪）分别进行，粉煤灰的内摩擦角φ、黏聚力c均与粉煤灰的灰种、剪切方法、压实系数大小和龄期长短有关。c、φ值应通过室内土工试验确定，当无试验资料时，可定为当压实系数为$0.9\sim0.95$时，$\varphi=23°\sim30°$，$c=5\sim30$kPa。

（4）压缩性

粉煤灰的压缩性能与击实功能、密实度和饱和程度等因素有关。应通过土工试验确定，当无试验资料时，在压实系数为$0.9\sim0.95$时，$E_s=8\sim20$MPa。

（5）承载能力

粉煤灰垫层经压实后承载能力的试验结果得知，具有遇水后强度降低的特性。当无试验资料时，压实系数为$0.9\sim0.95$时的浸水垫层，其地基承载力特征值可采用$120\sim150$kPa，但尚应满足软弱下卧层的承载力与地基变形要求。

（6）渗透性

由于粉煤灰颗粒组成近似砂质粉土，压实过程中与压实初期具有较大的渗透系数，但随着龄期的增加，渗透性能逐渐减弱。初始渗透系数在$10^{-3}\sim10^{-5}$cm/s间变化，明显大于黏性土。良好的透水性能给多雨地区的施工带来方便，并且由于透水性能好，由外力引起的孔隙水压力也消散得快。

粉煤灰还具有较强的龄期效应，由于粉散状态下细颗粒并有水存在时，会在常温下与氢氧化钙产生化学反应，形成具有胶凝能力的化合物，这种反应即称为火山灰反应，反应的产物有效填充了孔隙，从而使强度和抗渗性能得到改善。前述抗剪强度和承载能力随龄期的提高，其原因也在于此。这一特性还能使垫层在后期形成一块具有隔水性能的刚度和强度较好的板块，这就大大地改善了地基的承载能力。

（7）抗液化性

粉煤灰经压实后是否能避免在振动条件下的液化，为此，宝钢进行了较为系统的分析。标贯试验表明不会发生液化。粉煤灰地基有较高的标贯击数反映了它的龄期效应特征。如宝钢煤气柜粉煤灰地基回填6个月测得10击，4年后在原料坑再测，则平均高达21击。其原因是它具有微弱的火山灰反应，因此有一定的凝胶性，其抗液化能力要比砂质粉土强得多。

（8）对环境的影响

粉煤灰是一种碱性材料，遇水后由于碱性可溶物的析出使得pH值升高，如宝钢粉煤灰pH值可达$10\sim12$，同时粉煤灰中还含有一定量的微量有害元素和放射性元素，因此粉煤灰在填筑过程中是否能推广应用，在很大程度上取决于是否能够满足我国现行的有关环境方面的要求。

实践证明，在粉煤灰填方上覆土$300\sim500$mm后，可种植一些耐碱、耐硼的花草和树木作为过渡，待碱度和含硼量恢复正常值时，就可进行正常绿化工作。

粉煤灰中微量有害元素，特别是其浸出液中，有害元素的溶出对土壤和地下水的影响又是一个环境影响问题。

上海部分电厂粉煤灰浸出液与土壤中有害元素含量的比较，以及有关规定的容许值见表2-7。

粉煤灰与土壤浸出液微量元素成分（$\times 10^{-6}$） 表 2-7

灰名和标准	微量元素						
	Cu	Zn	Pb	Cd	Cr	Hg	As
宝钢湿灰	0.012	0.51	1.16	＜0.07	0.093	未检出	—
宝钢干灰	0.025	2.43	1.53	0.25	0.09	未检出	—
上海市污水综合排放标准 DB31/199—2018	0.2	1.0	0.1	0.01	0.5	0.005	0.05
生活饮用水卫生标准 GB 5749—2006	1.0	1.0	0.01	0.005	0.05	0.001	0.01
农田灌溉水质标准 GB 5084—2005	1.0	2.0	0.2	0.01	0.1	0.001	0.05
地表水环境质量标准 GB 3838—2002	0.1	1.0	0.1	0.01	0.05	0.001	0.05

从表 2-7 中可知，宝钢湿灰和干灰中除了 Pb 和 Cd 外，其余指标均满足上海市污水综合排放标准和国家农田灌溉水质标准。

在粉煤灰填筑层中铺设地下金属构件，宜采取适当的防腐蚀措施，如涂沥青或采用镀锌管等措施。另外，粉煤灰的高碱性也有助于防酸性腐蚀。

2. 垫层设计参数

粉煤灰的最大干密度 ρ_{dmax} 和最优含水量 w_{op}，在设计、施工前应按《土工试验方法标准》GB/T 50123 击实试验法确定。

粉煤灰的内摩擦角 φ、黏聚力 c、压缩模量 E_s、渗透系数 k 随粉煤灰的材质和压实密度而变化，应通过室内试验确定。当无试验资料时，上海地区提出下列数值可供参考：当 $\lambda_c = 0.90 \sim 0.95$ 时 $\varphi = 23° \sim 30°$，$c = 5 \sim 30kPa$，$E_s = 8 \sim 20MPa$，$k = 9 \times 10^{-5} \sim 2 \times 10^{-4} cm/s$。

粉煤灰压实垫层具有遇水后强度降低的特点，上海地区提出的经验数值是：对压实系数 $\lambda_c = 0.90 \sim 0.95$ 的浸水垫层，其承载力特征值可采用 $120 \sim 150kPa$，但仍应满足软弱下卧层的强度与地基变形要求。当 $\lambda_c > 0.90$ 时，可抵抗设计烈度为 7 度的地震液化。粉煤灰压实垫层不产生液化的标准贯入击数 N 值（未经钻杆修正）可参考表 2-8。

粉煤灰垫层不产生液化的标准贯入击数 N 值 表 2-8

垫层厚度 z(m)	N 值
≤5	≥8
5～8	≥10

注：上表适用于抗震设计烈度 7 度，考虑近、远震。

2.3.4 干渣垫层

干渣亦称高炉重矿渣，简称矿渣。它是高炉冶炼生铁过程中所产生的固体废渣经自然冷却而成。矿渣取代天然碎石是冶金渣综合利用的有效途径之一。经破碎、筛分的矿渣称分级矿渣（8～40mm 和 40～60mm 二级）；未经破碎和筛分的矿渣称原状矿渣；经破碎但未经筛分者称混合矿渣（0～60mm）。

矿渣垫层适用于中、小型建筑工程，尤其适用于地坪和堆场等工程大面积地基处理和场地整平。对易受酸性或碱性废水影响的地基不得用矿渣作垫层材料。它具有原料量大、工程造价低和节约天然资源等优点。凡缺乏天然砂石料的地区，矿渣不仅用于回填可增加其应用途径，而且可缓解砂石料紧缺的矛盾，因而具有显著的社会效益和经济效益。

干渣垫层的厚度和宽度可按砂垫层的计算方法确定，应满足软弱下卧层的强度和变形要求。

1. 干渣材料特性

（1）稳定性

干渣是否能在回填土工程中推广应用的前提之一，在于它是否具有足够的结构稳定性。衡量稳定性主要观察干渣在生产、施工和使用时是否会产生硅酸盐分解、石灰分解和铁、锰分解。

矿渣的化学成分随铁矿石来源的不同而变化，表 2-9 矿渣的化学成分分析。

国内各钢厂化学成分分析

表 2-9

成分 钢厂名	CaO	SiO_2	Al_2O_3	MgO	MnO	Fe_2O_3	S	碱度
宝钢	37.62～42.12	30.67～34.33	14.17～16.74	5.04～8.35	0.60～1.51	0.47～0.93	0.44～0.80	0.90～1.04
武钢	39.04～47.07	34.68～38.20	11.96～16.20	2.90～4.87	0.15～0.97	0.47～1.45	0.50～0.81	0.82～1.12
马钢	43.95～49.52	32.66～40.26	8.46～11.36	1.22～7.39	0.07～0.20	0.08～0.80	0.34～1.06	0.94～1.21
鞍钢	38.60～48.50	34.40～41.30	6.20～9.30	2.90～7.90	0.10～0.90	0.30～1.40	0.20～1.00	—

表 2-9 说明，国内各电厂重矿渣的化学成分含量大致接近，但宝钢的成分相对稳定，尤其是 CaO 含量少于 45%，大大减小了裂胀分解的可能性。

（2）松散密度

重矿渣的强度可用松散密度指标表示，对分级矿渣松散密度要求不小于 $1.1t/m^3$，经结果分析，松散密度与粒径组合有关，粒径小则轻。粒径大则反之，但粒径较小的矿渣砂（粒径范围 0～8mm），其密度可达 $1.4t/m^3$。

（3）变形模量

一般工程不论是分级矿渣或是不分级矿渣（混合矿渣），压实后的变形模量都大于或等于砂、碎石等垫层的变形模量值。通常采用 10～20t 平碾，压 10～12 遍与用振动器振实，振动时间 45s，铺渣厚度 200mm，或振动时间 60s，铺渣厚度 250mm，压实后的矿渣垫层（分级或不分级）的变形模量 E_0 可达 35MPa 以上。

高炉矿渣在力学性质上的最为重要的特点是：当垫层压实符合标准，则荷载与变形关系具有线性变形体的一系列特点。如压实不佳，强度不足，会引起显著的非线性变形。因此，设计人员应首先了解矿渣的组成部分、级配、软弱颗粒含量和松散密度；其次是根据场地条件与施工机械条件，确定合理的施工方法和选择各种设计计算参数。

2. 垫层设计参数

干渣垫层承载力特征值 f_a 和变形模量 E_0 宜通过现场试验确定。当无试验资料时，可参考表 2-10。

干渣垫层的承载力特征值 f_a 和变形模量 E_0 的参考值   表 2-10

施工方法	干渣类别	压实指标	f_a(kPa)	E_0(MPa)
平板振动器	分级干渣 混合干渣	密实(同一点前后两次压陷差<2mm)	300	30
	原状干渣		250	25
8~12t 压路机	分级干渣 混合干渣	同上	400	40
	原状干渣		300	30
2~4t 振动压路机	分级干渣 混合干渣	同上	400	40
	原状干渣		300	30

2.3.5 其他垫层

除以上砂（砂石、碎石）垫层、粉煤灰垫层、矿渣垫层、土（素土）和灰土垫层外，还有一些其他类型的垫层。

1. 粉质黏土垫层

土料中有机质含量不得超过 5%，亦不得含有冻土或膨胀土。当含有碎石时，其粒径不宜大于 50mm。用于湿陷性黄土或膨胀土地基的粉质黏土层，土料中不得夹有砖、瓦和石块。

黏土及粉土均难以夯压密实，故换填时均应避免采用作为换填材料，在不得已选用上述土料回填时，也应掺入不少于 30% 的砂石并拌合均与后，方可使用。

2. 石屑垫层

石屑是采石场筛选碎石后的细粒废弃物，其性质接近与砂，在各地使用作为换填材料时，均取得了很好的成效。但应控制好含量及含粉量，才能保证垫层的质量。

3. 工业废渣垫层

除以上所述矿渣垫层外，在有可靠试验结果或成功工程经验时，对质地坚硬、性能稳定、无腐蚀性和放射性危害的工业废渣等均可用于填筑换填垫层。被选用工业废渣的粒径、级配和施工工艺等应通过试验确定。

4. 土工合成材料加筋垫层

土工合成材料加筋垫层由分层铺设的土工合成材料与地基土构成。土工合成材料，在垫层中主要起加筋作用（见图 2-4），以提高地基土的抗拉和抗剪强度、防止垫层被拉断裂和剪切破坏、保持垫层的完整性、提高垫层的抗弯刚度。因此利用土工合成材料加筋的垫层有效地改变了天然地基的性状，增大了压力扩散角，降低了下卧天然地基表面的压力，约束了地基侧向变形，调整了地基不均匀变形，增大地基的稳定性并提高地基的承载力。由于土工合成材料加筋垫层的上述特点，已广泛用于软弱黏性土、泥炭、沼泽地区修建道路、堆场等并取得了较好的成效，同时也在部分建筑、构筑物的应用中得到了肯定的效果。关于土工合成材料垫层的具体设计方法见本书"土工合成材料"一章。

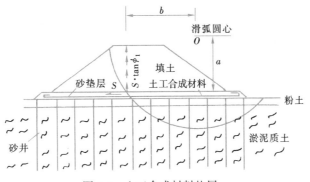

图 2-4　土工合成材料垫层

5. 聚苯乙烯板块垫层

聚苯乙烯板块又称为 EPS，是英文 Expanded Polystyrene 的简称，具有以下特点：

（1）超轻质

EPS 重度约为 $0.2 \sim 0.4 \mathrm{kN/m^3}$，约为普通路堤填土重度的 1‰～2‰。应用置换法原理，在原有地基上挖深 1.5m 以上，就可以用 EPS 填筑几米高，可以显著减少地基的工后沉降量。

（2）强度和模量较高

EPS 材料在单轴压缩试验条件下呈现比较典型的弹塑性，不具有明显断裂的特征。即使进入塑性阶段，强度仍较高。重度 $\gamma = 0.2 \sim 0.4 \mathrm{kN/m^3}$ 的 EPS 抗压强度为 100～350kPa，变形模量为 2.5～11.5MPa，一般为 2.6MPa；EPS 材料存在徐变，但 40d 后，材料压缩变形基本稳定。在 EPS 铺砌层上表面加铺钢筋混凝土板，不仅起整体化作用，而且受力较大时，汽车荷载通过路面结构作用于该板上，然后扩散至 EPS 层，使 EPS 块具有足够的强度和刚度满足汽车荷载的要求。

（3）应力应变特性

EPS 材料在常规三轴试验条件下，也呈现典型的弹塑性，其最大允许偏应力为 84kPa，且在三轴应力状态下，屈服应力和弹性模量随围压的增大而变小。受此影响，EPS 材料只适用于低围压填方路段或地基浅表处理。在低围压三轴剪切试验条件下，EPS 材料加卸载过程中累积塑性变形小，适应于交通荷载作用条件。

（4）抗剪强度

EPS 材料与混凝土、砂和土间的抗剪强度与正应力不存在线性关系，但随着正应力的增大而增大，在正应力达到 30kPa 后，EPS 材料块件间的抗剪强度达到最大值 20kPa。

（5）回弹模量

路基回弹模量平均值为 789MPa，远高于普通填土路基。

（6）摩擦特性

EPS 块体与砂的摩擦系数为：对干砂为 0.58（密）～0.46（松）；对湿砂为 0.52（密）～0.25（松）。EPS 块体相互间以及块体与砂浆面的摩擦系数为 0.55～0.76。

（7）耐水性

EPS 材料的组成 98% 为空气，只有 2% 左右为树脂发泡体，每立方分米体积内含有

300 万～600 万个独立密闭气泡。由于 EPS 内部气泡相互独立，所以除其表面有少量吸水性外，它在一定水压下浸泡 2d 的吸水率在 6％以下。而且，随着单位容重的变大，其吸水率越小。路堤填料的水稳定性是影响路堤工作状况和稳定性的主要因素之一。

（8）吸水膨胀性小

在围压为 10kPa 下浸水 2d 后，从压力室中取出试件，用滤纸吸去表面水分，再用游标卡尺量取试件三个方向的尺寸，每个方向各测三点取算术平均值。按下式计算 EPS 材料的吸水膨胀率：

$$F_s = (V_2 - V_1)/V_1 \times 100\%$$ (2-6)

式中 F_s —— 膨胀率（％）；

V_1 —— 试样浸水前的体积（m³）；

V_2 —— 试样浸水后的体积（m³）。

试验测定了 4 个重度为 0.2kN/m³ 的 EPS 试件，结果表明 4 个试样吸水膨胀率平均值为 1.65％，说明 EPS 材料的吸水膨胀性很小，可以不需要特殊处理直接用作路堤填料。

（9）化学特性稳定

EPS 耐腐蚀，仅有亲油性，遇油溶解，但只要采取防止油腐蚀的措施，亲油性不会影响路堤的工作性能。

（10）压缩性

在试验中，EPS 材料在应变小于 2％、无侧限压缩的条件下，应力—应变基本是直线的弹性变化关系。奇特的是即使应变大于 2％，EPS 进入塑性状态的情况下，其无侧限抗压强度还能较好的保持，没有明显的剪切破坏区域，而且一般不会出现最大应力。

（11）耐热性

EPS 的原材料聚苯乙烯树脂属于热可塑性树脂，因此 EPS 材料应在 70℃以下的环境使用。并且在工程的机电部分要注意电线的布置，防止因为电线短路引燃 EPS。如果工程需要，也可以在制作 EPS 时加入阻燃剂。也正是 EPS 的这个特性，可采用电热丝对其进行任意形状的切割加工。

（12）自立性

EPS 材料可由其本身的硬性块状体组合堆砌成为一种能承受相当重量的结构，并且在荷载作用下，其自立性能还能保留。这个性能在修复桥台时，对原有的已经受损的挡墙结构非常重要。由于使用了 EPS，挡墙背面的土压力大幅减少，在修复桥台时，只需对结构严重破坏的挡墙进行恢复，受损较微的挡墙仅做表面修复。

（13）耐久性

EPS 可抗腐烂。如果直接暴露在紫外线下虽然短时间内强度及弹性变形性能变化不大，但其表面会泛黄色，慢慢出现降解现象。因此，应在 EPS 上部设置土工格栅、添土或是其他保护层。

（14）施工性

EPS 由于质量轻，不需要特别的建筑机械，只需使用人力就可以达成。并且施工速度快，不需要什么机械碾压。在一些大型机械不方便使用的场所，EPS 的优点就更突出。而且加工方便，可以就地改造，以与特殊情况相配合。

由于 EPS 具有的上述特性，其被广泛应用于软土地基中地基承载力不足、沉降量过大、地基不均匀沉降、需要快速施工的路堤、人造山体、挡墙填充等填筑工程以及地下管道保护的换填工程。如其作为填筑工程的轻质填筑料，拓宽路堤的轻质填筑料、桥头路堤连接部位的填筑料、挡墙结构或护岸结构墙背填筑料、地下管道及结构物通道的上覆填筑料、路堤滑动后修复填筑料等。EPS 在国外的道路工程中已作为路堤材料有广泛的应用（见图 2-5）。

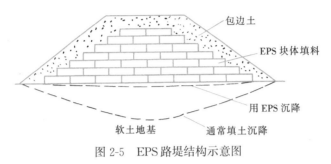

图 2-5 EPS 路堤结构示意图

2.4 垫 层 施 工

垫层施工的关键是要达到设计所要求的压实系数。根据垫层施工机械的不同一般可分为碾压法、平板振动法和重锤夯实法。不同施工方法还需要采用合理的施工工艺，主要包括垫层分层厚度、施工遍数和施工含水量等，这些施工参数都必须由现场试验确定。

2.4.1 施工机械及方法

1. 机械碾压法

机械碾压法是采用压路机（冲击压路机）、推土机、平碾、羊足碾或其他碾压机械在地基表面来回开动，利用机械自重把垫层或松散土地基压实（见图 2-6）。此法常用于地下水位以上大面积垫层或填土的压实以及一般非饱和黏性土和杂填土地基的浅层处理。

采用冲击压路机进行碾压的方法又被称为冲击碾压法。由曲线为边而构成的正多边形冲击轮在位能落差与行驶动能相结合下对工作面进行静压、揉搓、冲击（见图 2-7）。在这种"揉压-碾压-冲击"的综合作用下土石颗粒重新组合，强迫排出积在土石颗粒之间的空气和水，细颗粒逐渐填充到粗颗粒孔隙之中，从而使土体得到压实。与一般压路机相比，冲击碾压机具有处理面积大、行进速度高（一般可达 10～15km/h）和工效高的特点。我国于 1995 年由南非引入了该技术，并在路基工程中得到了广泛使用，为了更好地促进冲击碾压技术的发展，交通部于 2006 年颁布了《公路冲击碾压应用技术指南》。工程实践表明，因土质、冲击压路机的型号、应用条件各不相同，冲击碾压其压实效果、施工工艺、质量控制亦不相同。因此，施工前应修筑试验路段，以确定采用的压路机型号和施工工艺。另外，根据上海地区冲击碾压工程实践的经验，对于地下水位较高的地区，冲击碾压宜结合降水联合进行。冲击碾压施工还应考虑对居民、构造物等周围环境可能带来的影响，可采取以下两种减震隔震措施：①开挖宽 0.5m、深 1.5m 左右的隔震沟进行隔震；②降低冲击压路机的行驶速度，增加冲压遍数。

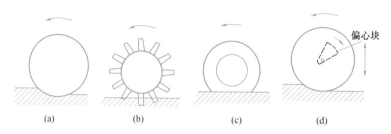

图 2-6　常用机械碾压设备

（a）平碾；（b）羊足碾；（c）气胎碾；（d）振动平碾

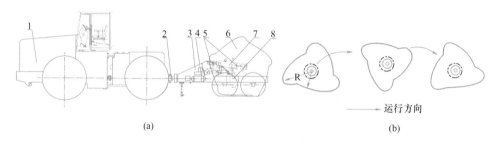

图 2-7　冲击碾压设备

（a）冲击碾压机；（b）冲击轮

1—牵引车；2—牵引装置；3—机架；4—缓冲蓄能装置；

5—双向缓冲减振机构；6—冲击轮；7—摆架；8—升举机构

2. 重锤夯实法

重锤夯实法是用起重机将夯锤提升到某一高度，然后自由落锤，不断重复夯击以加固地基。重锤夯实法一般适用于地下水位距地表 0.8m 以上稍湿的黏性土、砂土、湿陷性黄土、杂填土和分层填土。

重锤夯实法的主要设备为起重机械、夯锤、钢丝绳和吊钩等。

当直接用钢丝绳悬吊夯锤时，吊车的起重能力一般应大于锤重的三倍。采用脱钩夯锤时，起重能力应大于夯锤重量的 1.5 倍。

夯锤宜采用圆台形，如图 2-8，锤重宜大于 2t，锤底面单位静压力宜为 15～20kPa。夯锤落距宜大于 4m。

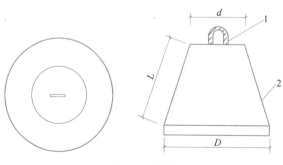

图 2-8　夯锤

1—吊环；2—钢板

重锤夯实宜一夯挨一夯的顺序进行。在独立柱基基坑内，宜按先外后里的夯击顺序夯击。同一基坑的底面标高不同时，应按由下到上的顺序逐层夯实。累计夯击 10～20 次，最后两击平均夯沉量，对砂土不应超过 5～10mm，对细粒土不应超过 10～20mm。

重锤夯实的现场试验应确定最少夯击遍数、最后平均夯沉量和有效夯实深度等。一般重锤夯实的有效夯实深度可达 1m，并可消除 1.0～1.5m 厚土层的湿陷性。

3. 平板振动法

平板振动法是使用振动压实机（图 2-9）来处理无黏性土或黏粒含量少、透水性较好的松散杂填土地基的一种方法。

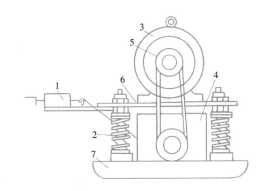

图 2-9　振动压实机示意图

1—操纵机械；2—弹簧减振器；3—电动机；4—振动器；
5—振动机槽轮；6—减振架；7—振动板

振动压实机的工作原理是由电动机带动两个偏心块以相同速度反向转动而产生很大的垂直振动力。这种振动机的频率为 1160～1180r/min，振幅为 3.5mm，重量 2t，振动力可达 50～100kN，并能通过操纵机械使它前后移动或转动。

振动压实的效果与填土成分、振动时间等因素有关，一般振动时间越长，效果越好，但振动时间超过某一值后，振动引起的下沉基本稳定，再继续振动就不能起到进一步压实的作用。为此，需要施工前进行试振，得出稳定下沉量和时间的关系。对主要由炉渣、碎砖、瓦块组成的建筑垃圾，振动时间 1min 以上；对含炉灰等细粒的填土，振动时间约为 3～5min，有效振实深度为 1.2～1.5m。

振实范围应从基础边缘放出 0.6m 左右，先振基槽两边，后振中间，其振动的标准是以振动机原地振实不再继续下沉为合格，并辅以轻便触探试验检验其均匀性及影响深度。振实后地基承载力宜通过现场载荷试验确定。一般经振实的杂填土地基承载力可达 100～120kPa。

2.4.2　垫层材料及施工工艺

1. 砂（或砂石）垫层

砂石垫层材料，宜选用颗粒级配良好、质地坚硬的中砂、粗砂、砾砂、圆砾、卵石或碎石等，料中不得含有植物残体、垃圾等杂质，且含泥量不超过 5%。用细砂作填筑材料时，应掺入 30%～50% 的碎石，碎石最大粒径不宜大于 50mm，当碾压（或夯、振）功能较大时，亦不宜大于 80mm。用于排水固结地基垫层的砂石料，含泥量不宜超过 3%。

干密度 ρ_d 为砂垫层施工质量控制的技术标准。设计要求的干密度可由击实试验给出的最大干密度 ρ_{dmax} 乘以设计要求压实系数 λ_c 求得。在无击实试验资料时，可把中密状态的干密度作为设计要求干密度：中砂为 $1.6t/m^3$；粗砂为 $1.7t/m^3$；碎石和卵石为 $2.0\sim 2.2t/m^3$。

开挖基坑时应避免坑底土层扰动，可保留 200mm 厚土层暂不挖去，待铺砂前再挖至设计标高，如有浮土必须清除。当坑底为饱和软土时，须在与土面接触处铺一层细砂起反滤作用，其厚度不计入砂垫层设计厚度内。

砂垫层施工一般可采用振动碾或振动压实机等压密，其压实效果、分层铺填厚度、压实遍数、最优含水量等应根据具体施工方法及施工机具通过现场试验确定，也可参照表 2-11 初步确定。垫层最优含水量也可根据施工方法确定：用平板振动器，最优含水量为 $15\%\sim 20\%$；用平碾及蛙式夯时最优含水量为 $8\%\sim 12\%$；用插入式振动器时，宜为饱和的碎石、卵石或矿渣充分洒水湿透后机械压实。

为保证分层压实质量应控制机械碾压速度，一般平碾为 2km/h；羊足碾为 3km/h；振动碾为 2km/h；振动压实机为 0.5km/h。

同一建筑物下砂垫层设计厚度不同时，顶面标高应相同，厚度不同的砂垫层搭接处或分段施工的交接处，应做成踏步或斜坡，加强捣实，并酌量增加质量检查点。

垫层的每层铺填厚度及压实系数　　　　　　　　　　表 2-11

施 工 设 备	每层铺填厚度(mm)	每层压实遍数
平碾(8~12t)	200~300	6~8
羊足碾(5~16t)	200~350	8~16
蛙式夯(200kg)	200~250	3~4
振动碾(8~15t)	500~1200	6~8
振动压实机(2t,振动力98kN)	1200~1500	10
冲击碾压机	600~1500	20~40
插入式振动器	200~500	
平板式振动器	150~250	

2. 素土（或灰土、二灰）垫层

素土中有机质含量不得超过 5%，亦不得含有冻土或膨胀土，不得夹有砖、瓦和石块等渗水材料，碎石粒径不得大于 50mm。灰土的体积比宜为 2:8 或 3:7。土料宜用黏性土及塑性指数大于 4 的粉土，不得含有松软杂质，并应过筛，其颗粒不得大于 15mm。石灰宜用新鲜的消石灰，其颗粒不得大于 5mm。

控制垫层质量的压实系数 λ_c 应符合：①当垫层厚度不大于 3m 时，$\lambda_c \geq 0.93$；②当垫层厚度大于 3m 时，$\lambda_c \geq 0.95$。

素土（或灰土、二灰）垫层采用分层填夯（压）实的施工方法。分层铺填厚度应该按照所采用的施工机具来确定，参见表 2-12。

素土（或灰土、二灰）材料的施工含水量宜控制在最优含水量 $w_{op} \pm 2\%$ 范围内。

素土（或灰土等）垫层分段施工时不得在柱基、墙角及承重窗间墙下接缝。上下两层的缝距不得小于 500mm。灰土应拌合均匀，应当日铺填夯压，压实后 3 天内不得受水浸泡。

素土（或灰土、二灰）垫层最大虚铺厚度 表 2-12

夯实机具	重量(kg)	每层铺填厚度(mm)	备注
石夯、木夯	4～8	200～250	人力送夯、落距 400～500mm，一夯压半夯
轻型夯实机械	—	200～350	蛙式打夯机、柴油打夯机
压路机	60～1000	200～300	双轮

3. 粉煤灰垫层

粉煤灰垫层可采用分层压实法，压实可用压路机和振动压路机、平板振动器、蛙式打夯机。机具选用应按工程性质、设计要求和工程地质条件等确定。粉煤灰不应采用水沉法或浸水饱和施工。

对过湿粉煤灰应沥干装运，装运时含水量以 15%～25% 为宜。底层粉煤灰宜选用较粗的灰，并使用含水量稍低于最佳含水量。

施工压实参数（ρ_{dmax}、w_{op}）可由室内击实试验确定。压实系数一般可取 0.9～0.95，根据工程性质、施工机具、地质条件等因素确定。

垫层填筑应分层铺筑和碾压。虚铺厚度、碾压遍数应通过现场小型试验确定。若无试验资料时，可选用铺筑厚度 200～300mm，碾压后的压实厚度为 150～200mm。施工压实含水量可控制在 $w_{op}\pm4\%$ 范围内。

小型工程可采用人工分层摊铺，在整平后用平板振动器或蛙式打夯机进行压实。施工时须一板压 1/3～1/2 板往复压实，由外围向中间进行，直至达到设计密实度要求。大中型工程可采用机械摊铺，在整平后用履带式机具初压二遍，然后用中、重型压路机碾压。施工时须一轮压 1/3～1/2 轮往复碾压，后轮必须超过两施工段的接缝。碾压次数一般为 4～6 遍，碾压至达到设计密实度要求。

施工时最低气温不低于 0℃，以防止粉煤灰冻胀。每一层粉煤灰垫层验收合格后，应及时铺筑上层或采用封层，以防干燥松散起尘污染环境，并禁止车辆在其上行使。

4. 干渣垫层

干渣垫层材料可根据工程的具体条件选用分级干渣、混合干渣或原状干渣。小面积垫层一般用 8～40mm 与 40～60mm 的分级干渣，或 0～60mm 的混合干渣；大面积铺垫时，可采用混合干渣或原状干渣，原状干渣最大粒径不大于 200mm 或不大于碾压分层虚铺厚度的 2/3。

用于垫层的干渣技术条件应符合下列规定：稳定性合格；松散密度不小于 $1.1t/m^3$；泥土与有机质含量不大于 5%。对于一般场地平整，干渣质量可不受上述指标限制。

施工采用分层压实法。压实可用平板振动法或机械碾压法。小面积施工宜采用平板振动器振实，电动功率大于 1.5kW，每层虚铺厚度 200～250mm，振捣遍数由试验确定，以达到设计密实度为准。大面积施工宜采用 8～12t 压路机，每层虚铺厚度不大于 300mm；也可采用振动压路机碾压，碾压遍数均可由现场试验确定。根据冶金部对矿渣垫层的研究，无论是采用碾压施工或是采用振动法施工，当满足压实条件时，均可获得很高的变形模量而能满足工程要求。

对混合矿渣（不分级矿渣）用 12t 平碾碾压 10～12 遍以后进行静载试验，得到的变形模量见表 2-13，分级矿渣用振动法施工时，静载试验获得的变形模量见表 2-14。

混合矿渣平碾后变形模量　　　　　　　　　　　表 2-13

试验编号	1	2	3	4	5	平均值
变形模量 E_0(MPa)	55.1	61.4	76.5	82	56.8	68.4

分级矿渣振动法施工后变形模量　　　　　　　　表 2-14

振动时间(s)	0	15	30	45	60	75	90	100
变形模量 E_0(MPa)	4.8	35.6	51	53.3	55.5	62.1	69	46.9

注：1. 铺渣厚度 250mm；

2. 振动器重量 65kg，底板尺寸 48×61cm，振频 2800 转/min。

5. 土工合成材料垫层

土工合成材料上的第一层填土摊铺宜采用轻型推土机或前置式装载机。一切车辆、施工机械只容许沿路堤的轴线方向行驶。

铺设土工合成材料时，地基土层顶面应平整，防止土工合成材料被刺穿、顶破。

回填填料时，应采用后卸式卡车沿加筋材料两侧边缘倾卸填料，以形成运土的交通便道，并将土工合成材料张紧。填料不允许直接卸在土工合成材料上面，必须卸在已摊铺完毕的土面上；卸土高度以不大于 1m 为宜，以免造成局部承载力不足。卸土后应立即摊铺，以免出现局部下陷。

第一层填料宜采用推土机或其他轻型压实机具进行压实；只有当已填筑压实的垫层厚度大于 60cm 后，才能采用重型压实机械压实。

6. 聚苯乙烯板块垫层

聚苯乙烯板块施工时，宜按施工放样的标志沿中线向两边采用人工或轻型机具把 EPS 块体准确就位，不许重型机械或拖拉机在 EPS 块体上行驶。EPS 块体与块体之间应分别采用连接件单面爪（底部和顶部）、双面爪（块体之间）和"L"形金属销钉连接紧密。

2.5　质　量　检　验

垫层施工质量检验的主要项目是垫层的密实程度。垫层的施工质量检验必须分层进行。应在每层的压实系数符合设计要求后铺填上层土。

对粉质黏土、灰土、粉煤灰和砂石垫层的施工质量检验可用环刀法、贯入仪、静力触探、轻型动力触探或标准贯入试验检验；对砂石、矿渣垫层可用重型动力触探检验。并均应通过现场试验以设计压实系数所对应的贯入度为标准检验垫层的施工质量。压实系数也可用环刀法、灌砂法、灌水法或其他方法检验。

环刀法采用的环刀容积宜为 $2×10^5 \sim 4×10^5$ mm^3，并不应小于 200cm^3，以减小其偶然误差，环刀径高比 1∶1。取样前测点表面应刮去 30～50mm 厚的松砂，并采用定向筒压入。环刀内砂样应不包含尺寸大于 10mm 的泥团或石子。砂垫层干密度控制标准：中砂为 1.6t/m^3，粗砂为 1.7t/m^3。

钢筋贯入法采用直径 ϕ20mm、长度 1.25m 的平头光圆钢筋，自由贯入高度为

700mm，并应使钢筋垂直下落。测其贯入深度，检验点的间距应小于4m。贯入时宜使水面与砂面齐平，符合质量控制要求的贯入度值应根据砂样品种通过试验确定。

采用环刀法检验垫层的施工质量时，取样点应位于每层厚度的2/3深度处。检验点数量，对大基坑每 $50\sim100m^2$ 不应少于1个检验点；对基槽每 $10\sim20m$ 不应少于1个点；每个独立柱基不应少于1个点。采用贯入仪或动力触探检验垫层的施工质量时，每分层检验点的间距应小于4m。

竣工验收采用载荷试验检验垫层承载力时，每个单体工程不宜少于3点；对于大型工程则应按单体工程的数量或工程的面积确定检验点数。

在施工EPS块体时，应先对所选用的EPS材料按设计要求进行下列质量检验：(1) 取EPS试样 $100mm\times100mm\times50mm$ 测定密度，一般不宜低于 $0.2kN/m^3$；(2) 取EPS试样 $50mm\times50mm\times50mm$ 测定压缩强度和容许压缩强度，后者不宜低于100kPa；(3) 取EPS试样 $10mm\times25mm\times200mm$ 进行燃烧试验，测定自灭性指标并符合去火后3s内自灭；(4) 测定EPS块体的几何尺寸及平整度，允许的尺寸误差为1/100，平整度要求3m直尺相对误差不超过10mm。

思考题与习题

1. 试述土的压实机理以及利用室内击实试验资料求得现场施工参数的方法。

2. 何谓"虚铺厚度""最大干密度""最优含水量"和"压实系数"？

3. 土和灰土垫层的设计方法与砂垫层的设计方法相比有何异同之处？

4. 试述粉煤灰的工程特性，作为垫层材料使用时对环境的影响。

5. 试述砂垫层、粉煤灰垫层、干渣垫层、土（及灰土）垫层的适用范围及其选用条件。

6. 各种垫层施工控制的关键指标是什么？

7. 如何区别换土垫层和排水垫层？

8. 相对于常规碾压法，冲击碾压法具有什么优点？

9. 试阐明聚苯乙烯板块（EPS）的工程特性及适用范围。

10. 某6层砖混结构住宅，承重墙下为条形地基，宽1.2m，埋深为1.0m，上部建筑物作用于基础的地表面上荷载为120kN/m，基础及基础上土的平均重度为 $20kN/m^3$，基础沉降允许值为150mm。场地土质条件为第一层粉质黏土，层厚1.0m，重度为 $17.5kN/m^3$；第二层为淤泥质黏土，层厚15.0m，重度为 $17.8kN/m^3$，含水量为65%，承载力特征值（未修正）为45kPa，压缩模量为3MPa；第三层为密实砂砾石层。地下水距地表为1.0m。采用砂垫层处理，试完成以下设计工作：

(1) 确定砂垫层的厚度和宽度；

(2) 进行地基变形验算（砂垫层压缩模量取20MPa）；

(3) 确定砂垫层的压实系数。

3 强夯和强夯置换

3.1 概　述

强夯法在国际上称动力压实法（Dynamic Compaction Method）或动力固结法（Dynamic Consolidation Method），是法国 Menard 技术公司于 1969 年首创的一种地基加固方法。它通过一般 10～60t 的重锤（最重可达 200t）和 8～20m 的落距（最高可达40m），对地基土施加很大的冲击能，一般能量为 500～8000kN·m。在地基土中所出现的冲击波和动应力，可提高地基土的强度、降低土的压缩性、改善砂土的抗液化条件、消除湿陷性黄土的湿陷性等。同时，夯击能还可提高土层的均匀程度，减少将来可能出现的差异沉降。对于高饱和度的粉土和黏性土地基，有人采用在夯坑内回填块石、碎石或其他粗颗粒材料，强行夯入并排开软土，最终形成砂石桩（墩）与软土的复合地基，此法称之为强夯置换（或动力置换、强夯挤淤）（Dynamic Replacement Method）。

对于强夯法和强夯置换法的适用范围，中华人民共和国行业标准《建筑地基处理技术规范》JGJ 79—2012 规定："强夯法适用于处理碎石土、砂土、低饱和度的粉土与黏性土、湿陷性黄土、素填土和杂填土等地基。强夯置换法适用于高饱和度的粉土与软—塑流塑的黏性土等地基上对变形控制要求不严的工程"。

工程实践表明，强夯法具有施工简单、加固效果好、使用经济等优点，因而被世界各国工程界所重视。我国在 20 世纪 70 年代末首次在天津新港三号公路进行强夯试验研究。此后，在全国各地对各类土强夯处理都取得了良好的技术经济效果。当前，应用强夯法处理的工程范围极为广泛，有工业与民用建筑、仓库、油罐、储仓、公路和铁路路基、飞机场跑道及码头等。总之，强夯法在某种程度上比机械的、化学的和其他力学的加固方法更为广泛和有效。但对饱和度较高的黏性土，如用一般强夯处理效果不太显著，其中尤其是用以加固淤泥和淤泥质土地基，处理效果更差，使用时应慎重对待，必须给予排水的通道。为此，强夯法加袋装砂井（或塑料排水带）是一种在软黏土地基上进行综合处理的有效加固方法。

3.2　加固机理

强夯法虽然在实践中已被证实是一种较好的地基处理方法，但到目前为止，国内外还没有一套成熟和完善的理论和设计计算方法。在第十届国际土力学和基础工程会议上，美国教授 Mitchell 在"地基处理"的科技发展水平报告中提到："强夯法目前已发展到地基土的大面积加固，深度可达 30m。当应用于非饱和土时，压密过程基本上同实验室中的击实试验相同。在饱和无黏性土的情况下，可能会产生液化，其压密过程同爆破和振动密实的过程相同。这种加固方法对饱和细颗粒土的效果，成功和失败的工程实例均有报道。

对于这类土需要破坏土的结构，产生超孔隙水压力，以及通过裂隙形成排水通道进行加固。而强夯法对加固杂填土特别有效"。

关于强夯加固机理，首先应该分为宏观机理和微观机理。其次，对饱和土与非饱和土应该加以区分，而在饱和土中，黏性土与非黏性土还应该再加以区分。另外对特殊土，如湿陷性黄土等，应该考虑特殊土的特征。再次，在研究强夯机理时应该首先确定夯击能量中真正用于加固地基的那一部分，而后再分析此部分能量对地基土的加固作用。

夯锤夯击地面时，夯锤下落产生的大部分动能使土体产生自由振动，并以压缩波（P波）、剪切波（S波）和瑞利波（R波）的波体系在地基中传播。根据 Miller 等（1955）的研究，以上三种波占总输入能量的百分比分别为 P 波占 6.9%，S 波占 25.8%，R 波占 67.3%。其中，P 波和 S 波在强夯过程中起夯实加固作用，并且 P 波的作用最为重要。因为 P 波能造成土颗粒相互靠拢，孔隙比大为减小，土体被压密。对 R 波加固作用的研究并没有达成统一的认识。一种观点认为 R 波在强夯过程中是无益的，会导致地基表面松动和坑侧土隆起；另一种观点则认为 R 波对地基加固的有一定贡献。

因此，对于土的不同的物理力学特性（颗粒大小、形状、级配，密实度，内聚力，内摩擦角，渗透系数），土的不同类型（饱和土、非饱和土、砂性土、黏性土）和不同的施工工艺（夯击能、夯点布置、特殊排水措施），强夯法的加固机理和效果也不相同的。目前，强夯法加固地基有三种不同的加固机理：动力密实（Dynamic Compaction）、动力固结（Dynamic Consolidation）和动力置换（Dynamic Replacement）。

3.2.1 动力密实

采用强夯加固多孔隙、粗颗粒、非饱和土是基于动力密实的机理，即用冲击型动力荷载，使土体中的孔隙减小，土体变得密实，从而提高地基土强度。非饱和土的夯实过程，就是土中的气相（空气）被挤出的过程，其夯实变形主要是由于土颗粒的相对位移引起。在夯击动应力 P_d 的作用下，不同位置的土体处于不同的状态，大致可分为以下四个区域（见图 3-1）：A 区为主压实区：动应力 σ 超过土的强度 σ_f，土体结构被破坏后压实，并产生较大的侧向挤压力，该区加固效果明显；B 区为次压实区（削弱区）：土中的应力 σ 小于破坏强度 σ_f，但大于土的弹性极限 σ_i；C 区为隆起区；D 区为未加固区。因此，动力密实的影响深度除了与动力大小有关外，还与地基土的结构强度有关。土的结构强度越大，影响深度越小。

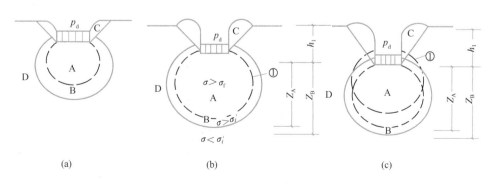

图 3-1 动力密实机理

(a) 前数击加固区正扩大；(b) 加固区形成；(c) 加固区形成后，等速下沉，加固区下移

图 3-2 给出了动力密实法处理后地基的现场测量结果，包括地基中动应力等值线、干密度等值线以及夯坑沉降和周围地面隆起。强夯挤密过程中地基土中动应力随着深度和水平距离的增加而减小，且具有明显的向水平向扩展的趋势。测量得到的地基土干密度也呈相同的变化规律。因此，强夯动力挤密过程中，除了夯坑下方的竖向挤密作用外，土体结构被破坏后产生较大的侧向挤压力而造成的侧向挤密作用是非常明显的。另外，在强夯过程中，随着夯击次数的增加，夯坑深度加大，夯坑周围地面产生不同程度的隆起。当场地的平均隆起的体积小于夯坑体积时，存在动力挤密作用；但当夯击次数增加至二者相当时，动力挤密作用不明显，如果继续夯击，并不能使地基土得到有效的夯实。地基土的夯

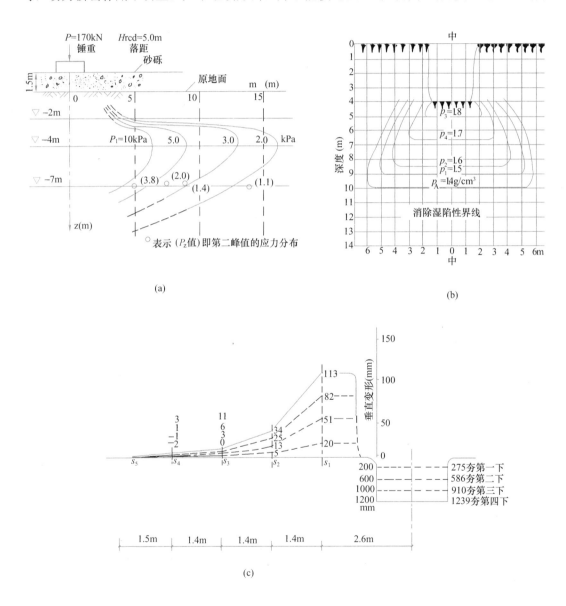

(a)

(b)

(c)

图 3-2 动力密实法现场测量结果

（a）动应力等值线；（b）干密度等值线；（c）夯坑沉降和周围地面隆起

实效果可以用有效夯实系数来评价，并以此来确定夯击次数。有效夯实系数 a 的表达式为：

$$a = \frac{V - V'}{V} = \frac{V_0}{V} \tag{3-1}$$

式中　V——夯坑体积；

　　　V'——夯坑周围地面隆起的体积；

　　　V_0——压缩体积。

很显然，有效夯实系数高，说明夯实效果好；反之，有效夯实系数低，说明夯实效果差。

3.2.2　动力固结

用强夯法处理细颗粒饱和土时，则是借助于动力固结的理论，即巨大的冲击能量在土中产生很大的应力波，破坏了土体原有的结构，使土体局部发生液化并产生许多裂隙，增加了排水通道，使孔隙水顺利逸出，待超孔隙水压力消散后，土体固结。由于软土的触变性，强度会逐渐得到提高。Menard 根据强夯法的实践，首次对传统的固结理论提出了不同的看法，认为饱和土是可压缩的新机理。归纳成以下四点：

1. 饱和土的压缩性

对于理论上的二相饱和土，由于水和土颗粒的压缩系数很小，可以认为饱和土是不可压缩的。但由于饱和土中大都含有以微气泡形式出现的气体，其含气量大约在 $1\% \sim 4\%$ 范围内。理论研究表明，含气量 1% 的水的压缩性要比完全不含气的水高 200 倍。因此，天然状态的饱和土具有一定的可压缩性。进行强夯时，气体体积先压缩，孔隙水压力增大，随后气体有所膨胀，孔隙水排出的同时，超孔隙水压力就减少，也就是说在夯锤的夯击作用下会发生瞬时的有效压缩变形。

2. 产生局部液化

在重复夯击作用下，饱和土中将引起很大的超孔隙水压力，致使土中的有效应力减小，当土中某点的超孔隙水压力上升到等于上覆土的土压力时，土中的有效应力完全消失，土的抗剪强度降为零，土体即产生局部液化。图 3-3 所示的液化度为孔隙水压力与液化压力之比，而液化压力即为覆盖压力。当液化度为 100% 时，亦即为土体产生液化的临界状态，该能量级称为"饱和能"。此时，吸附水变成自由水，土的强度下降到最小值。一旦达到"饱和能"而继续施加能量时，除了使土起重塑的破坏作用外，也造成能量浪费。

图 3-4 为夯击三遍的情况。从图中可见，每夯击一遍时，体积变化有所减少，而地基承载力有所增长，但体积的变化和承载力的提高，并不是遵照夯击能的线性增加的。

应当指出，天然土的液化常常是逐渐发生的，绝大多数沉积物是层状和结构性的。粉质土层和砂质土层比黏性土层先进入液化。尚应注意的是，强夯时所出现的液化，它不同于地震时液化，只是土体的局部液化。

3. 渗透性变化

在强夯过程中，地基土中超孔隙水压力逐渐增长且不能及时消失，致使饱和土地基中产生很大的拉应力。水平拉应力使土颗粒间出现一系列的竖向裂隙，形成排水通道。此时，土的渗透系数骤增，孔隙水得以顺利排出，加速饱和土体的固结。在有规则网格布置

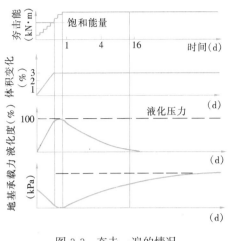

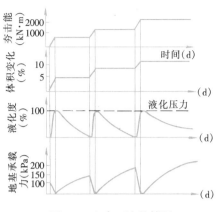

图 3-3　夯击一遍的情况　　　　　　　　　　　图 3-4　夯击三遍的情况

夯点的现场，通过积聚的夯击能量，在夯坑四周会形成有规则的垂直裂缝，夯坑附近出现涌水现象。

当孔隙水压力消散到小于颗粒间的侧向压力时，裂隙即自行闭合，土体的渗透系数又减小。国外资料报道，夯击时出现的冲击波，将土颗粒间吸附水转化成为自由水，因而促进了毛细管通道横断面的增大。

4. 触变恢复

触变恢复指的是土体强度在动荷载作用下强度会暂时降低，但随着时间的增长会逐渐恢复的现象。在重复夯击作用下，土中原来的结构被破坏，土中吸附水部分变成自由水，土颗粒间的联系削弱，强度降低。经过强夯后一段时间的休止期后，土颗粒间逐渐紧密的联结以及新吸附水层逐渐形成，土体形成新的空间结构，于是土体又恢复并达到新的更高强度。

相对于砂土和粉土，饱和黏性土的触变性较明显，尤其是对于灵敏度高的软土。因此，强夯后的质量检验的勘探工作或测试工作，至少应当在强夯后一个月再进行，不然得出的指标会偏小。值得注意的是，经强夯后土在触变恢复过程中，对振动是十分敏感的，所以在进行勘探或测试工作时应十分注意。

鉴于以上强夯法加固的机理，Menard 对强夯中出现的现象，提出了一个新的弹簧活塞模型，对动力固结的机理作了解释，如图 3-5 所示。静力固结理论与动力固结理论的模

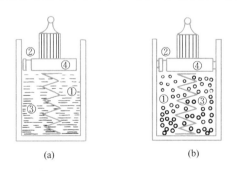

　　　　　　　(a)　　　　　　　　　　　　(b)

图 3-5　静力固结理论与动力固结理论的模型比较
(a) 静力固结理论模型；(b) 动力固结理论模型

型间区别，主要表现为如表3-1所示的四个主要特性。

静力固结和动力固结理论对比 表 3-1

静力固结理论(图 3-5a)	动力固结理论(图 3-5b)
①不可压缩的液体	①含有少量气泡的可压缩液体，由于微气泡的存在，孔隙水是可压缩的
②固结时液体排出所通过的小孔，其孔径是不变的	②由于夯击前后土的渗透性发生变化，因此固结时液体排出所通过的小孔，其孔径是变化的
③弹簧刚度是常数	③在触变恢复过程中，土的刚度有较大的改变，因此弹簧刚度为变数
④活塞无摩阻力	④活塞有摩阻力。在实际工程中，常可观测到孔隙水压力的减少，并没有相应地引起沉降

3.2.3 动力置换

动力置换可分为整体式置换和桩式置换，如图 3-6 所示。整体式置换是采用强夯将碎石整体挤入淤泥中，其作用机理类似于换填法。桩式置换是通过强夯将碎石填筑土体中，部分碎石桩（或墩）间隔地夯入软土中，形成桩式（或墩式）的碎石桩（或墩）。其作用机理类似于振冲法等形成的碎石桩，它主要是靠碎石内摩擦角和桩（或墩）间土的侧限来维持桩体的平衡，并与桩（或墩）间土形成复合地基，共同承担上部荷载。

(a)　　　　　　　　　　　　　(b)

图 3-6　动力置换类型

（a）整体式置换；（b）桩式置换

3.3　设 计 计 算

3.3.1　强夯法设计要点

1. 有效加固深度

有效加固深度既是选择地基处理方法的重要依据，又是反映处理效果的重要参数。目前，国内外尚无关于有效加固深度的确切定义，但一般可理解为：经强夯加固后，该土层强度和变形等指标能满足设计要求的土层范围。一般可按下列公式估算有效加固深度：

$$H = \alpha \sqrt{M \cdot h} \tag{3-2}$$

式中　H——有效加固深度（m）；

　　　M——夯锤质量（t）；

　　　h——落距（m）；

　　　α——修正系数，修正系数范围大致为 0.34~0.80，须根据所处理地基土的性质而定。

实际上影响有效加固深度的因素很多，除了锤重和落距外，还有地基土的性质、不同土层的厚度和埋藏顺序、地下水位以及其他强夯的设计参数等都与有效加固深度有着密切的关系。因此，强夯的有效加固深度应根据现场试夯或当地经验确定。在缺少经验或试验资料时，可根据单击夯击能（即夯锤重 M 与落距 h 的乘积）和地基土类型按表3-2预估。

强夯的有效加固深度（m）　　　　　　　　　表 3-2

单击夯击能 $E(kN \cdot m)$	碎石土、砂土等粗颗粒土	粉土、黏性土、湿陷性黄土等细颗粒土
1000	4.0～5.0	3.0～4.0
2000	5.0～6.0	4.0～5.0
3000	6.0～7.0	5.0～6.0
4000	7.0～8.0	6.0～7.0
5000	8.0～8.5	7.0～7.5
6000	8.5～9.0	7.5～8.0
8000	9.0～9.5	8.0～8.5
10000	9.5～10.0	8.5～9.0
12000	10.0～11.0	9.0～10.0

注：强夯的有效加固深度应从起夯面算起。

2. 夯锤和落距

单击夯击能为锤重与落距的乘积。强夯的单击夯击能量，应根据地基土类别、结构类型、地下水位、荷载大小和要求有效加固深度等因素综合考虑，亦可通过现场试验确定。工程实践中，常用的单击夯击能范围为 1000～12000kN•m。

一般国内夯锤可取 10～60t。夯锤的平面一般为圆形，锤底面一般对称设置若干个上下贯通的排气孔，孔径一般为 300～400mm。圆形底面的夯锤能保证前后几次夯击的夯坑重合，不会造成夯击能量损失和着地时倾斜。夯锤中上下贯通的气孔有利于减小起吊夯锤时的吸力（在上海金山石油化工厂的试验工程中测出，夯锤的吸力达三倍锤重）夯锤着地时坑底空气迅速排出。锤底面积对加固效果有直接的影响，对同样的锤重，当锤底面积较小时，夯锤着地压力过大，会形成很深的夯坑，尤其是饱和细颗粒土，这既增加了继续起锤的阻力，又不能提高夯击的效果。因此，锤底面积宜按土的性质确定，对于细颗粒土宜选择较大的锤底面积，粗颗粒土宜选择较小的面积。但尚应与锤重有关，工程上常用锤底静压力来表示。强夯锤底静压力值可取 25～80kPa，单击夯击能高时取高值，单击夯击能低时取低值，对细颗粒土宜取低值。

国内外夯锤材料，目前对于 15t 以上的夯锤大多数采用铸钢来代替钢筋混凝土。但质量在 10t 左右的夯锤大多仍采用钢筋混凝土制作。为了便于使用和运输，也有将铸钢锤做成组合式的，可根据需要选择多个单件组合而成。

夯锤确定后，根据要求的单点夯击能量，就能确定夯锤的落距。落距一般是 10～40m。对相同的夯击能量，常选用大落距的施工方案，这是因为增大落距可获得较大的接地速度，能将大部分能量有效地传到地下深处，增加深层夯实效果，减少消耗在地表土层塑性变形的能量。

3. 夯击点布置及间距

（1）夯击点布置

强夯夯击点位置可根据基底平面形状，采用等边三角形、等腰三角形或正方形布置。同时夯击点布置时应考虑施工时吊机的行走通道。强夯置换墩位布置宜采用等边三角形或正方形。对独立基础或条形基础可根据基础形状与宽度相应布置。

强夯处理范围应大于建筑物基础范围，每边超出基础外缘的宽度宜为基底下设计处理深度的 1/2～2/3，且不应小于 3m；对可液化地基，基础边缘的处理宽度，不应小于 5m；对湿陷性黄土地基，应符合现行国家标准《湿陷性黄土地区建筑规范》GB 50025 的有关规定。

（2）夯击点间距

夯击点间距（夯距）的确定，一般根据地基土的性质和要求处理的深度而定，以保证使夯击能量传递到深处和保护邻近夯坑周围所产生的辐射向裂隙为基本原则。强夯第一遍夯击点间距可取夯锤直径的 2.5～3.5 倍，这样才能使夯击能量传到深处。第二遍夯击点位于第一遍夯击点之间。以后各遍夯击点间距可适当减小。最后以较低的能量进行夯击，彼此重叠搭接，用以确保地表土的均匀性和较高的密室度，俗称"普夯"（或称满夯）。如果夯距太近，在夯击时上部土体易向侧向已完成夯坑中坍塌，影响夯实效果。夯击黏性土时，一般在夯坑周围会产生辐射向裂隙，这些裂隙是动力固结的主要因素。如夯距太小时，等于使产生的裂隙重新又被闭合，不利于超孔隙水压力的消散。对处理深度较深或单击夯击能较大的工程，第一遍夯击点间距宜适当增大。

4. 夯击击数与遍数

整个加固场地的总夯击能量（即锤重×落距×总夯击数）除以加固面积称为单位夯击能。夯击击数和遍数越高，单位夯击能也就越大。强夯的单位夯击能应根据地基土类别、结构类型、荷载大小和要求处理的深度等综合考虑，并可通过现场试验确定。在一般情况下，对砂土等粗粒土可取 1000～3000kN·m/m²；对黏性土等细粒土可取 1500～4000kN·m/m²。

夯击能量根据需要可分几遍施加，两遍间可间歇一段时间，称为间隔时间。

（1）夯击击数

单点夯击击数越多，夯击能也就越大，加固效果也越好。但是当夯击次数和夯击能增长到一定程度后，再增加夯击次数和夯击能，加固效果增长就不再明显。

强夯夯点的夯击击数一般可通过现场试夯确定，常以夯坑的压缩量最大、夯坑周围隆起量最小为原则，根据试夯得到的强夯击数和夯沉量、隆起量的监测曲线来确定。尤其是对于饱和度较高的黏性土地基，随着夯击次数的增加，夯击过程中夯坑下的地基土会产生较大侧向挤出，而引起夯坑周围地面有较大隆起。在这种情况下，必须根据夯击击数和地基有效压缩量的关系曲线来确定。

对于碎石土、砂土、低饱和度的湿陷性黄土和填土等地基，夯击时夯坑周围往往没有隆起或有很小量隆起。在这种情况下，夯击次数可根据现场试夯得到的夯击击数和夯沉量关系曲线确定，且应同时满足下列条件：

1）最后两击的平均夯沉量不宜大于下列数值：当单击夯击能量小于 4000kN·m 时为 50mm；当夯击能为 4000～6000kN·m 时为 100mm；当夯击能为 6000～8000kN·m

时为 150mm；当夯击能为 8000～12000kN·m 时为 200mm；

2）夯坑周围地面不应发生过大隆起；

3）不因夯坑过深而发生起锤困难。

强夯夯点的夯击击数也可通过试夯过程中地基中孔隙水压力的变化来确定。在黏性土中，由于孔隙水压力消散慢，当夯击能逐渐增大时，孔隙水压力亦相应的叠加，当达到一定程度时，土体产生塑性破坏，孔压不再增长。因而在黏性土中，可根据孔隙水压力的叠加值来确定夯击击数。

在砂性土中，由于孔隙水压力增长及消散过程仅为几分钟，因此，孔隙水压力不能随夯击能增加而叠加，但孔压增量会随着夯击次数的增加而有所减小。为此可绘制孔隙水压力增量与夯击击数的关系曲线，当孔隙水压力增量随着夯击击数增加而逐渐趋于恒定时，此时的夯实效果最好。

（2）夯击遍数

强夯需分遍进行，即所有的夯点不是一次夯完，而是要分几遍，如图 3-7 所示。这样做的好处是：

1）大的间距可避免强夯过程中浅层硬壳层的形成，从而加大处理深度。常采用先高能量、大间距加固深层，然后再采用满夯加固表层松土。

2）对饱和细粒土，由于存在单遍饱和夯击能，每遍夯后需待孔压消散，气泡回弹，方可进行二次压密、挤密，因此对同一夯击点需分遍夯击。

3）对饱和粗颗粒土，当夯坑深度大时，或积水，或涌土需填粒料，为操作方便而分遍夯击。

夯击遍数应根据地基土的性质确定，可采用点夯 2～4 遍，对于渗透性较差的细颗粒土，必要时夯击遍数可适当增加。最后再以低能量满夯 2 遍，满夯可采用轻锤或低落距锤多次夯击，锤印搭接。

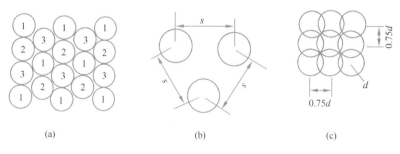

图 3-7　强夯夯点布置图

（a）夯点分遍；（b）夯点间距；（c）满夯布置

①表示第一遍；②表示第二遍；③表示第三遍

s—夯点间距；d—夯锤直径

5．垫层铺设

施工前要求拟加固的场地必须具有一层稍硬的表层，使其能支承起重设备；并便于对所施工的"夯击能"得到扩散；同时也可加大地下水位与地表面的距离，因此有时必需铺设垫层。对场地地下水位在-2m 深度以下的砂砾石土层，可直接施行强夯，无需铺设垫层;对地下水位较高的饱和黏性土与易液化流动的饱和砂土,都需要铺设砂、砂砾或碎石垫层才能进行强夯,否则土体会发生流动。垫层厚度随场地的土质条件、夯锤重量及其形状等条件而定。当场地土质条件好,夯锤小或形状构造合理,起吊时吸力小时,也可减少垫层厚度。垫层厚度一般为 0.5~2.0m。铺设的垫层不能含有黏土。

6. 间隔时间

对于需要分两遍或多遍夯击的工程,两遍夯击间应有一定的时间间隔。各遍间的间隔时间取决于加固土层中孔隙水压力消散所需要的时间。对砂性土,孔隙水压力的峰值出现在夯完后的瞬间,消散时间只有 2~4min(见图 3-8a),故对渗透性较大的砂性土,两遍夯间的间歇时间很短,即可连续夯击。

对黏性土,由于孔隙水压力消散较慢,故当夯击能逐渐增加时,孔隙水压力亦相应地叠加,其间隔歇时间取决于孔隙水压力的消散情况,一般为 2~3 周(见图 3-8b)。目前国内有的工程对黏性土地基的现场埋设了袋装砂井(或塑料排水带),以便加速孔隙水压力的消散,缩短间歇时间。有时根据施工流程顺序先后,两遍间也能达到连续夯击的目的。

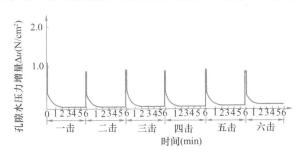

(a)

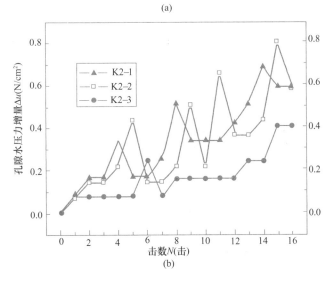

(b)

图 3-8　孔隙水压力消散曲线

(a)砂土地基中孔压消散;(b)黏性土地基中孔压累积(某工程粉质黏土深 12.0m 处实测 3 点孔压)

7. 强夯地基承载力

强夯地基承载力特征值应通过现场静载荷试验、原位测试和土工试验,并按现行国家标准《建筑地基基础设计规范》GB 50007—2011 的有关规定确定。初步设计时,可根据地区经验确定。

8. 强夯地基变形

强夯地基变形计算，应符合现行国家标准《建筑地基基础设计规范》GB 50007—2011 有关规定。夯后有效加固深度内土的压缩模量，应通过原位测试或土工试验确定。

3.3.2 强夯置换法设计要点

强夯置换法适用于高饱和度粉性土和软塑—流塑的黏性土等且对变形控制要求不严的工程，其设计要点如下。

1. 强夯置换墩材料

强夯置换墩体材料可采用级配良好的块石、碎石、矿渣、工业废渣、建筑垃圾等坚硬粗颗粒材料，且粒径大于 300mm 的颗粒含量不宜超过 30%。

2. 强夯置换墩的深度

强夯置换墩的深度由土质条件决定，一般不宜大于 10m。当软弱土层较薄时，强夯置换墩应穿透软弱层，达到较硬土层上；当软弱土层深厚时，应按地基的允许变形值或地基的稳定要求确定。

3. 墩位布置

墩位布置宜采用等腰三角形、正方形布置，或按基础形式布置。强夯置换墩间距应根据荷载大小和原土的承载力选定，当满堂布置时可取夯锤直径的 2～3 倍。对独立基础或条形基础可取夯锤直径的 1.5～2.0 倍。墩的计算直径可取夯锤直径的 1.1～1.2 倍。

4. 夯击击数

夯点的夯击次数应通过现场试夯确定，并应满足下列条件：

（1）墩底穿透软弱土层，且达到设计墩长；

（2）累计夯沉量为设计墩长的 1.5～2.0 倍；

（3）最后两击的平均夯沉量不宜大于下列数值：当单击夯击能量小于 4000kN·m 时为 50mm；当夯击能为 4000～6000kN·m 时为 100mm；当夯击能为 6000～8000kN·m 时为 150mm；当夯击能为 8000～12000kN·m 时为 200mm。

5. 强夯置换地基承载力

软黏性土中强夯置换地基承载力特征值应通过现场单墩静载荷试验确定；对于饱和粉土地基，当处理后形成 2.0m 以上厚度的硬层时，其承载力可通过现场单墩复合地基静载荷试验确定。

6. 强夯置换地基变形

强夯置换地基的变形宜按单墩静载荷试验确定的变形模量计算加固区的地基变形，对墩下地基土的变形可按置换墩材料的压力扩散角计算传至墩下土层的附加应力，按现行国家标准《建筑地基基础设计规范》GB 50007—2011 的有关规定计算确定；对饱和粉土地基，当处理后形成 2.0m 以上厚度的硬层时，可按复合地基的有关规定计算。

3.3.3 降水联合低能级强夯法设计要点

降水联合低能级强夯法是在强夯过程中，同时结合降排水体系降低地下水位，以提高地基处理效果。降水联合低能级强夯法适用于夹砂饱和黏性土地基。其设计要点如下：

1. 降排水体系

降水联合低能级强夯法处理地基必须设置合理的降排水体系，包括降水系统和排水系统。降水系统宜采用真空井点系统，根据土性和加固深度布置井点管间距和埋设深度，在加固区以外 3～4m 处设置外围封管并在施工期间不间断抽水；排水系统一般采用施工区域四周挖明沟，并设置集水井。

降水深度及降水持续时间应根据土质条件和地基有效加固深度要求来确定，并在降水施工期间对地下水位进行动态监测，严格控制强夯施工时地下水位达到规定的深度。

2. 夯击能量

低能级强夯应采用"少击多遍，先轻后重"的原则进行施工，宜采用 2～4 遍进行夯击，单击夯击能可从 400kN·m 逐渐增大到 2000kN·m 以上。具体夯击工艺参数应通过试夯来确定。

3. 间隔时间

每遍强夯间歇时间宜根据软土中超静孔隙水压力消散 80% 以上所需时间确定，并应满足通过降水，地下水位达到规定的深度。

4. 夯击击数

每遍夯点的夯击数可按下列要求确定：

（1）夯坑周围地面不应发生过大的隆起，距夯坑边 250mm 左右地面隆起超过 50mm 时，则要适当降低夯击能；

（2）第 n 击以后连续二次夯沉量比前一击更大，则单点击数定为 n 击；

（3）不因夯坑过深而发生提锤困难。

具体每遍的夯击能和夯击次数可根据现场夯击效果进行调整。

5. 其他

大面积强夯开始前，对于地质条件特殊且尚无经验的场地均应选择有代表性的区域进行试夯，通过实测夯沉量、地下水位、孔隙水压力监测以及夯前夯后加固效果检测确定夯击能、夯击击数和间隔时间等施工参数。并结合勘察报告进行施工前的暗浜排查，宜将沟、浜、塘换填处理后再进行大面积施工。

3.4 施工方法

3.4.1 施工机械

西欧国家所用的起重设备大多为大吨位的履带式起重机，稳定性好，行走方便；最近日本采用轮胎式起重机进行强夯作业，亦取得了满意结果；国外除使用现成的履带吊外，还制造了常用的三足架和轮胎式强夯机，用于起吊 40t 夯锤，落距可达 40m，国外所用履带吊都是大吨位的吊机，通常在 100t 以上。由于 100t 吊机，其卷扬机能力只有 20t 左右，如果夯击工艺采用单缆锤击法，则 100t 的吊机最大只能起吊 20t 的夯锤。我国绝大多数强夯工程只具备小吨位起重机的施工条件，所以只能使用滑轮组起吊夯锤，利用自动脱钩的装置，如图 3-9 所示，使锤形成自由落体。拉动脱钩器的钢丝绳，其一端拴在桩架的盘上，以钢丝绳的长短控制夯锤的落距，夯锤挂在脱钩器的钩上，当吊钩提升到要求的高度时，张紧的钢丝绳将脱钩器的伸臂拉转一个角度，致使夯锤突然下落。有时为防止起重臂在较大的仰角下突然释重而有可能发生后倾，可在履带起重机的臂杆端部设置辅助门架，或采取其他安全措施，防止落锤时机架倾覆。自动脱钩装置应具有足够的强度，且施工时要求灵活。

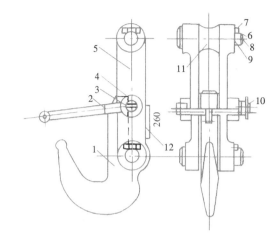

图 3-9 强夯脱钩装置图

1—吊钩；2—锁卡焊合件；3、6—螺栓；4—开口销；5—架板；7—垫圈；

8—止动板；9—销轴；10—螺母；11—鼓形轮；12—护板

3.4.2 施工步骤

1. 强夯施工可按下列步骤进行

（1）清理并平整施工场地；

（2）铺设垫层，在地表形成硬层，用以支承起重设备，确保机械通行和施工；同时可加大地下水和表层面的距离，防止夯击的效率降低；

（3）标出第一遍夯击点的位置，并测量场地高程；

（4）起重机就位，使夯锤对准夯点位置；

（5）测量夯前锤顶标高；

（6）将夯锤起吊到预定高度，待夯锤脱钩自由下落后放下吊钩，测量锤顶高程；若发现因坑底倾斜而造成夯锤歪斜时，应及时将坑底整平；

（7）重复步骤（6），按设计规定的夯击次数及控制标准，完成一个夯点的夯击；

（8）重复步骤（4）～（7），完成第一遍全部夯点的夯击；

（9）用推土机将夯坑填平，并测量场地高程；

（10）在规定的间隔时间后，按上述步骤逐次完成全部夯击遍数，最后用低能量满夯，将场地表层土夯实，并测量夯后场地高程。

当地下水位较高，夯坑底积水影响施工时，宜采用人工降低地下水位或铺设一定厚度的砂石材料的施工措施。夯坑内或场地的积水时应及时排除。

当强夯施工所引起的振动和侧向挤压对邻近建（构）筑物产生有害影响时，应设置监测点，并采取挖隔振沟等隔振或防振措施。

2. 强夯置换施工可按下列步骤进行

（1）清理并平整施工场地，当表土松软时可铺设一层厚度为 1.0～2.0m 的砂石施工垫层；

（2）标出夯点位置，并测量场地高程；

（3）起重机就位，夯锤置于夯点位置。强夯置换夯锤底面宜采用圆形，夯锤底静接地压力值宜大于 80kPa；

（4）测量夯前锤顶高程；

（5）夯击并逐击记录夯坑深度。当夯坑过深而发生起锤困难时停夯，向坑内填料直至与坑顶平，记录填料数量，如此重复直至满足规定的夯击次数及控制标准完成一个墩体的夯击；当夯点周围软土挤出影响施工时，可随时清理并在夯点周围铺垫碎石，继续施工；

（6）按"由内而外，隔行跳打"的原则完成全部夯点的施工；

（7）推平场地，用低能量满夯，将场地表层松土夯实，并测量夯后场地高程；

（8）铺设垫层，并分层碾压密实。

3. 降水联合低能级强夯施工可按下列步骤进行

（1）平整场区，安装设置降排水系统，并预埋水位观测管，然后进行第一遍降水；

（2）动态监测地下水位变化，当达到设计水位并稳定至少两天后，拆除场区内的降水设备，然后标记夯点位置进行第一遍强夯；

（3）一遍夯后即可插设降水管，安装降水设备进行第二遍降水；

（4）按照设计的强夯工艺进行第二遍强夯施工；

（5）重复（3）、（4）步骤，直至达到设计的强夯遍数；

（6）全部夯击结束后进行推平和碾压。

4. 施工过程中应有专人负责下列监测工作

（1）开夯前应检查夯锤质量和落距，以确保单击夯击能量符合设计要求；

（2）在每一遍夯击前，应对夯点放线进行复核，夯完后检查夯坑位置，发现偏差或漏夯应及时纠正；

（3）按设计要求检查每个夯点的夯击次数和每击的夯沉量。对强夯置换尚应检查置换深度。

3.5 现场观测与质量检验

3.5.1 现场观测

现场的测试工作是强夯设计施工中的一个重要组成部分。在大面积施工之前应选择面积不小于 $400m^2$ 的场地进行现场试验，观测和分析地基中位移、孔压和振动加速度等数据，以便检验设计方案和施工工艺是否合理，科学确定强夯施工各项参数。现场观测工作一般有以下几个方面内容。

1. 地面及深层变形

地面变形研究的目的是：

（1）了解地表隆起的影响范围及垫层的密实度变化；

（2）研究夯击能与夯沉量的关系，用以确定单点最佳夯击能量；

（3）确定场地平均沉降和搭夯的沉降量，用以研究强夯的加固效果。

变形研究的手段是：地面沉降观测、深层沉降观测和水平位移观测。

每当夯击一次应及时测量夯击坑及其周围的沉降量、隆起量和挤出量。图 3-10 为夯击次数（夯击能）与夯坑体积和隆起体积关系曲线，图中的阴影部分为有效压实体积。这部分的面积越大则说明夯实效果越好。

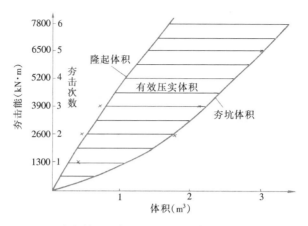

图 3-10　夯击次数（夯击能）与夯坑体积和隆起体积关系曲线

另外，对场地的夯前和夯后平均标高的水准测量，可直接观测出强夯法加固地基的变形效果。还有在分层土面上或同一土层上的不同标高处埋设深层沉降标，用以观测各分层土的沉降量，从而确定强夯法对地基土的有效加固深度；在夯坑周围埋设测斜管，测定土体一定深度范围内在夯击作用下的侧向位移情况，可以了解强夯过程中地基土的侧向位移情况。

2. 孔隙水压力

一般可在试验现场沿夯击点等距离的不同深度以及等深度的不同距离埋设孔隙水压力计，在夯击作用下，对孔隙水压力沿深度和水平距离的增长和消散的分布规律进行量测，从而确定夯点间距、夯击的影响范围、间隔时间以及饱和夯击能等参数。

3. 侧向挤压力

将土压力计事先埋入土中后，在强夯加固前，各土压力计沿深度分布的土压力的规律，应与静止土压力相近似。在夯击作用下，可测试每夯击一次的压力增量沿深度的分布规律。

4. 振动加速度

研究地面振动加速度的目的，是为了便于了解强夯施工时的振动对现有建筑物的影响。为此，在强夯时应沿不同距离测试地表面的水平振动加速度，绘成加速度与距离的关系曲线。当地表的最大振动加速度为 $0.98m/s^2$ 处（即 $0.1g$，g 为重力加速度，相当于七度地震设防烈度）作为设计时振动影响安全距离。如图 3-11 所示，距夯击点 16m 处振动加速度为 $0.98m/s^2$。虽然 $0.98m/s^2$ 的数值与七度地震烈度相当，但由于强夯振动的周期比地震短得多，产生振动作用的时间短，一秒钟完成全过程，而地震六度以上的平均振动时间为 $30s$；且强夯产生振动作用的范围也远小于地震的作用范围，所以强夯施工时，对附近已有建筑物和施工的建筑物的影响肯定要比地震的影响小。而减少振动影响的措施，常采用在夯区周围设置隔振沟（亦指一般在建筑物邻

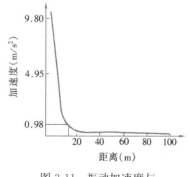

图 3-11　振动加速度与
水平距离的关系

近开挖深度 3m 左右的隔振沟)。隔振沟有两种，主动隔振是采用靠近或围绕振源的沟，以减少从振源向外辐射的能量；被动隔振是靠近减振的对象的一边挖沟，这两种效果都是有效的。在上海金山石化厂试验工地测得的有隔振沟和无隔振沟的地面振动加速度的影响，如表 3-3 所示。

夯击时隔振沟对地面振动加速度的影响　　　　　　　表 3-3

离夯坑中心距离(m)　隔振沟	5	15	18.5	31
有	0.65g	0.105g	0.05g	0.04g
无	0.7g	0.23g	0.11g	0.105g

3.5.2 质量检验

强夯施工结束后应间隔一定时间方能对地基加固质量进行检验，对碎石土和砂土地基，其间隔时间可取 7～14d；对粉土和黏性土地基可取 14～28d。强夯置换地基的间隔时间可取 28d。

强夯处理后的地基竣工验收时，承载力检验应采用静载荷试验、其他原位测试和室内土工试验等方法综合确定。强夯置换后的地基竣工验收时，承载力检验除应采用单墩载荷试验检验外，尚应采用动力触探等有效手段查明置换墩着底情况及承载力与密度随深度的变化，对饱和粉土地基允许采用单墩复合地基载荷试验代替单墩载荷试验。

竣工验收承载力检验的数量，应根据场地复杂程度和建筑物的重要性确定，对于简单场地上的一般建筑物，按每 $400m^2$ 不少于 1 个检测点，且不应少于 3 点；对于复杂场地或重要建筑地基应增加检验点数，每 $300m^2$ 不少于 1 个检测点，且不应少于 3 点。强夯置换地基载荷试验检验和置换墩着底情况检验数量均不应少于墩点数的 3%，且不应少于 3 点。

检测点位置可分别布置在夯坑内、夯坑外和夯击区边缘。检验深度应不小于设计处理的深度。

此外，质量检验还包括检查施工过程中的各项测试数据和施工记录，凡不符合设计要求时应补夯或采取其他有效措施。

思考题与习题

1. 叙述强夯法和强夯置换法的适用范围以及对于不同土性的加固机理。
2. 阐述强夯法有效加固深度的影响因素。
3. 阐明"触变恢复""时间效应""平均夯击能""饱和能""间隔时间"的含义。
4. 阐明现场试夯确定强夯夯击击数和间隔时间的方法。
5. 阐明强夯施工过程中多遍施工的意义。
6. 为减少强夯施工对邻近建筑物的振动影响，在夯区周围常采用何种措施？
7. 阐述降水联合低能级强夯法加固饱和黏性土地基的机理。
8. 叙述强夯置换法质量检测的主要项目和方法。
9. 某湿陷性黄土地基，厚度为 7.5m，地基承载力特征值为 100kPa。要求经过强夯处理后的地基承载力大于 250kPa，压缩模量大于 20MPa。试拟定一个初步试夯方案，并明确通过试夯应确定的施工参数。

4 碎（砂）石桩

4.1 概　　述

碎石桩（Stone Column）和砂桩（Sand Pile）总称为碎（砂）石桩，国外又称粗颗粒土桩（Granular Pile），是指用振动、冲击或水冲等方式在软弱地基中成孔后，再将碎石或砂挤压入已成的孔中，形成大直径的碎（砂）石所构成的密实桩体。

碎石桩最早出现在 1835 年，此后就被人们所遗忘。直至 1937 年由德国人发明了振动水冲法（Vibroflotation）（简称振冲法）用来挤密砂土地基，直接形成挤密的砂土地基。20 世纪 50 年代末，振冲法开始用来加固黏性土地基，并形成碎石桩。从此一般认为振冲法在黏性土中形成的密实碎石柱称为碎石桩。我国应用振冲法始于 1977 年。

随着时间的推移，各种不同的施工工艺相应产生，如沉管法、振动气冲法、袋装碎石桩法、强夯置换法等。它们施工工艺虽不同于振冲法，但同样可形成密实的碎石桩，人们自觉或不自觉地套用了"碎石桩"的名称。

砂桩在 19 世纪 30 年代起源于欧洲。但长期缺少实用的设计计算方法和先进的施工工艺及施工设备，砂桩的应用和发展受到很大的影响；同样，砂桩在其应用初期，主要用于松散砂土地基的处理，最初采用的有冲孔捣实施工法，以后又采用射水振动施工法。自20 世纪 50 年代后期，产生了目前日本采用的振动式和冲击式的施工方法，并采用了自动记录装置，提高了施工质量和施工效率，处理深度也有较大幅度的增大。砂桩技术自 20世纪 50 年代引进我国后，在工业、交通、水利等建设工程中都得到了应用。

4.1.1　碎石桩

目前国内外碎石桩的施工方法多种多样，按其成桩过程和作用可分为四类，如表 4-1所示。

碎石桩施工方法分类　　　　　　　　　　　　　　　　表 4-1

分类	施工方法	成桩工艺	适用土类
挤密法	振冲挤密法	采用振冲器振动水冲成孔，再振动密实填料成桩，并挤密桩间土	砂性土、非饱和黏性土，以炉灰、炉渣、建筑垃圾为主的杂填土，松散的素填土
挤密法	沉管法	采用沉管成孔，振动或锤击密实填料成桩，并挤密桩间土	砂性土、非饱和黏性土，以炉灰、炉渣、建筑垃圾为主的杂填土，松散的素填土
挤密法	干振法	采用振孔器成孔，再用振孔器振动密实填料成桩，并挤密桩间土	砂性土、非饱和黏性土，以炉灰、炉渣、建筑垃圾为主的杂填土，松散的素填土
置换法	振冲置换	采用振冲器振动水冲成孔，再振动密实填料成桩	饱和黏性土
置换法	钻孔锤击法	采用沉管且钻孔取土方法成孔，锤击填料成桩	饱和黏性土
排土法	振动气冲法	采用压缩气体成孔，振动密实填料成桩	饱和黏性土
排土法	沉管法	采用沉管成孔，振动或锤击填料成桩	饱和黏性土
排土法	强夯置换法	采用重锤夯击成孔和重锤夯击填料成桩	饱和黏性土

分类	施工方法	成桩工艺	适用土类
其他方法	水泥碎石桩法	在碎石内加水泥和膨润土制成桩体	饱和黏性土
	裙围碎石桩法	在群桩周围设置刚性的(混凝土)裙围来约束桩体的侧向鼓胀	
	袋装碎石桩法	将碎石装入土工膜袋而制成桩体,土工膜袋可约束桩体的侧向鼓胀	

中华人民共和国行业标准《建筑地基处理技术规范》JGJ 79—2012 中规定:振冲碎石桩、沉管砂石桩适用于挤密处理松散砂土、粉土、粉质黏土、素填土、杂填土等地基处理,以及用于处理可液化地基。饱和黏土地基,如对变形控制不严格,可采用砂石桩置换处理。

对大型的、重要的或场地地层复杂的工程,以及采用振冲法处理不排水抗剪强度不小于 20kPa 的饱和黏性土和饱和黄土地基,应在施工前通过现场试验确定其适用性。因此,在处理不排水抗剪强度较小的饱和地基时,设计人员应持慎重态度。

不加填料振冲挤密法适用于处理黏粒含量不大于 10% 的中砂、粗砂地基,特别适用于处理可液化地基。宜在初步设计阶段进行现场工艺试验,确定不加填料振密的可行性,确定孔距、振密电流值、振冲水压力、振后砂层的物理力学指标等施工参数;30kW 振冲器振密深度不宜超过 7m,75kW 振冲器振密深度不宜超过 15m。

4.1.2 砂桩

目前国内外砂桩常用的成桩方法有振动成桩法和冲击成桩法。振动成桩法是使用振动打桩机将桩管沉入土层中,并振动挤密砂料。冲击成桩法是使用蒸汽或柴油打桩机将桩管打入土层中,并用内管夯击密实砂填料,实际上这也就是碎石桩的沉管法。因此,砂桩的沉桩方法,对于砂性土相当于挤密法,对黏性土则相当于排土成桩法。

早期砂桩用于加固松散砂土和人工填土地基,如今在软黏土中,国内外都有使用成功的丰富经验,但国内也有失败的教训。对砂桩用来处理饱和软土地基持有不同观点的学者和工程技术人员认为,黏性土的渗透性较小,灵敏度又大,成桩过程中土内产生的超孔隙水压力不能迅速消散,故挤密效果较差,相反却又破坏了地基土的天然结构,使土的抗剪强度降低。如果不预压,砂桩施工后的地基仍会有较大的沉降,因而对沉降要求严格的建筑物而言,就难以满足沉降的要求。所以应按工程对象区别对待,最好能进行现场试验研究以后再确定。

4.2 加 固 原 理

4.2.1 对松散砂土加固原理

碎石桩和砂桩挤密法加固砂性土地基的主要目的是提高地基土承载力、减少变形和增强抗液化性。

碎石桩和砂桩加固砂土地基抗液化的机理主要有下列三方面作用。

1. 挤密作用

对挤密砂桩和碎石桩的沉管法或干振法,由于在成桩过程中桩管对周围砂层产生很大的横向挤压力，桩管中的砂挤向桩管周围的砂层，使桩管周围的砂层孔隙比减小，密实度增大，这就是挤密作用。有效挤密范围可达3~4倍桩直径。

对振冲挤密法，在施工过程中由于水冲使松散砂土处于饱和状态，砂土在强烈的高频强迫振动下产生液化并重新排列致密，不管是否在桩孔中加入填料，均能使砂土的密实度增加，孔隙比降低，干密度和内摩擦角增大，土的物理力学性能改善，使地基承载力大幅度提高，一般可提高2~5倍。由于地基密度显著增加，密实度也相应提高，因此抗液化的性能得到改善。

2. 排水减压作用

对砂土液化机理的研究证明，当饱和松散砂土受到剪切循环荷载作用时，将发生体积的收缩和趋于密实，在砂土无排水条件时体积的快速收缩将导致超静孔隙水压力来不及消散而急剧上升。当砂土中有效应力降低为零时便形成了完全液化。碎石桩加固砂土时，桩孔内充填碎石（卵石、砾石）等反滤性好的粗颗粒料，在地基中形成渗透性能良好的人工竖向排水减压通道，可有效地消散和防止超孔隙水压力的增高和砂土产生液化，并可加快地基的排水固结。

3. 砂基预震效应

美国H.B.Seed等人（1975）的试验表明，相对密度D_r＝54％但受过预震影响的砂样，其抗液能力相当于相对密度D_r＝80％的未受过预震的砂样。即在一定应力循环次数下，当两试样的相对密度相同时，要造成经过预震的试样发生液化，所需施加的应力要比施加未经预震的试样引起液化所需应力值提高46％。从而得出了砂土液化特性除了与砂土的相对密度有关外，还与其振动应变史有关的结论。在振冲法施工时，振冲器以每分钟1450次振动频率，98m/s^{2}水平加速度和90kN激振力喷水沉入土中，施工过程使填土料和地基土在挤密的同时获得强烈的预震，这对砂土增强抗液能力是极为有利的。

国外报道中指出只要小于0.074mm的细颗粒含量不超过10％，都可得到显著的挤密效应。根据经验数据，土中细颗粒含量超过20％时，振动挤密法对挤密而言不再有效。

4.2.2 对黏性土加固机理

对黏性土地基（特别是饱和软土），碎（砂）石桩的作用不是使地基挤密，而是置换。碎石桩置换法是一种换土置换，即以性能良好的碎石来替换不良地基土；排土法则是一种强制置换，它是通过成桩机械将不良地基土强制排开并置换，而对桩间土的挤密效果并不明显，在地基中形成具有密实度高和直径大的桩体，它与原黏性土构成复合地基而共同工作。

由于碎（砂）石桩的刚度比桩周黏性土的刚度为大，而地基中应力按材料变形模量进行重新分配。因此，大部分荷载将由碎（砂）石桩承担，桩体应力和桩间黏性土应力之比值称为桩土应力比，一般为2~4。

如果在选用碎（砂）石桩材料时考虑级配，则所制成的碎（砂）石桩是黏土地基中一个良好的排水通道，它能在施工过程中和施工后起到排水砂井的效能，大大缩短了孔隙水的水平渗透途径，对桩间土起到间接的排水挤密作用，同时在上部荷载作用下，加速软土的排水固结，使沉降稳定加快。

如果软弱土层厚度不大，则桩体可贯穿整个软弱土层，直达相对硬层，此时桩体在荷载作用下主要起应力集中的作用，从而使软土承担的压力相应减少；如果软弱土层较厚，则桩体可不贯穿整个软弱土层，此时加固的复合土层起垫层的作用，垫层将荷载扩散使应力分布趋于均匀。

碎（砂）石桩作为复合地基的加固作用，除了提高地基承载力、减少地基的沉降量外，还可用来提高土体的抗剪强度，增大土坡的抗滑稳定性。对黏性土地基碎（砂）石桩的加固作用有：挤密、置换、排水、垫层和加筋的五种作用。

4.3 设 计 计 算

4.3.1 一般设计原则

1. 加固范围

加固范围应根据建筑物的重要性和场地条件及基础形式而定，通常都大于基底面积。对一般地基，在基础外缘应扩大 1～3 排；对可液化地基，在基础外缘扩大宽度不应小于可液化土层厚度的 1/2，并不应小于 5m。

2. 桩位布置

对大面积满堂处理和独立基础，可采用三角形、正方形、矩形布桩；对条形基础，布置在基础内的桩可沿基础轴线采用单排布桩或对称轴线多排布桩；对于圆形或环形基础（如油罐基础）宜用放射形布置，如图 4-1 所示。

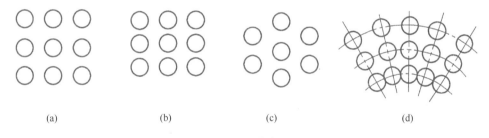

(a)   (b)   (c)   (d)

图 4-1 桩位布置

（a）正方形；（b）矩形；（c）等腰三角形；（d）放射形

3. 加固深度

加固深度应根据软弱土层的性能、厚度或工程要求按下列原则确定：

（1）当相对硬层的埋藏深度不大时，应按相对硬层埋藏深度确定；

（2）当相对硬层的埋藏深度较大时，对按变形控制的工程，加固深度应满足碎石桩或砂桩复合地基变形不超过建筑物地基容许变形值并满足软弱下卧层承载力的要求；

（3）对按稳定性控制的工程，加固深度应不小于最危险滑动面以下 2m 的深度；

（4）在可液化地基中，加固深度应按要求的抗震处理深度确定；

（5）桩长不宜短于 4m。

4. 桩径

桩径可根据地基土质情况、成桩方式和成桩设备等因素确定，桩的平均直径可按每根桩所用填料量计算。对采用振冲法成孔的碎石桩，桩径宜为 800～1200mm；对采用振动沉管法成桩，桩径宜为 300～800mm。对饱和黏性土地基宜选用较大的直径。

5. 材料与填料量

桩体材料可以就地取材，振冲桩桩体材料可采用含泥量不大于 5％的碎石、卵石、矿渣或其他性能稳定的硬质材料，不宜使用风化易碎的石料。对 30kW 振冲器，填料粒径宜为 20～80mm；对 55kW 振冲器，填料粒径宜为 30～100mm；对 75kW 振冲器，填料粒径宜为 40～150mm。振动沉管桩桩体材料可用碎石、卵石、角砾、圆砾、砾砂、粗砂、中砂或石屑等硬质材料，含泥量不得大于 5%，最大粒径不宜大于 50mm。

桩孔内的填料量应通过现场工艺性试桩确定，估算时可按设计桩孔体积乘以充盈系数（可取 1.2～1.4）确定。如施工中地面有下沉或隆起现象，则填料数量应根据现场具体情况予以增减。

6. 垫层

碎（砂）石桩施工完毕后，基础底面应铺设 300～500mm 厚度的碎（砂）石垫层。垫层材料宜用中砂、粗砂、级配砂石和碎石等，最大粒径不宜大于 30mm；垫层应分层铺设，用平板振动器振实，其夯填度（夯实后的厚度与虚铺厚度的比值）不应大于 0.9。在不能保证施工机械正常行驶和操作的软弱土层上，应铺设施工用临时性垫层。

4.3.2 用于砂性土的设计计算

对于砂性土地基，主要是从挤密的观点出发考虑地基加固中的设计问题，首先根据工程对地基加固的要求（如提高地基承载力、减少变形或抗地震液化等），确定要求达到的密实度和孔隙比，并考虑桩位布置形式和桩径大小，计算桩的间距。

1. 桩距确定

考虑振密和挤密两种作用，平面布置为正三角形和正方形时，如图 4-2 所示。

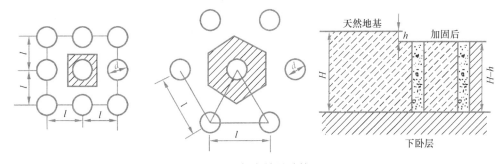

图 4-2 加密效果计算

l—桩间距；H—欲处理的天然土层厚度；h—竖向变形

对于正三角形布置，则 1 根桩所处理的范围为六边形（图中阴影部分），加固处理后的土体体积应变为 $\varepsilon_v = \dfrac{\Delta V}{V_0} = \dfrac{e_0 - e_1}{1 + e_0}$（式中 e_0 为天然孔隙比，e_1 为处理后要求的孔隙比）。

因为 1 根桩的处理范围为 $V_0 = \dfrac{\sqrt{3}}{2} l^2 \cdot H$（式中 l 为桩间距，H 为欲处理的天然土层厚度），所以

$$\Delta V = \varepsilon_v \cdot V_0 = \frac{e_0 - e_1}{1 + e_0} \cdot \frac{\sqrt{3}}{2} l^2 \cdot H \tag{4-1}$$

而实际上 ΔV 又等于碎（砂）石桩体向四周挤排土的挤密作用引起的体积减小和土体在振动作用下发生竖向的振密变形引起的体积减小之和，即

$$\Delta V = \frac{\pi}{4} d^2 (H-h) + \frac{\sqrt{3}}{2} l^2 \cdot h \tag{4-2}$$

式中 d——桩的直径（m）；

h——竖向变形（m），下沉时，取正值；隆起时，取负值；不考虑振密作用时，$h=0$。

式（4-2）代入式（4-1）得：

$$\frac{e_0 - e_1}{1+e_0} \cdot \frac{\sqrt{3}}{2} l^2 \cdot H = \frac{\pi}{4} d^2 (H-h) + \frac{\sqrt{3}}{2} l^2 \cdot h \tag{4-3}$$

整理后得：

$$l = 0.95d \cdot \sqrt{\frac{H-h}{\frac{e_0 - e_1}{1+e_0} H - h}} \tag{4-4}$$

同理，正方形布桩时：

$$l = 0.89d \cdot \sqrt{\frac{H-h}{\frac{e_0 - e_1}{1+e_0} H - h}} \tag{4-5}$$

初步设计时，对松散粉土和砂土地基，可按照中华人民共和国行业标准《建筑地基处理技术规范》JGJ 79—2012 根据挤密后要求达到的孔隙比确定，可按下列公式估算：

等边三角形布置：

$$l = 0.95\xi d \sqrt{\frac{1+e_0}{e_0 - e_1}}$$

正方形布置：

$$l = 0.89\xi d \sqrt{\frac{1+e_0}{e_0 - e_1}}$$

地基挤密后要求达到的孔隙比 e_1 可按工程对地基承载力和抗液化要求或按下式确定：

$$e_1 = e_{max} - D_{r1} (e_{max} - e_{min}) \tag{4-6}$$

式中 l——砂石桩间距（m）；

ξ——修正系数，当考虑振动下沉密实作用时，可取 1.1～1.2；不考虑振动下沉密实作用时，可取 1.0；

e_0——地基处理前的孔隙比，可按原状土样试验确定，也可根据动力或静力触探等对比试验确定；

e_1——地基挤密后要求达到的孔隙比；

e_{max}、e_{min}——砂土的最大、最小孔隙比，可按现行国家标准《土工试验方法标准》GB/T 50123—2019 的有关规定确定；

D_{r1}——地基挤密后要求砂土达到的相对密实度，可取 0.70～0.85。

振冲碎石桩的间距应根据上部结构荷载大小和场地土层情况，并结合所采用的振冲器功率大小通过现场试验确定。30kW 振冲器布桩间距可采用 1.3～2.0m；55kW 振冲器布桩间距可采用 1.4～2.5m；75kW 振冲器布桩间距可采用 1.5～3.0m；不加填料振冲挤密孔距可为 2～3m；沉管砂石桩的桩间距，不宜大于桩孔直径的 4.5 倍。

2. 液化判别

根据《建筑抗震设计规范》GB 50011—2010 规定：当饱和土（砂土或粉土）的初步判别认为有液化的可能，需进一步进行液化判别时，采用标准贯入试验判别法判别地面下 20m 范围内土的液化。其复判公式见式（4-7）。当饱和土的标准贯入锤击数（未经杆长修正）小于液化判别标准贯入锤击数临界值时，应判为液化土。当有成熟经验时，尚可采用其他判别方法。

$$N_{cr}=N_0\beta\left[\ln(0.6d_s+1.5)-0.1d_w\right]\sqrt{3/\rho_c} \tag{4-7}$$

式中　N_{cr}——液化判别标准贯入锤击数临界值；

N_0——液化判别标准贯入锤击数基准值，应按表 4-2 采用；

β——调整系数，设计地震第一组取 0.80，第二组取 0.95，第三组取 1.05；

d_s——饱和土标准贯入点深度（m）；

d_w——地下水位埋深（m）；

ρ_c——黏粒含量百分率，当小于 3 或为砂土时，均应采用 3。

标准贯入锤击数基准值 N_0　　　　　　　　　　　　　　表 4-2

设计基本地震加速度(g)	0.10	0.15	0.20	0.30	0.40
液化判别标准贯入锤击数基准值	7	10	12	16	19

这种液化判别法只考虑了桩间土的抗液化能力，而并未考虑碎石桩和砂桩的作用，因而是偏安全的。

3. 设计时应注意的事项

（1）当黏土颗粒含量大于 20％的砂性土，因为会影响挤密效果，因此，对包括碎（砂）石桩在内的平均地基强度，必须另行估计。

（2）由于成桩挤密时产生的超孔隙水压力在黏土夹层内不可能很快地消散，因此，对细砂层内有薄黏土夹层时，在确定标贯击数时应考虑"时间效应"，一般要求隔一个月时间再进行测试。

（3）碎（砂）石桩施工时，在表层 1～2m 内，由于周围土所受的约束小，有时不可能做到充分的挤密，而需用其他表层压实的方法进行再处理。

4.3.3　用于黏性土的设计计算

1. 计算用的参数

（1）不排水抗剪强度 c_u

不排水抗剪强度 c_u 不仅可判断加固方法的适用性，还可以初步选定桩的间距，预估加固后的承载力和施工的难易程度。宜用现场十字板剪切试验测定。

（2）桩的直径

桩的直径与土类及其强度、桩材粒径、施工机具类型、施工质量等因素有关。一般在强度较弱的土层中桩体直径较大，在强度较高的土层中桩体直径较小；振冲器的振动力越大，桩体直径越大。如果施工质量控制不好，往往形成上粗下细的"胡萝卜"形桩体。因此，桩体远不是想象中的圆柱体。所谓桩的直径是指按每根桩的用料量估算的平均理论直径，一般为 0.8～1.2m。

（3）桩体内摩擦角

根据统计，对碎石桩，φ_p 可取 $35°\sim45°$，多数采用 $38°$；对砂桩，可参考以下经验公式：

1）对级配良好的棱角砂，$\varphi_p = \sqrt{12N} + 25$

对级配良好的圆粒砂和均匀棱角砂，$\varphi_p = \sqrt{12N} + 20$

对均匀圆粒砂，$\varphi_p = \sqrt{12N} + 13$

2）$\varphi_p = \dfrac{5}{6}N + 26.67 \qquad (4 \leqslant N \leqslant 10)$

$\varphi_p = \dfrac{1}{4}N + 32.5 \qquad (10 \leqslant N \leqslant 50)$

3）$\varphi_p = 0.3N + 27$

4）$\varphi_p = \sqrt{20N} + 5$

5）$\varphi_p = \sqrt{15N} + 15$

上述公式中 N 为标贯击数。

（4）面积置换率

面积置换率为桩的截面积 A_p 与其影响面积 A 之比，用 m 表示。m 是表征桩间距的一个指标，m 越大，桩的间距越小。习惯上把桩的影响面积转化为与桩同轴的面积相等的等效圆，其直径为 d_e。

对等边三角形布置 $\qquad\qquad d_e = 1.05l$

对正方形布置 $\qquad\qquad\qquad d_e = 1.13l$

对矩形布置 $\qquad\qquad\qquad d_e = 1.13\sqrt{l_1 \cdot l_2}$

以上 l、l_1、l_2 分别为桩的间距、纵向间距和横向间距。其面积置换率为 $m = d^2/d_e^2$。一般采用 $m = 0.25\sim0.40$。

2. 承载力计算

（1）单桩承载力

作用于桩顶的荷载如果足够大，桩体发生破坏。可能出现的桩体破坏形式有三种：鼓出破坏、刺入破坏和剪切破坏，如图 4-3 所示。由于碎（砂）石桩桩体均由散体土颗粒组成，其桩体的承载力主要取决于桩间土的侧向约束能力，绝大多数的破坏形式为桩体的鼓出破坏。

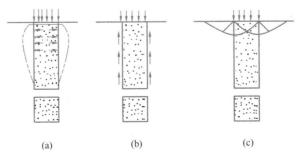

图 4-3 桩体破坏形式

（a）鼓出破坏；（b）刺入破坏；（c）剪切破坏

67

目前国内外估算碎（砂）石桩的单桩极限承载力的方法有若干种，如侧向极限应力法、整体剪切破坏法、球穴扩张法等，以下只介绍 Brauns 单桩极限承载力法和综合极限承载力法。

1）Brauns 单桩极限承载力法

根据鼓出破坏形式，J.Brauns（1978）提出单根桩极限承载力计算，如图 4-4 所示。

J.Brauns 假设单桩的破坏是空间轴对称问题，桩周土体是被动破坏。

如碎（砂）石料的内摩擦角为 φ_p，当桩顶应力 p_0 达到极限时，考虑 $BB'AA'$ 内的土体发生被动破坏，即土块 ABC 在桩的侧向力 p_{r0} 的作用下沿 BA 面滑出，亦即出现鼓胀破坏的情况。J.Brauns 在推导公式时作了三个假设条件：

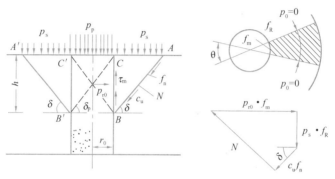

图 4-4　Brauns 的单桩计算图式

① 桩的破坏段长度 $h=2r_0 \cdot \tan\delta_p$（式中 r_0 为桩的半径，$\delta_p=45°+\varphi_p/2$）；
② 桩土间摩擦力 $\tau_m=0$，土体中的环向应力 $p_0=0$；
③ 不计地基土和桩的自重。

图 4-4 中　f_R——桩间土面上应力 p_s 的作用面积（m^2）；

　　　　　f_n——c_u 的作用面积（m^2）；

　　　　　f_m——p_{r0} 的作用面积（m^2）；

　　　　　p_p——桩顶应力（kPa）；

　　　　　p_s——桩间土面上的应力（kPa）；

　　　　　δ——BA 面与水平面的夹角（°）；

　　　　　c_u——地基土不排水抗剪强度（kPa）。

根据以上前提，Brauns 推导出单桩极限承载力为：

$$[p_p]_{max}=\tan^2\delta_p \frac{2c_u}{\sin2\delta}\left(\frac{\tan\delta_p}{\tan\delta}+1\right) \tag{4-8}$$

式中 δ 可按下式用试算法求得：

$$\tan\delta_p=\frac{1}{2}\tan\delta(\tan^2\delta-1) \tag{4-9}$$

如碎石桩，求解时可假定碎石桩的内摩擦角 $\varphi_p=38°$，从而求出 $\delta_p=45°+\varphi_p/2$ 后用试算法解式（4-9）得 $\delta=61°$。再将 $\varphi_p=38°$ 和 $\delta=61°$ 代入式（4-8）得：

$$[p_p]_{max}=20.75c_u \tag{4-10}$$

2）综合单桩极限承载力法

目前计算碎（砂）石桩单桩承载力最常用的方法是侧向极限应力方法，即假设单根碎（砂）石桩的破坏是空间轴对称问题，桩周土体是被动破坏。为此，碎（砂）石桩的单桩极限承载力可按下式计算：

$$[p_p]_{max} = K_p \cdot \sigma_{rl} \tag{4-11}$$

式中　K_p——被动土压力系数，$K_p = \tan^2\left(45° + \dfrac{\varphi_p}{2}\right)$；

　　　φ_p——碎（砂）石料的内摩擦角，可取 35°～45°；

　　　σ_{rl}——桩体侧向极限应力（kPa）。

有关侧向极限应力 σ_{rl}，目前有几种不同的计算方法，但它们可写成一个通式，即

$$\sigma_{rl} = \sigma_{h0} + K c_u \tag{4-12}$$

式中　c_u——地基土的不排水抗剪强度（kPa）；

　　　K——常量，对于不同的方法有不同的取值；

　　　σ_{h0}——某深度处的初始总侧向应力（kPa）。

σ_{h0} 的取值也随计算方法不同而有所不同。为了统一起见，将 σ_{h0} 的影响包含于参数 K'，则式（4-11）可改写为：

$$[p_p]_{max} = K_p \cdot K' \cdot c_u \tag{4-13}$$

如表 4-3 所示，对于不同的方法有其相应的 $K_p \cdot K'$ 值，在表中可看出，它们的值是接近的。

不排水抗剪强度及单桩极限承载力　　　　　　　　　表 4-3

c_u(kPa)	土类	K'值	$K_p \cdot K'$	文　献
19.4	黏土	4.0	25.2	Hughes 和 Withers(1974)
19.0	黏土	3.0	15.8～18.8	Mokashi 等(1976)
—	黏土	6.4	20.8	Brauns(1978)
20.0	黏土	5.0	20.0	Mori(1979)
—	黏土	5.0	25.0	Broms(1979)
15.0～40.0	黏土	—	14.0～24.0	韩杰(1992)
—	黏土	—	12.2～15.2	郭蔚东、钱鸿缙(1990)

（2）复合地基承载力

如图 4-5 所示，在黏性土和碎（砂）石桩所构成的复合地基上，当作用荷载为 p 时，设作用于桩的应力 p_p 和作用于黏性土的应力为 p_s，假定在桩和土各自面积 A_p 和 $A - A_p$ 范围内作用的应力不变时，则可求得：

$$p \cdot A = p_p \cdot A_p + p_s(A - A_p) \tag{4-14}$$

式中　A——一根桩所分担的面积（m^2）。

若将桩土应力比 $n = p_p / p_s$ 及面积置换率 $m = A_p / A$ 代入式（4-14），则公式可改为：

$$\frac{p_p}{p} = \mu_p = \frac{n}{1 + (n-1)m} \tag{4-15}$$

$$\frac{p_s}{p} = \mu_s = \frac{1}{1 + (n-1)m} \tag{4-16}$$

式中 μ_p——应力集中系数；

μ_s——应力降低系数。

式（4-14）又可改写为：

$$p = \frac{p_p A_p + p_s (A - A_p)}{A} = [m(n-1)+1] p_s$$

(4-17)

从上式可知，只要由实测资料求得 p_p 和 p_s 后，就可求得复合地基极限承载力 p。一般桩土应力比 n 可取 $2 \sim 4$，原土强度低者取大值。

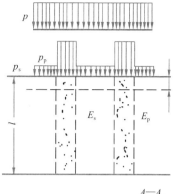

同理，《建筑地基处理技术规范》JGJ 79—2012 阐明，振冲桩复合地基承载力特征值应通过现场复合地基载荷试验确定，初步设计时也可用单桩和处理后桩间土承载力特征值按下式估算：

$$f_{spk} = m f_{pk} + (1-m) f_{sk}$$

(4-18)

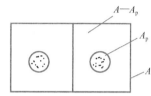

图 4-5 复合地基应力状态

式中 f_{spk}——振冲桩复合地基承载力特征值（kPa）；

f_{pk}——桩体承载力特征值（kPa），宜通过单桩载荷试验确定；

f_{sk}——处理后桩间土承载力特征值（kPa），宜按当地经验取值，如无经验时，可取天然地基承载力特征值。

对小型工程的黏性土地基如无现场载荷试验资料，初步设计时复合地基的承载力特征值也可按下式估算：

$$f_{spk} = [1 + m(n-1)] f_{sk}$$

(4-19)

3. 沉降计算

碎（砂）石桩的沉降计算主要包括复合地基加固区的沉降和加固区下卧层的沉降。加固区下卧层的沉降可按国家标准《建筑地基基础设计规范》GB 50007—2011 计算，此处不再赘述。

地基土加固区的沉降计算亦按国家标准《建筑地基基础设计规范》GB 50007—2011 的有关规定执行，而复合土层的压缩模量可按下式计算：

$$E_{sp} = [1 + m(n-1)] E_s$$

(4-20)

式中 E_{sp}——复合土层的压缩模量（MPa）；

E_s——处理后桩间土的压缩模量（MPa），宜按当地经验取值，当无经验时，可取天然地基压缩模量。

式（4-20）中桩土应力比 n 在无实测资料时，对黏性土可取 $2 \sim 4$，对粉土可取 $1.5 \sim 3$，原土强度低者取大值，原土强度高者取小值。

《建筑地基处理技术规范》JGJ 79—2012 规定复合地基变形计算应符合现行国家标准《建筑地基基础设计规范》GB 50007—2011 的有关规定，地基变形计算深度应大于复合土层的深度。当复合土层的分层与天然地基相同时，各复合土层的压缩模量等于该层天然地基压缩模量的 ζ 倍，ζ 值可按下式确定：

$$\zeta = \frac{f_{spk}}{f_{ak}}$$

(4-21)

式中 f_{ak}——基础底面下天然地基承载力特征值（kPa）。

目前尚未形成碎（砂）石桩复合地基的沉降计算经验系数 ψ_s。韩杰（1992）通过对 5 幢建筑物的沉降观测资料分析得到，$\psi_s=0.43\sim1.20$，平均值为 0.93，在没有统计数据时可假定 $\psi_s=1.0$。

《建筑地基处理技术规范》JGJ 79—2012 建议复合地基的变形计算经验系数 ψ_s 可根据地区沉降观测资料统计值确定，无经验取值时，可采用表 4-4 的数值。

复合地基变形计算经验系数 ψ_s 表 4-4

$\overline{E_s}$(MPa)	4.0	7.0	15.0	20.0	35.0
ψ_s	1.0	0.7	0.4	0.25	0.2

注：$\overline{E_s}$ 为变形计算深度范围内压缩模量的当量值，应按下式计算：

$$\overline{E_s}=\frac{\sum\limits_{i=1}^{n}A_i+\sum\limits_{j=1}^{m}A_j}{\sum\limits_{i=1}^{n}\dfrac{A_i}{E_{spi}}+\sum\limits_{j=1}^{m}\dfrac{A_j}{E_{sj}}} \tag{4-22}$$

式中 A_i——加固土层第 i 层土附加应力系数沿土层厚度的积分值；

A_j——加固土层下第 j 层土附加应力系数沿土层厚度的积分值。

4. 稳定分析

若碎（砂）石桩用于改善天然地基整体稳定性时。可利用复合地基的抗剪特性，再使用圆弧滑动法来进行计算。

如图 4-6 所示，假定在复合地基中某深度处剪切面与水平面的交角为 θ，如果考虑碎（砂）石桩和桩间土两者都发挥抗剪强度，则可得出复合地基的抗剪强度 τ_{sp}。

$$\tau_{sp}=(1-m)\cdot c+m(\mu_p\cdot p+\gamma_p\cdot z)\tan\varphi_p\cdot\cos^2\theta \tag{4-23}$$

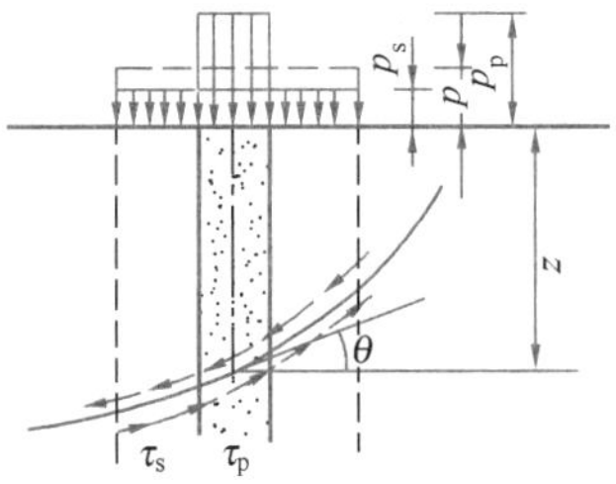

图 4-6 复合地基的剪切特性

式中 c——桩间土的黏聚力（kPa）；

z——自地表面起算的计算深度（m）；

γ_p——碎（砂）石料的重度（kN/m³）；

φ_p——碎（砂）石料的内摩擦角（°）；

μ_p——应力集中系数，$\mu_p=\dfrac{n}{1+(n-1)m}$；

m——面积置换率。

如不考虑荷载产生的固结对黏聚力提高的影响时，则可用天然地基黏聚力 c_0。如考虑作用于黏性土上的荷载产生固结，则可计算黏聚力提高。

$$c=c_0+\mu_s\cdot p\cdot U\cdot\tan\varphi_{cu} \tag{4-24}$$

式中 U——固结度；

φ_{cu}——由三轴固结不排水剪切试验得到的桩间土的内摩擦角（°）；

μ_s——应力降低系数。

若 $\Delta c=\mu_s\cdot p\cdot U\cdot\tan\varphi_{cu}$，则强度增长率为：

$$\frac{\Delta c}{p}=\mu_s\cdot U\cdot\tan\varphi_{cu} \tag{4-25}$$

Priebe（1978）所提出的方法，采用了 φ_{sp} 和 c_{sp} 的复合值，并由下式求得：

$$\tan\varphi_{sp}=\omega\tan\varphi_{p}+(1-\omega)\tan\varphi_{s} \tag{4-26}$$

$$c_{sp}=(1-\omega)c_{s} \tag{4-27}$$

式中　ω——与桩土应力比和置换率有关的参数，$\omega=m\cdot\mu_{p}$；一般 $\omega=0.4\sim0.6$。

如已知 c_{sp} 和 φ_{sp} 后，可用常规稳定分析方法计算抗滑安全系数；或者根据要求的安全系数，反求需要的 ω 和 m。

4.4　施　工　方　法

目前施工方法正如上述所提及的可有多种多样，本书主要介绍两种施工方法，即振冲法和沉管法。

4.4.1　振冲法

振冲法是碎石桩的主要施工方法之一，它是以起重机吊起振冲器（图 4-7），启动潜水电机后，带动偏心块，使振冲器产生高频振动，同时开动水泵，使高压水通过喷嘴喷射高压水流，在边振边冲的联合作用下，将振冲器沉到土中的设计深度。经过清孔后，就可从地面向孔中逐段填入碎石，每段填料均在振动作用下被振挤密实，达到所要求的密实度后提升振冲器，如此重复填料和振密，直至地面，从而在地基中形成一根很密实的大直径桩体。图 4-8 为振冲法施工程序示意图。

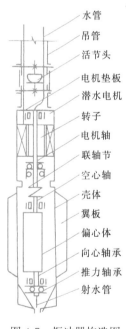

水管
吊管
活节头
电机垫板
潜水电机
转子
电机轴
联轴节
空心轴
壳体
翼板
偏心体
向心轴承
推力轴承
射水管

图 4-7　振冲器构造图

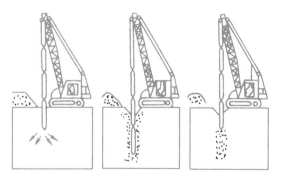

图 4-8　振冲法施工程序示意图

1. 施工机具

振冲器是振冲法施工的主要机具，可根据设计荷载的大小、原土强度的高低、设计桩长等条件选用不同功率的振冲器。施工前应在现场进行试验，以确定水压、振密电流和留振时间等各种施工参数。

升降振冲器的机械可用起重机、自行井架式施工平车或其他合适的设备。施工设备应配有电流、电压和留振时间自动信号仪表。起重能力和提升高度均应满足施工要求，并需符合起重规定的安全值，一般起重能力为10000～15000kg。

水压水量按下列原则选择：

（1）对强度较低的软土，水压要小些；对强度较高的土，水压宜大。

（2）随深度适当增高，但接近加固深度1m处应减低，以免底层土扰动。

（3）成孔过程中，水压和水量要尽可能大。

（4）加料振密过程中，水压和水量均宜小。

2. 施工步骤

振冲施工可按下列步骤进行：

（1）清理平整施工场地，布置桩位。

（2）施工机具就位，使振冲器对准桩位。

（3）启动供水泵和振冲器，水压可用200～600kPa，水量可用200～400L/min，将振冲器徐徐沉入土中，造孔速度宜为0.5～2.0m/min，直至达到设计深度。记录振冲器经各深度的水压、电流和留振时间。

（4）造孔后边提升振冲器边冲水直至孔口，再放至孔底，重复两三次扩大孔径并使孔内泥浆变稀，开始填料制桩。

（5）大功率振冲器投料可不提出孔口，小功率振冲器下料困难时，可将振冲器提出孔口填料，每次填料厚度不宜大于500mm。将振冲器沉入填料中进行振密制桩，当电流达到规定的密实电流值和规定的留振时间后，将振冲器提升300～500mm。

（6）重复以上步骤，自下而上逐段制作桩体直至孔口，记录各段深度的填料量、最终电流值和留振时间，并均应符合设计规定。

（7）关闭振冲器和水泵。

3. 施工方法

施工前应进行成桩工艺和成桩质量试验，以确定水压、密实电流、填料量和留振时间等各种施工参数。工艺性试桩数量不应少于2根。当成桩质量不能满足设计要求时，应调整设计与施工有关参数后，重新进行试验或改变设计。

填料方式一般有三种：第一种是把振冲器提出孔口，往孔内倒入约1m堆高的填料，然后再放下振冲器进行振密。每次加料都这样做。第二种方法是振冲器不提出孔口，只是往上提升约1m，然后往下倒料，再放下振冲器进行振密。第三种是边把振冲器缓慢向上提升，边在孔口连续加料。在黏性土地基中，由于孔道常会被坍塌下来的软黏土所堵塞，所以常需进行清孔除泥，故不宜使用连续加料的方法。在砂性土地基中，可采用连续加料的施工方法。

振冲法具体可根据"振冲挤密"和"振冲置换"的不同要求，其施工操作要求亦有所不同。

（1）"振冲挤密法"施工操作要求

振冲挤密法一般在中粗砂地基中使用时可不另外加料（黏粒含量不大于10%），而利用振冲器的振动力，使原地基的松散砂振挤密实。在粉细砂、黏质粉土中制桩，最好是边振动边填料，以防振冲器提出地面孔内塌方。施工操作时，其关键是水量的大小和留振时间的长短。

"留振时间"是指振冲器在地基中某一深度处停下振动的时间。水量的大小是保证地基中的砂土充分饱和。砂土只要在饱和状态下并受到了振动便会产生液化，足够的留振时间是让地基中的砂土"完全液化"和保证有足够大的"液化区"。砂土经过液化在振冲停止后，颗粒便会慢慢重新排列，这时的孔隙比将较原来的孔隙比为小，密实度相应增加，这样就可达到加固的目的。

整个加固区施工完后，桩体顶部向下 1m 左右这一土层，由于上覆压力小，桩的密实度难以保证，应予挖除另作垫层，也可另用表层振动或碾压等密实方法处理。

不加填料振冲加密宜采用大功率振冲器，为了避免造孔中塌砂将振冲器抱住，下沉速度宜快，造孔速度宜为 8～10m/min，到达深度后将射水量减至最小，留振至密实电流达到规定时，上提 0.5m，逐段振密直至孔口，一般每米振密时间约 1min。

在粗砂中施工如遇下沉困难，可在振冲器两侧增焊辅助水管，加大造孔水量，但造孔水压宜小。

振密孔施工顺序，宜沿直线逐点逐行进行。

（2）"振冲置换法"施工操作要求

在黏性土层中制桩，孔中的泥浆水太稠时，碎石料在孔内下降的速度将减慢，且影响施工速度，所以要在成孔后，留有一定时间清孔，使回水把稠泥浆带出地面，降低泥浆的密度。

若土层中夹有硬层时，应适当进行扩孔，振冲器应上下往复多次，使孔径扩大，以便于加碎石料。

加料时宜"少吃多餐"，每次往孔内倒入的填料数量不宜大于 500mm，然后用振冲器振密，再继续加料。施工要求填料量大于造孔体积，孔底部分要比桩体其他部分多些，因为刚开始往孔内加料时，一部分料沿途沾在孔壁上，到达孔底的料就只能是一部分，孔底以下的土受高压水破坏扰动而造成填料的增多。桩身填料的密实度应通过密实电流控制，密实电流应超过空振电流 35～45A。

在强度很低的软土地基中施工，则要用"先护壁、后制桩"的方法。即在开孔时，不要一下子到达加固深度，可先到达第一层软弱层，然后加些料进行初步挤振，让这些填料挤入孔壁，把此段的孔壁加强以防塌孔。然后使振冲器下降至下一段软土中，用同样方法加料护壁。如此重复进行，直到设计深度。孔壁护好后，就可按常规步骤制桩了。

在地表 1m 范围内的地层，应予挖除另做垫层，也可另用表层振动或碾压等密实方法处理。

振冲置换法的施工顺序宜从中间向外围或隔排施工（图 4-9）。在地基强度较低的软黏土地基中施工时，要考虑减少对地基土的扰动影响，因而可采用"间隔跳打"的方法。当加固区附近有其他建筑物时，必须先从邻近建筑物一边的桩开始施工，然后逐步向外推移。

4. 施工质量控制

施工质量控制的三要素是填料量、密实电流和留振时间，这三者实际上是相互联系和保证的。只有在一定的填料量的情况下，才能把填料挤密振密。一般来说，在粉性较重的地基中采用振冲挤密施工时，密实电流容易达到规定值，其关键是留振时间和水量的大

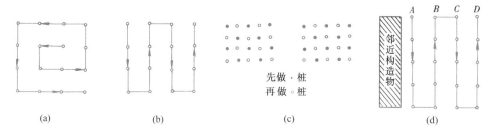

图 4-9　振冲置换法的施工顺序

（a）由里向外方式；（b）一边推向另一边方式；（c）间隔跳打方式；（d）减少对邻近建筑物振动影响的施工顺序

小。反之，在软黏土地基中采用振冲置换施工时，填料量和留振时间容易达到规定值，其关键是密实电流的控制。

4.4.2　沉管法

沉管法过去主要用于制作砂桩，近年来已开始用于制作碎石桩，这是一种干法施工。沉管砂石桩处理地基的施工应符合下列规定：

（1）砂石桩施工可采用振动沉管、锤击沉管或冲击成孔等成桩法。当用于消除粉细砂及粉土液化时，宜用振动沉管成桩法。

（2）施工前应进行成桩工艺和成桩挤密试验。当成桩质量不能满足设计要求时，应调整施工参数后，重新进行试验或设计。

（3）振动沉管成桩法施工，应根据沉管和挤密情况，控制填砂石量、提升高度和速度、挤压次数和时间、电机的工作电流等。

（4）施工中应选用能顺利出料和有效挤压桩孔内砂石料的桩尖结构。当采用活瓣桩靴时，对砂土和粉土地基宜选用尖锥形；一次性桩尖可采用混凝土锥形桩尖。

（5）锤击沉管成桩法施工可采用单管法或双管法。锤击法挤密应根据锤击能量，控制分段的填砂石量和成桩的长度。

（6）砂石桩桩孔内材料填料量，应通过现场试验确定，估算时，可按设计桩孔体积乘以充盈系数确定，充盈系数可取 1.2～1.4。

（7）砂石桩的施工顺序：对砂土地基宜从外围或两侧向中间进行；对黏性土地基宜从中间向外围或间隔进行。

（8）施工时桩位水平偏差不应大于 0.3 倍套管外径，套管垂直度偏差不应大于 1%。

（9）砂石桩施工后，应将表层的松散层挖除或夯压密实，随后铺设并压实砂石垫层。

1. 振动成桩法

（1）一次拔管法

1）施工机具

主要有振动打桩机、下端装有活瓣钢桩靴的桩管、移动式打桩机架、装碎（砂）料石提料斗等（如图 4-10 所示）。

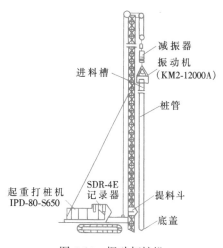

图 4-10　振动打桩机

2）施工工艺

① 桩靴闭合，桩管垂直就位；

② 将桩管沉入土层中到设计深度；

③ 将料斗插入桩管，向桩管内灌碎（砂）石；

④ 边振动边拔出桩管到地面。

3）质量控制

① 桩身连续性：用拔出桩管速度控制，同时要保证拔管过程中桩管底部能顺利连续出料。拔管速度根据试验确定，在一般情况下拔管1m控制在30s内。

② 桩直径：用灌碎（砂）石量控制。当实际灌碎（砂）石量未达到设计要求时，可在原位再沉下桩管灌碎（砂）石复打1次或在旁边补加1根桩。

（2）逐步拔管法

1）施工机具

主要有振动打桩机、下端装有活瓣钢桩靴的桩管、移动式打桩机架、装碎（砂）料石提料斗等。

2）施工工艺

① 桩靴闭合，桩管垂直就位；

② 将桩管沉入土层中到设计深度；

③ 将料斗插入桩管，向桩管内灌碎（砂）石；

④ 边振动边拔起桩管，每拔起一定长度，停拔继振若干秒，如此反复进行，直至桩管拔出地面。

3）质量控制

根据试验，每次拔起桩管0.5m，停拔继振20s，可使桩身相对密度达到0.8以上，桩间土相对密度达到0.7以上。同时要保证拔管过程中桩管底部能顺利连续出料。

（3）重复压拔管法

1）施工机具

主要有振动打桩机、下端设计成特殊构造的桩管（图4-11）、移动式打桩机架、装碎（砂）石料斗、辅助设备（空压机和送气管，喷嘴射水装置和送水管）等。

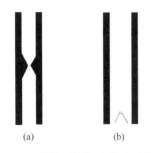

图4-11 桩管下端特殊构造示意图

（a）喉管式；（b）活瓣式

2）施工工艺

① 桩管垂直就位；

② 将桩管沉入土层中到设计深度，如果桩管下沉速度很慢，可以利用桩管下端喷嘴射水加快下沉速度；

③ 用料斗向桩管内灌碎（砂）石；

④ 按规定的拔起高度拔起桩管，同时向桩管内送入压缩空气使填料容易排出，桩管拔起后核定填料的排出情况；

⑤ 按规定的压下高度再向下压桩管，将落入桩孔内的填料压实。

重复进行③～⑤工序直至桩管拔出地面。

（注：桩管每次拔起和压下高度根据桩的直径要求，应通过试验确定。）

3）质量控制

① 在套管未入土之前，先在套管内投砂（碎石）2～3斗，打入规定深度时，复打（空）2～3次，使底部的土更密实，成孔更好，加上有少量的砂（碎石）排出，分布在桩周，既挤密桩周的土，又形成较为坚硬的砂（碎石）泥混合的孔壁，对成孔极为有利。在软黏土中，如果不采取这个措施，打出的砂（碎石）桩的底端会出现夹泥断桩现象。

② 适当加大风压：加大风压可避免套管内产生泥砂倒流现象。同时要保证拔管过程中桩管底部能顺利连续出料。

③ 注意贯入曲线和电流曲线。如当土质较硬或砂（碎石）量排出正常时，则贯入曲线平缓，而电流曲线幅度变化大。

④ 套管内的砂（碎石）料应保持一定的高度。

⑤ 每段成桩不要过大，如排砂（碎石）不畅可适当加大拉拔高度。

⑥ 拉拔速度不宜过快，使排砂（碎石）要充分。

2. 冲击成桩法

（1）单管法

1）施工机具

主要有蒸汽打桩机或柴油打桩机、下端带有活瓣钢制桩靴的或预制钢筋混凝土锥形桩尖的（留在土中）桩管和装砂料斗等。

2）成桩工艺

如图4-12所示：

① 桩靴闭合，桩管垂直就位；

② 将桩管打入土层中到规定深度；

③ 用料斗向桩管内灌砂（碎石），灌砂（碎石）量较大时，可分成两次灌入，第一次灌入三分之二，待桩管从土中拔起一半长度后再灌入剩余的三分之一；

④ 按规定的拔出速度从土层中拔出桩管。

3）质量控制

① 桩身连续性：以拔管速度控制桩身连续性，同时要保证拔管过程中桩管底部能顺利连续出料。拔管速度可根据试验确定，在一般土质条件下，每分钟应拔出桩管1.5～3.0m。

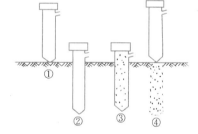

图4-12 单管冲击成桩工艺

② 桩直径：以灌砂（碎石）量控制桩直径。当灌砂（碎石）量达不到设计要求时，应在原位再沉下桩管灌砂（碎石）进行复打一次，或在其旁补加一根砂（碎石）桩。

（2）双管法

1）芯管密实法

① 施工机具

主要有蒸汽打桩机或柴油打桩机、履带式起重机、底端开口的外管（套管）和底端闭口的内管（芯管）以及装砂（碎石）料斗等。

② 成桩工艺

如图4-13所示：

a. 桩管垂直就位；

b. 锤击内管和外管，下沉到规定的深度；

c. 拔起内管，向外管内灌砂（碎石）；

d. 放下内管到外管内的砂（碎石）面上，拔起外管到与内管底面平齐；

e. 锤击内管和外管将砂（碎石）压实；

f. 拔起内管，向外管内灌砂（碎石）；

g. 重复进行 d~f 的工序，直到桩管拔出地面。

③ 质量控制

在进行图 4-13 中工序 e 时按贯入度控制，可保证砂（碎石）桩体的连续性、密实性及其周围土层挤密后的均匀性。该工艺在有淤泥夹层中能保证成桩，不会发生缩颈和塌孔现象，成桩质量较好。

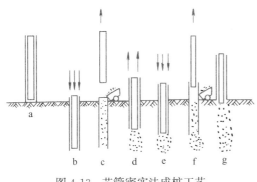

图 4-13 芯管密实法成桩工艺

2）内击成管法

内击成管法与"福兰克桩"工艺相似，不同之处在于该桩用料是混凝土，而内击成管法用料是碎石。

① 施工机具

施工机具主要有两个卷扬机的简易打桩架，一根直径 300~400mm 钢管，管内有一吊锤，重 1000~2000kg。

② 成桩工艺

成桩工艺见图 4-14：

a. 移机将导管中心对准桩位；

b. 在导管内填入一定数量（一般管内填料高度为 0.6~1.2m）的碎石，形成"石塞"；

c. 冲锤冲击管内石塞，通过碎石与导管内壁的侧摩擦力带动导管一起沉入土中，到达预定深度为止；

d. 导管沉达预定深度后，将导管拔高离孔底数 100mm，然后用冲锤将石塞碎石击出管外，并使其冲入管下土中一定深度（称为"冲锤超深"）；

e. 穿塞后，再适当拔起导管，向管内填入适当数量的碎石，用冲锤反复冲夯。然后，再次拔管→填料→冲夯，反复循环至制桩完成。

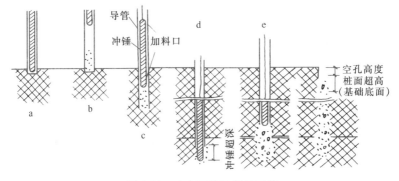

图 4-14 内击沉管法制桩工艺

78

③ 特点

内击成管法有明显的挤土效应，桩密实度高，可适用于地下水位以下的软弱地基；该法是干作业、设备简单、耗能低。缺点是工效较低，夯锤的钢丝绳易断。

4.5 质量检验

碎（砂）石桩施工结束后，除砂土地基外，应间隔一定时间方可进行质量检验。对粉质黏土地基不宜少于 21d，对粉土地基不宜少于 14d，对砂土和杂填土地基不宜少于 7d。

关于碎（砂）石桩的施工质量检验，对桩体可采用重型动力触探试验；对桩间土可采用标准贯入、静力触探、动力触探或其他原位测试等方法；对消除液化的地基检验应采用标准贯入试验。桩间土质量的检测位置应在等边三角形或正方形的中心。检验深度不应小于处理地基深度，检测数量不应少于桩孔总数的 2%。

也可以通过单桩载荷试验检验碎（砂）石桩的单桩承载力；通过动力触探试验了解桩身不同深度的密实程度和均匀性。单桩载荷试验数量为总桩数的 1%，但总数不得少于3 根。

对于砂土或粉土层中挤密作用为主的地基，处理后地基可采用标准贯入、静力触探、动力触探等方法检测其挤密效果，并进行处理前后的对比；对液化地基可按现行国家标准《建筑抗震设计规范》GB 50011—2010 检验其是否消除液化影响。

对于置换作用为主的碎（砂）石桩复合地基，其加固效果检验以检测复合地基承载力为主，常用的方法有单桩复合地基和多桩复合地基大型载荷试验。复合地基载荷试验数量不应少于总桩数的 1%，且每个单体建筑不应少于 3 点。

思考题与习题

1. 叙述碎（砂）石桩处理砂土液化地基的机理。
2. 叙述碎（砂）石桩处理黏性土地基的机理。
3. 叙述碎（砂）石桩的承载力影响因素及桩体破坏模式。
4. 阐述"桩土应力比"和"置换率"的概念。
5. 试述碎（砂）石桩处理黏性土地基和砂性土地基时处理深度的确定原则。
6. 试述振冲法施工质量控制的"三要素"以及控制原则。
7. 某可液化砂土地基，厚度 10m，处理前现场测得砂土平均孔隙比约 0.81，土工试验得到的最大、最小孔隙比分别为 0.9 和 0.6。为了消除液化，要求处理后的相对密实度达到 0.8。试制定碎石桩地基处理方案，并对施工和检测提出要求。
8. 某天然地基土体不排水抗剪强度 c_u 为 23.35kPa，地基极限承载力等于 $5.14c_u$，为 120kPa。采用碎石桩复合地基加固，碎石桩极限承载力可采用简化公式估计，$p_{pf} = 25.2c_u$。碎石桩梅花形布桩，桩径为 0.80m，桩中心距为 1.40m。设置碎石桩后桩间土不排水抗剪强度为 25.29kPa。试计算碎石桩复合地基极限承载力。

5 土（或灰土）挤密桩

5.1 概　　述

　　土（或灰土）挤密桩是利用沉管、冲击或爆扩等方法在地基中挤土成孔，通过"挤"压作用，使地基土得到加"密"，然后在孔中分层填入素土（或灰土）后夯实而成土桩（或灰土桩）。由于该方法主要通过成孔和成桩时实现对桩周土的挤密，因此又称之为挤密桩法。

　　土（或灰土）挤密桩的特点是：就地取材、以土治土、原位处理、深层加密和费用较低。因此在我国西北和华北等黄土地区已广泛采用。

　　土（或灰土）挤密桩适用于处理地下水位以上的粉土、黏性土、素填土、杂填土和湿陷性黄土等地基，可处理地基的厚度宜为 3～15m；当以消除地基土的湿陷性为主要目的时，可选用土挤密桩；当以提高地基土的承载力或增强其水稳性为主要目的时，宜选用灰土挤密桩；当地基土的含水量大于 24%、饱和度大于 65% 时，应通过试验确定其适用性；对重要工程或在缺乏经验的地区，施工前应按设计要求，在有代表性的地段进行现场试验。

5.2 加 固 机 理

5.2.1　挤密作用

　　土（或灰土）挤密桩挤压成孔时，桩孔位置原有土体被强制侧向挤压，使桩周一定范围内的土层密实度提高。其挤密影响半径通常为 $1.5d～2.0d$（d 为桩径直径）。相邻桩孔间挤密效果试验表明，在相邻桩孔挤密区交界处挤密效果相互叠加，桩间土中心部位的密实度增大，且桩间土的密度变得均匀，桩距越近，叠加效果越显著。合理的相邻桩孔中心距约为 2～2.5 倍桩孔直径。

　　土的天然含水量和干密度对挤密效果影响较大，当含水量接近最优含水量时，挤密效果最佳。当含水量偏低，土呈坚硬状态时，有效挤密区变小。当含水量过高时，由于挤压引起超孔隙水压力，土体难以挤密，且孔壁附近土的强度因受扰动而降低，拔管时容易出现缩颈等情况。

　　土的天然干密度越大，则有效挤密范围越大；反之，则有效挤密区较小，挤密效果较差。土质均匀则有效挤密范围大，土质不均匀，则有效挤密范围小。

　　土体的天然孔隙比对挤密效果有较大影响，当 $e=0.90～1.20$ 时，挤密效果好，当 $e<0.80$ 时，一般情况下土的湿陷性已消除，没有必要采用挤密地基，故应持慎重态度。

5.2.2　灰土性质作用

　　灰土挤密桩是用石灰和土按一定体积比例（2∶8 或 3∶7）拌合，并在桩孔内夯实加密后形成的桩，这种材料在化学性能上具有气硬性和水硬性，由于石灰内带正电荷钙离子与带负电荷黏土颗粒相互吸附，形成胶体凝聚，并随灰土龄期增长，固化作用提高，使桩体强度逐渐增加。在力学性能上，它可达到挤密地基效果，提高地基承载力，消除湿陷性，沉降均匀和沉降量减小。

5.2.3 桩体置换作用

在灰土桩挤密地基中，由于灰土桩的变形模量远大于桩间土的变形模量（灰土的变形模量为 $E_0 = 29 \sim 36$MPa，相当于夯实素土的 $2 \sim 10$ 倍），荷载向桩上产生应力集中，从而降低了基础底面以下一定深度内土中的应力，消除了持力层内产生大量压缩变形和湿陷变形的不利因素。此外，由于灰土桩对桩间土能起侧向约束作用，限制土的侧向移动，桩间土只产生竖向压密，使压力与沉降始终呈线性关系。

土桩挤密地基由桩间挤密土和分层填夯的素土桩组成，土桩桩体和桩间土均为被机械挤密的重塑土，两者均属同类料。因此，两者的物理力学指标无明显差异。因而，土桩挤密地基可视为厚度较大的素土垫层。

5.3 设 计 计 算

5.3.1 桩孔布置原则和要求

桩孔布置应以保证桩间土挤密后达到要求的密实度和消除湿陷性为原则。桩间土的挤密程度用平均挤密系数 $\overline{\eta}_c$ 来表示，该系数定义如下：

$$\overline{\eta}_c = \frac{\overline{\rho}_{d1}}{\rho_{dmax}} \tag{5-1}$$

式中 ρ_{dmax}——桩间土的最大干密度（t/m³）；

$\overline{\rho}_{d1}$——成孔深度范围内桩间土挤密后的平均干密度（t/m³），平均试样数不应少于 6 组。

甲、乙类建筑平均挤密系数 $\overline{\eta}_c \geq 0.93$，最小挤密系数 $\eta_{cmin} \geq 0.88$；其他建筑 $\overline{\eta}_c \geq 0.90$，$\eta_{cmin} \geq 0.84$。

5.3.2 桩径

桩孔直径宜为 $300 \sim 600$mm，并可根据所选用的成孔设备或成孔方法确定。

5.3.3 桩距和排距

桩孔宜按等边三角形布置（图 5-1），桩孔之间的中心距离，可为桩孔直径的 $2.0 \sim 3.0$ 倍，也可按下式估算：

$$L = 0.95d \sqrt{\frac{\overline{\eta}_c \rho_{dmax}}{\overline{\eta}_c \rho_{dmax} - \overline{\rho}_d}} \tag{5-2}$$

式中 L——桩孔之间的中心距离（m）；

d——桩孔直径（m）；

ρ_{dmax}——桩间土的最大干密度（t/m³）；

$\overline{\rho}_d$——地基处理前土的平均干密度（t/m³）；

$\overline{\eta}_c$——桩间土经成孔挤密后的平均挤密系数。

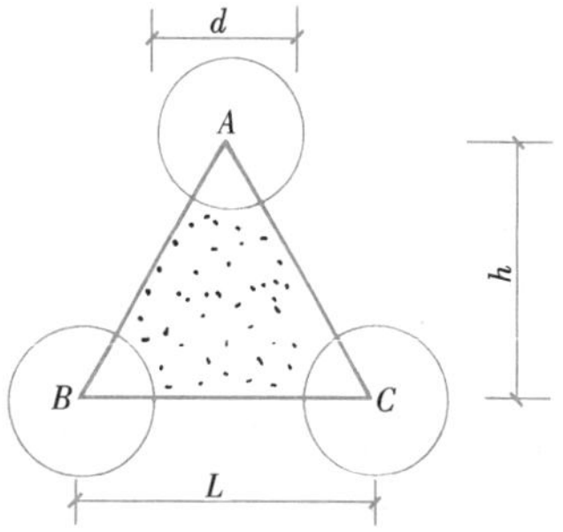

图 5-1 桩距和桩排计算示意图

桩孔的数量可按下式估算：

$$n=\frac{A}{A_e}$$ (5-3)

式中 n—— 桩孔的数量；

A—— 拟处理地基的面积（m^2）；

A_e—— 1根土或灰土挤密桩所承担的处理地基面积（m^2），即：$A_e=\frac{\pi d_e^2}{4}$；

d_e—— 1根桩分担的处理地基面积的等效圆直径（m）：

桩孔按等边三角形布置 $d_e=1.05L$；

桩孔按正方形布置 $d_e=1.13L$。

处理填土地基时，鉴于其干密度值变动较大，一般不易按式（5-1）计算桩孔间距，为此，可根据挤密前地基土的承载力特征值 f_{sk} 和挤密后处理地基要求达到的承载力特征值 f_{spk}，利用下式计算桩孔间距：

$$L=0.95d\sqrt{\frac{f_{pk}-f_{sk}}{f_{spk}-f_{sk}}}$$ (5-4)

式中 f_{pk}——灰土挤密桩的承载力特征值，宜取 $f_{pk}=500kPa$。

对重要工程或缺乏经验的地区，在桩间距正式设计之前，应通过现场成孔挤密试验，按照不同桩距时的实测挤密效果再正式确定桩孔间距。

5.3.4 处理范围

土（或灰土）挤密桩处理地基的面积，应大于基础或建筑物底层平面的面积，并应符合下列规定：

1. 当采用局部处理时，超出基础底面的宽度：对非自重湿陷性黄土、素填土和杂填土等地基，每边不应小于基底宽度的0.25倍，并不应小于0.50m；对自重湿陷性黄土地基，每边不应小于基底宽度的0.75倍，并不应小于1.00m。

2. 当采用整片处理时，超出建筑物外墙基础底画外缘的宽度，每边不宜小于处理土层厚度的1/2，并不应小于2m。

灰土挤密桩和土挤密桩处理地基的深度，应根据建筑场地的土质情况、工程要求和成孔及夯实设备等综合因素确定。对湿陷性黄土地基，应符合现行国家标准《湿陷性黄土地区建筑规范》GB 50025 的有关规定。

5.3.5 填料和压实系数

桩孔内的填料灰土，其消石灰与土的体积配合比，宜为2∶8或3∶7。土料宜选用粉质黏土，土料中的有机质含量不应超过5%，且不得含有冻土和渣土，垃圾粒径不应超过15mm。石灰可选用新鲜的消石灰或生石灰粉，粒径不应大于5mm。消石灰的质量应合格，有效 $CaO+MgO$ 含量不得低于60%。

孔内填料应分层回填夯实，填料的平均压实系数 $\bar{\lambda}_c$ 不应低于0.97，其中压实系数最小值不应低于0.93。

5.3.6 垫层

桩顶标高以上应设置300～600mm厚的褥垫层。垫层材料可根据工程要求采用2∶8或3∶7灰土、水泥土等。其压实系数均不应低于0.95。

5.3.7 复合地基承载力

土（或灰土）挤密桩复合地基的承载力应采用复合地基载荷试验确定。试验时如 p—s 曲线上无明显直线段，则土挤密桩复合地基按 $s/b=0.012$，灰土挤密桩复合地基按 $s/b=0.008$（b 为载荷板宽度）所对应的荷载作为复合地基的承载力特征值。初步设计时，可采用下式估算复合地基的承载力：

$$f_{spk}=[1+m(n-1)]f_{sk} \tag{5-5}$$

式中　f_{spk}——复合地基承载力特征值（kPa）；

　　　f_{sk}——处理后桩间土承载力特征值（kPa），可按地区经验确定；无试验资料时，除灵敏度较高的土外，可取天然地基承载力特征值；

　　　n——复合地基桩土应力比，可按试验或地区经验确定；

　　　m——面积置换率。

灰土挤密桩复合地基承载力特征值，不宜大于处理前天然地基承载力特征值的 2.0 倍，且不宜大于 250kPa；对土挤密桩复合地基承载力特征值，不宜大于处理前天然地基承载力特征值的 1.4 倍，且不宜大于 180kPa。

5.3.8 变形计算

土或灰土挤密桩处理地基的变形计算应按国家标准《建筑地基基础设计规范》GB 50007—2011 的有关规定执行。其中复合土层的压缩模量应通过试验或结合当地经验确定。

5.4 施 工 方 法

5.4.1 施工工艺

土（或灰土）挤密桩的施工应按设计要求、成孔设备、现场土质和周围环境等情况，选用振动沉管、锤击沉管、冲击或钻孔等方法进行成孔，使土向孔的周围挤密。具体施工工艺分别见图 5-2 和图 5-3。

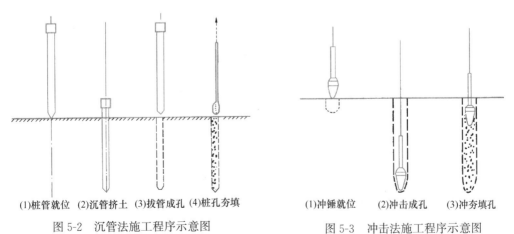

(1)桩管就位　(2)沉管挤土　(3)拔管成孔　(4)桩孔夯填　　　　(1)冲锤就位　　(2)冲击成孔　　(3)冲夯填孔

图 5-2　沉管法施工程序示意图　　　　　　图 5-3　冲击法施工程序示意图

沉管成孔施工时桩顶设计标高以上的预留覆盖土层厚度不宜小于 0.5m；冲击成孔或钻孔夯扩法成孔，不宜小于 1.2m。铺设灰土垫层前，应按设计要求将桩顶标高以上的预留松动土层挖除或夯（压）密实。

成孔施工时，地基土宜接近最优（或塑限）含水量，当土的含水量低于12%时，宜对拟处理范围内的土层进行增湿，应在地基处理前4～6d，将需增湿的水通过一定数量和一定深度的渗水孔，均匀地浸入拟处理范围内的土层中，增湿土的加水量可按下式估算：

$$Q = v\bar{\rho}_d(w_{op} - \overline{w})k \tag{5-6}$$

式中　Q——计算加水量（t）；

　　　v——拟加固土的总体积（m^3）；

　　　$\bar{\rho}_d$——地基处理前土的平均干密度（t/m^3）；

　　　w_{op}——土的最优含水量（%），通过室内击实试验求得；

　　　$\overline{w}$——地基处理前土的平均含水量（%）；

　　　k——损耗系数，可取1.05～1.10。

成孔和孔内回填夯实应符合下列要求：

（1）成孔和孔内回填夯实的施工顺序，当整片处理时，宜从里（或中间）向外间隔1～2孔进行，对大型工程，可采取分段施工；当局部处理时，宜从外向里间隔1～2孔进行；

（2）向孔内填料前，孔底应夯实，并应抽样检查桩孔的直径、深度和垂直度；

（3）桩孔的垂直度偏差不宜大于1%；

（4）桩孔中心点的偏差不宜超过桩距设计值的5%；

（5）经检验合格后，应按设计要求，向孔内分层填入筛好的素土、灰土或其他填料，并应分层夯实至设计标高。

对沉管法，其直径和深度应与设计值相同；对冲击法或爆扩法，桩孔直径的误差不得超过设计值的±70mm，桩孔深度不应小于设计深度的0.5m；

向孔内填料前，孔底必须夯实，然后用素土或灰土在最优含水量状态下分层回填夯实。回填土料一般采用过筛（筛孔不大于20mm）的粉质黏土，土料有机质含量不应大于5%；石灰用块灰消解（闷透）3～4d后并过筛、其粗粒粒径不大于5mm的熟石灰。混合料含水量应满足最优含水量的偏差不大于2%，土料和石灰应拌合均匀。

桩孔填料夯实机目前有两种：一种是偏心轮夹杆式夯实机；另一种是采用电动卷扬机提升式夯实机。前者可上、下自动夯实，后者需用人工操作。

夯锤形状一般采用下端呈抛物线锤体形的梨形锤或长锤形。二者重量均不小于0.1t。夯锤直径应小于桩孔直径100mm，使夯锤自由下落时将填料夯实。填料时每一锹料夯击一次或二次，夯锤落距一般在600～700mm，每分钟夯击25～30次，长6m桩可在15～20min内夯击完成。

施工过程中，应有专人监理成孔及回填夯实的质量，并应做好施工记录。如发现地基土质与勘察资料不符，应立即停止施工，待查明情况或采取有效措施处理后，方可继续施工。雨期或冬期施工，应采取防雨或防冻措施，防止填料受雨水淋湿或冻结。

5.4.2　施工中可能出现的问题和处理方法

（1）夯打时桩孔内有渗水、涌水、积水现象可将孔内水排出地表，或将水下部分改为混凝土桩或碎石桩，水上部分仍为土（或灰土、二灰）桩。

（2）沉管成孔过程中遇障碍物时可采取以下措施处理：

1）用洛阳铲探查并挖除障碍物，也可在其上面或四周适当增加桩数，以弥补局部处理深度的不足，或从结构上采取适当措施进行弥补。

2）对未填实的墓穴、坑洞、地道等面积不大，挖除不便时，可将桩打穿通过，并在此范围内增加桩数，或从结构上采取适当措施进行弥补。

3）夯打时造成缩径、堵塞、挤密成孔困难、孔壁坍塌等情况，可采取以下措施处理：

① 当含水量过大缩径比较严重时，可向孔内填干砂、生石灰块、碎砖渣、干水泥、粉煤灰；如含水量过小，可预先浸水，使之达到或接近最优含水量；

② 遵守成孔顺序，由外向里间隔进行（硬土由里向外）；

③ 施工中宜打一孔，填一孔，或隔几个桩位跳打夯实；

④ 合理控制桩的有效挤密范围。

5.5 质量检验

土（或灰土）挤密桩的质量及验收检验内容包括：桩孔质量、桩间土挤密效果、桩孔夯填质量和地基处理综合效果。

桩孔质量检验主要包括桩孔直径、深度和垂直度的检验。桩孔质量检验应在成孔后及时进行，所有桩孔均需检验并做出记录，检验合格或经处理后方可进行夯填施工。

桩间土挤密效果检验目的是检测桩间土的平均挤密系数 $\bar{\eta}_c$ 是否达到设计及规范、规程要求。检验方法是在相邻桩体构成的挤密单元内开挖探井，按每 1.0m 为一层，分点用 $\phi 40mm \times 40mm$ 小环刀取出原状挤密土样，测试其干密度，并计算平均挤密系数 $\bar{\eta}_c$。检测探井不应少于总桩数的 0.3%，且每项单体工程不少于 3 个。

桩孔夯填质量检验目的是检测桩身平均压实系数 $\bar{\lambda}_c$ 是否达到设计及规范、规程要求。应随机抽样检测夯后桩长范围内灰土或土的平均压实系数 $\bar{\lambda}_c$，抽检的数量不应少于桩总数的 1%，且不得少于 9 根。必要时，尚应检验消石灰与土的体积配合比。每根桩均按 1.0m 分层取样检测，检测方法包括：轻型触探检验法、小环刀深层取样法和开挖探井取样检测法。上述前两项检验法，其中对灰土桩应在桩孔夯实后 48h 内进行，二灰桩应在 36h 内进行，否则将由于灰土或二灰的胶凝强度的影响而无法进行检验。

对消除湿陷性的工程，除检测上述内容外，尚应进行现场浸水静载荷试验，试验方法应符合现行国家标准《湿陷性黄土地区建筑规范》GB 50025 的规定。

竣工验收时，土（或灰土）挤密桩复合地基的承载力检验应采用复合地基静载荷试验和单桩静载荷试验。承载力检验应在成桩后 14～28d 后进行，检测数量不应少于桩总数的 1%，且每项单体工程复合地基静载荷试验不应少于 3 点。

思考题与习题

1. 土桩和灰土桩在应用范围上有何不同。

2. 阐述土桩（或灰土桩）的加固机理。

3. 阐述土桩（或灰土桩）设计中桩间距的确定原则。

4. 阐述土桩（或灰土桩）施工的桩身质量控制标准。

5. 某湿陷性黄土地基，厚度为 6.5m，平均干密度为 $1.28t/m^3$，最大干密度为 $1.63t/m^3$。根据经验，当桩间土平均挤密系数 $\overline{\eta}_c \geqslant 0.93$ 时，可以消除湿陷性。试完成挤密桩法消除湿陷性的设计方案（桩孔直径取 300mm）。

6. 某场地湿陷性黄土厚度为 8m，需加固面积为 $200m^2$，平均干密度 $1.15t/m^3$，平均含水量为 10%，该地基土的最优含水量为 18%。现决定采用挤密灰土桩处理地基。根据《建筑地基处理技术规范》JGJ 79—2012 的要求，需在施工前对该场地进行增湿，试计算增湿土的加水量（损耗系数取 1.10）。

6 水泥粉煤灰碎石桩

6.1 概 述

水泥粉煤灰碎石桩（Cement Fly-ash Gravel Pile）简称 CFG 桩，是在碎石桩基础上加进一些石屑、粉煤灰和少量水泥，加水拌合制成的一种具有一定黏结强度的桩。这种地基加固方法吸取了振冲碎石桩和水泥搅拌桩的优点：

1. 施工工艺与普通振动沉管灌注桩一样，工艺简单，与振冲碎石桩相比，无场地污染，振动影响也较小。

2. 所用材料仅需少量水泥，便于就地取材，基础工程不会与上部结构争"三材"，这也是比水泥搅拌桩优越之处。

3. 受力特性与水泥搅拌桩类似。

它与一般碎石桩的差异，如表 6-1 所示。

碎石桩与 CFG 桩的对比 表 6-1

桩型 对比值	碎 石 桩	CFG 桩
单桩承载力	桩的承载力主要靠桩顶以下有限场地范围内桩周土的侧向约束，当桩长大于有效桩长时，增加桩长对承载力的提高作用不大。以置换率 10% 计，桩承担荷载占总荷载的百分比为 15%～30%	桩的承载力主要来自全桩长的摩阻力及桩端承载力，桩越长则承载力越高，以置换率 10% 计，桩承担荷载占总荷载的百分比为 40%～75%
复合地基承载力	加固黏性土复合地基承载力的提高幅度较小，一般为 0.5～1 倍	承载力提高幅度有较大的可调性，可提高 4 倍或更高
变形	减少地基变形的幅度较小，总的变形量较大	增加桩长可有效地减少变形，总的变形量小
三轴应力应变曲线	应力应变曲线不呈直线关系，增加围压，破坏主应力差增大	应力应变曲线呈直线关系，围压对应力应变曲线没有多大影响
适用范围	多层建筑物地基	多层和高层建筑物

CFG 桩复合地基于 1988 年提出并用于工程实践，首先选用的是振动沉管 CFG 桩施工工艺，该工艺属于挤土成桩施工工艺，主要适用于黏性土、粉土、淤泥质土、人工填土及松散砂土等地质条件，尤其适用于松散的粉土、粉细砂的加固。它具有施工操作简便、施工费用较低、对桩间土的挤密效应显著等优点，但也有一些缺点，如难以穿透硬土层、振动及噪声污染严重、对邻近建筑物有不良影响、在饱和软黏土中容易断桩。为了避免这些缺点，后来开发并使用了一些非挤土成桩施工工艺，如长螺旋钻孔灌注成桩工艺、长螺旋钻管内泵压成桩工艺、泥浆护壁钻孔灌注成桩、人工或机械洛阳铲成孔灌注成桩。CFG 桩施工工艺和设备，需要考虑场地土质、地下水位、施工现场周边环境以及当地施工设备等具体情况综合分析确定。

水泥粉煤灰碎石桩复合地基适用于处理黏性土、粉土、砂土和自重固结已完成的素填土地基。对淤泥质土应按地区经验或通过现场试验确定其适用性。

6.2 加 固 机 理

CFG 桩加固软弱地基，桩和桩间土一起通过褥垫层形成 CFG 桩复合地基。此处的褥垫层不是基础施工时通常做的 100mm 厚的素混凝土垫层，而是由粒状材料组成的散体垫层。由于 CFG 桩系高黏结强度桩，褥垫层是桩和桩间土形成复合地基的必要条件，亦即褥垫层是 CFG 桩复合地基不可缺少的一部分。

其加固软弱地基主要有三种作用：

(1) 桩体作用；

(2) 挤密作用；

(3) 褥垫层作用。

1. 桩体作用

CFG 桩不同于碎石桩，是具有一定黏结强度的混合料。在荷载作用下 CFG 桩的压缩性明显比其周围软土小，因此基础传给复合地基的附加应力随地基的变形逐渐集中到桩体上，出现应力集中现象，复合地基的 CFG 桩起到了桩体作用。据南京造纸厂复合地基载荷试验结果，在无褥垫层情况下，CFG 桩单桩复合地基的桩体应力比 $n=24.3\sim29.4$；四桩复合地基桩土应力比 $n=31.4\sim35.2$；而碎石桩复合地基的桩土应力比 $n=2.2\sim2.4$，可见 CFG 桩复合地基的桩土应力比明显大于碎石桩复合地基的桩土应力比，亦即其桩体作用显著。

2. 挤密作用

若 CFG 桩采用振动沉管法施工，由于振动和挤压作用使桩间土得到挤密。南京造纸厂地基采用 CFG 桩加固，加固前后取土进行物理力学指标试验，由表 6-2 可见，经加固后地基土的含水量、孔隙比、压缩系数均有所减小；重度、压缩模量均有所增加，说明经加固后桩间土已挤密。

加固前后土的物理力学指标对比   表 6-2

类别	土层名称	含水量 (%)	重 度 (kN/m³)	干密度 (t/m³)	孔隙比	压缩系数 (MPa⁻¹)	压缩模量 (MPa)
加固前	淤泥质粉质黏土	41.8	17.8	1.25	1.178	0.80	3.00
	粉土	37.8	18.1	1.32	1.069	0.37	4.00
加固后	淤泥质粉质黏土	36.0	18.4	1.35	1.010	0.60	3.11
	粉土	25.0	19.8	1.58	0.710	0.18	9.27

3. 褥垫层作用

由级配砂石、粗砂、碎石等散体材料组成的褥垫，在复合地基中有如下几种作用：

(1) 保证桩、土共同承担荷载

褥垫层的设置为 CFG 桩复合地基在受荷后提供了桩上、下刺入的条件，即使桩端落在好土层上，至少可以提供上刺入条件，以保证桩间土始终参与工作。

（2）减少基础底面的应力集中

在基础底面处桩顶对应 σ_p 与桩间土应力 σ_s 之比随褥垫层厚度的变化如图 6-1 所示。当褥垫层厚度大于 100mm 时，桩对基础产生的应力集中已显著降低。当褥垫层的厚度为 300mm 时，σ_p/σ_s 只有 1.23。

（3）褥垫厚度可以调整桩土荷载分担比

表 6-3 表示 6 桩复合地基测得的 $P_p/P_{总}$ 值随荷载水平和褥垫厚度的变化。由表可见，荷载一定时，褥垫越厚，土承担的荷载越多。荷载水平越高，桩承担的荷载占总荷载的百分比越大。

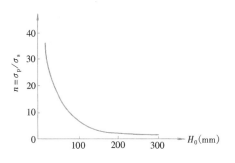

图 6-1　σ_p/σ_s 与褥垫厚度关系曲线

桩承担荷载占总荷载百分比　　　　　　　　表 6-3

荷载(kPa)	垫层厚度(mm) $P_p/P_{总}$(%)	20	100	300	备注
20		65	27	14	长 2.25m
60		72	32	26	桩径 160mm
100		75	39	38	荷载板：1.05m×1.05m

（4）褥垫层厚度可以调整桩、土水平荷载分担比

图 6-2 表示基础承受水平荷载时，不同褥垫厚度、桩顶水平位移 U_p 和水平荷载 Q 的关系曲线，褥垫厚度越大，桩顶水平位移越小，即桩顶受的水平荷载越小。

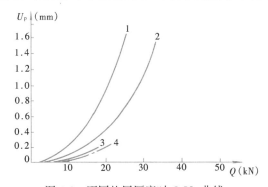

图 6-2　不同垫层厚度时 Q-U_p 曲线

1—垫层厚 20mm；2—垫层厚 100mm；3—垫层厚 200mm；4—垫层厚 300mm

6.3　设 计 计 算

6.3.1　工作原理

当 CFG 桩桩体强度较高时，具有刚性桩的性状，但在承担水平荷载方面与传统的桩基有明显的区别。桩在桩基中可承受垂直荷载也可承受水平荷载，它传递水平荷载的能力远远小于传递垂直荷载的能力。而 CFG 桩复合地基通过褥垫层把桩和承台（基础）断开，

改变了过分依赖桩承担垂直荷载和水平荷载的传统设计思想。

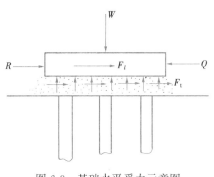

图 6-3　基础水平受力示意图

如图 6-3 所示的独立基础，当基础承受水平荷载 Q 时有三部分力与 Q 平衡。其一基础底面摩阻力 F_t；其二基础两侧面摩阻力 F_l；其三为与水平荷载 Q 方向相反的土的抗力 R。F_t 和基底与褥垫层之间的摩擦系数 μ 以及建筑物重量 W 有关，W 数值越大则 F_t 越大。基底摩阻力 F_t 传递到桩和桩间土上，桩顶应力为 τ_p、桩间土应力为 τ_s。由于 CFG 桩复合地基置换率一般不大于 10%，则有不低于 90% 的基底面积的桩间土，承担了绝大部分水平荷载，而桩承担的水平荷载则占很小一部分。根据试验结果，桩、土剪应力比随褥垫层厚度增大而减少。设计时可通过改变褥垫层厚度调整桩、土水平荷载分担比。

对于垂直荷载的传递，如何在桩基中发挥桩间土的承载能力是大家都在探索的课题。大桩距布桩的"疏桩理论"就是为调动桩间土承载能力而形成的新的设计思想。传统桩基中，只提供了桩可能向下刺入变形的条件，而 CFG 桩复合地基通过褥垫与基础联结，并有上下双向刺入变形模式，保证桩间土始终参与工作。因此垂直承载力设计首先是将土的承载能力充分发挥，不足部分由 CFG 桩来承担。显然，与传统的桩基设计思想相比，桩的数量可以大大减少。

需要特别指出的是：CFG 桩不只是用于加固软弱的地基，对于较好的地基土，若建筑物荷载较大，天然地基承载力不够，就可以用 CFG 桩来补足。如德州医药管理局三栋 17 层住宅楼，天然地基承载力 110kPa，设计要求 320kPa，利用 CFG 桩复合地基，其中有 210kPa 以上的荷载由桩来承担。

6.3.2　设计参数

1. 桩径

长螺旋钻中心压灌、干成孔和振动沉管成桩宜为 350～600mm；泥浆护壁钻孔素混凝土成桩宜为 600～800mm。

2. 桩距

桩距应根据设计要求的复合地基承载力、建筑物控制沉降量、土性、施工工艺等综合考虑确定。

设计的桩距首先要满足承载力和变形量的要求。从施工角度考虑，尽量选用较大的桩距，以防止新打桩对已打桩的不良影响。

施工工艺可分为两大类：一是对桩间土产生扰动或挤密的施工工艺，如振动沉管打桩机成孔制桩，属挤土成桩工艺。二是对桩间土不产生扰动或挤密的施工工艺，如对长螺旋钻灌注成桩，属非挤土（或部分挤土）成桩工艺。

对挤密性好的土，如砂土、粉土和松散填土等，桩距可取得较小；对单、双排布桩的条形基础和面积不大的独立基础等，桩距可取得较小，反之，满堂布桩的筏形基础、箱形基础以及多排布桩的条形基础、设备基础等，桩距应适当放大；对不可挤密土和挤土成桩工艺宜采用较大的桩距；地下水位高、地下水丰富的建筑场地，桩距也应适当放大。

在满足承载力和变形要求的前提下，可以通过调整桩长来调整桩距。采用长螺旋钻灌注成桩和振动沉管成桩工艺施工时，箱形基础、筏形基础和独立基础，桩距宜取 3～5 倍桩径；墙下条基单排布桩桩距可适当加大，宜取 3～6 倍桩径。桩长范围内有饱和粉土、粉细砂、淤泥、淤泥质土层，为防止施工发生窜孔、缩颈、断桩，减少新打桩对已打桩的不良影响，宜采用较大桩距。

初步设计时也可按表 6-4 选用。

CFG 桩桩距选用参考值   表 6-4

桩距 土质 布桩形式	挤密性好的土，如砂土、粉土、松散填土等	可挤密性土，如粉质黏土、非饱和黏土等	不可挤密性土，如饱和黏土、淤泥质土等
单、双排布桩的条基	(3～5) d	(3.5～5) d	(4～5) d
含 9 根以下的独立基础	(3～6) d	(3.5～6) d	(4～6) d
满堂布桩	(4～6) d	(4～6) d	(4.5～7) d

注：d——桩径，以成桩后的实际桩径为准。

3. 褥垫层

褥垫层厚度一般取 150～300mm 为宜（或 0.4～0.6 倍桩径），当桩径和桩距过大时，褥垫层厚度宜取高值。褥垫材料宜采用中砂、粗砂、级配砂石和碎石等，最大粒径不宜大于 30mm。

4. 布桩范围

水泥粉煤灰碎石桩宜在基础范围内布桩，并可根据建筑物荷载分布、基础形式、地基土性状，合理确定布桩参数：

（1）内筒外框结构内筒部位可采用减少桩距、增大桩长或桩径布桩；

（2）对相邻柱荷载水平相差较大的独立基础，应按变形控制确定桩长和桩距；

（3）筏板厚度与跨距之比小于 1/6 的筏板基础、梁的高跨比大于 1/6 以及板的厚跨比（筏板厚度与梁的中心距之比）小于 1/6 的梁板式基础，应在柱（平板式筏基）和梁（梁板式筏基）边缘每边外扩 2.5 倍板厚的面积范围内布桩；

（4）对荷载水平不高的墙下条形基础可采用墙下单排布桩。

5. 桩长

水泥粉煤灰碎石桩桩长应根据 CFG 桩复合地基的承载力和变形计算确定，应选择承载力和压缩模量相对较高的土层作为桩端持力层。

6.3.3 复合地基承载力

水泥粉煤灰碎石桩复合地基承载力特征值，应通过现场复合地基载荷试验确定，初步设计时也可按下式估算：

$$f_{spk} = \lambda m \frac{R_a}{A_p} + \beta (1-m) f_{sk} \tag{6-1}$$

式中　λ——单桩承载力发挥系数，可按地区经验取值，如无经验时可取 0.8～0.9；

　f_{spk}——复合地基承载力特征值（kPa）；

　m——面积置换率；

　R_a——单桩竖向承载力特征值（kN）；

A_p——桩的截面积（m²）；

β——桩间土承载力发挥系数，宜按地区经验取值，如无经验时可取 0.9～1.0，天然基承载力较高时取大值；

f_{sk}——处理后桩间土承载力特征值（kPa），宜按当地经验取值；对非挤土成桩工艺，可取天然地基承载力特征值；对挤土成桩工艺，一般黏性土可取天然地基承载力特征值；松散砂土、粉土可取天然地基承载力特征值的 1.2～1.5 倍，原土强度低的取大值。

单桩竖向承载力特征值 R_a 的取值，应符合下列规定：

（1）当采用单桩载荷试验时，应将单桩竖向极限承载力除以安全系数 2；

（2）当无单桩载荷试验资料时，可按下式估算：

$$R_a = u_p \sum_{i=1}^{n} q_{si} l_{pi} + \alpha_p q_p A_p \tag{6-2}$$

式中　u_p——桩的周长（m）；

　　　n——桩长范围内所划分的土层数；

q_{si}、q_p——桩周第 i 层土的侧阻力、桩端端阻力特征值（kPa），可按现行国家标准《建筑地基基础设计规范》GB 50007—2011 有关规定确定；

　　　l_{pi}——第 i 层土的厚度（m）；

　　　α_p——桩端端阻力发挥系数，取 1.0。

桩体试块抗压强度平均值应满足下列要求：

$$f_{cu} \geqslant 4 \frac{\lambda R_a}{A_p} \tag{6-3}$$

当复合地基承载力进行基础埋深的深度修正时，增强体桩身强度应满足式（6-4）的要求：

$$f_{cu} \geqslant 4 \frac{\lambda R_a}{A_p} \left[1 + \frac{\gamma_m (d - 0.5)}{f_{spa}} \right] \tag{6-4}$$

式中　f_{cu}——桩体混合料试块（边长 150mm 立方体）标准养护 28d 立方体抗压强度平均值（kPa）；

　　　γ_m——基础底面以上土的加权平均重度（kN/m³），地下水位以下取浮重度；

　　　d——基础埋置深度（m）；

　　　f_{spa}——深度修正后的复合地基承载力特征值（kPa）。

6.3.4　复合地基变形

一般情况 CFG 桩复合地基变形有三部分组成。其一为加固深度范围内土的压缩变形 s_1，其二为下卧层变形 s_2，其三为褥垫层变形 s_3。由于 s_3 数量很小可以忽略不计。

复合地基变形计算，应符合现行国家标准《建筑地基基础设计规范》GB 50007—2011 的有关规定，地基变形计算深度应大于复合土层的深度。当复合土层的分层与天然地基相同时，各复合土层的压缩模量等于该层天然地基压缩模量的 ζ 倍，ζ 值可按下式确定：

$$\zeta = \frac{f_{spk}}{f_{ak}} \tag{6-5}$$

式中 f_{ak}——基础底面下天然地基承载力特征值（kPa）。

复合地基的变形计算经验系数 ψ_s 可根据地区沉降观测资料统计值确定，无经验取值时，可采用表 6-5 的数值。

复合地基变形计算经验系数ψ_s 表 6-5

$\overline{E}_s(MPa)$	4.0	7.0	15.0	20.0	35.0
ψ_s	1.0	0.7	0.4	0.25	0.2

注：$\overline{E}_s$ 为变形计算深度范围内压缩模量的当量值，应按下式计算：

$$\overline{E}_s = \frac{\sum_{i=1}^{n} A_i + \sum_{j=1}^{m} A_j}{\sum_{i=1}^{n} \dfrac{A_i}{E_{spi}} + \sum_{j=1}^{m} \dfrac{A_j}{E_{sj}}} \tag{6-6}$$

式中：A_i——加固土层第 i 层土附加应力系数沿土层厚度的积分值；

A_j——加固土层下第 j 层土附加应力系数沿土层厚度的积分值。

6.4 施 工 方 法

水泥粉煤灰碎石桩的施工，应根据现场条件选用下列施工工艺：

（1）长螺旋钻孔灌注成桩：适用于地下水位以上的黏性土、粉土、素填土、中等密实以上的砂土地基；

（2）长螺旋钻中心压灌成桩：适用于黏性土、粉土、砂土和素填土地基，对噪声或泥浆污染要求严格的场地应优先选用；穿越卵石夹层时应通过试验确定适用性；

（3）振动沉管灌注成桩：适用于粉土、黏性土及素填土地基；

（4）泥浆护壁成孔灌注成桩：适用于地下水位以下的黏性土、粉土、砂土、填土、碎石土及风化岩层等地基，以及桩长范围和桩端有承压水的土层条件。

长螺旋钻管内泵压 CFG 桩施工设备包括长螺旋钻机、混凝土泵和强制式混凝土搅拌机（见图 6-4）。其中长螺旋钻机是该工艺设备的核心部分，目前长螺旋钻机根据其成孔深度分为 12m、16m、18m、24m 和 30m 等机型，施工前应根据设计桩长确定施工所采用的设备。其施工工序为：钻机就位、混合料搅拌、钻进成孔、灌注及拔管、移机。

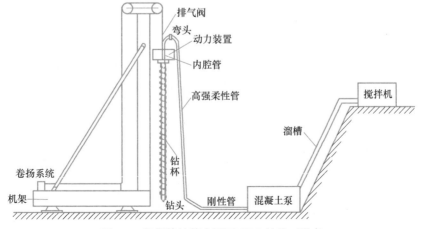

图 6-4 长螺旋钻管内泵压 CFG 桩施工设备

振动沉管灌注成桩法采用的设备为振动沉管机，管端采用混凝土桩尖或活瓣桩尖（见图 6-5）。其施工工序为：设备组装、桩基就位、沉管到预定标高、停机后管内投料、留振、拔管和封顶。

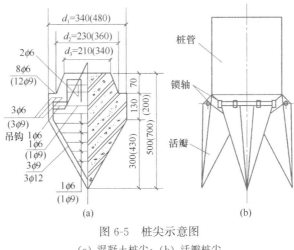

图 6-5 桩尖示意图
(a) 混凝土桩尖；(b) 活瓣桩尖

长螺旋钻孔、管内泵压混合料灌注成桩施工和振动沉管灌注成桩施工除应执行国家现行有关规定外，尚应符合下列要求：

（1）施工前应按设计要求由试验室进行配合比试验，施工时按配合比配制混合料。长螺旋钻孔、管内泵压混合料成桩施工的坍落度宜为 160～200mm，振动沉管灌注成桩施工的坍落度宜为 30～50mm，振动沉管灌注成桩后桩顶浮浆厚度不宜超过 200mm。

（2）长螺旋钻孔、管内泵压混合料成桩施工在钻至设计深度后，应准确掌握提拔钻杆时间，混合料泵送量应与拔管速度相配合，遇到饱和砂土或饱和粉土层，不得停泵待料；沉管灌注成桩施工拔管速度应按匀速控制，拔管速度应控制在 1.2～1.5m/min，如遇淤泥或淤泥质土，拔管速度应适当放慢。

（3）施工桩顶标高宜高出设计桩顶标高不少于 0.5m。

（4）成桩过程中，抽样做混合料试块，每台机械一天应做一组（3 块）试块（边长为 150mm 的立方体），标准养护，测定其立方体抗压强度。

（5）褥垫层铺设宜采用静力压实法，当基础底面下桩间土的含水量较小时，也可采用动力夯实法，夯填度（夯实后的褥垫层厚度与虚铺厚度的比值）不得大于 0.9。

（6）施工垂直度偏差不应大于 1%；对满堂布桩基础，桩位偏差不应大于 0.4 倍桩径；对条形基础，桩位偏差不应大于 0.25 倍桩径，对单排桩桩位偏差不应大于 60mm。

（7）在软土中，桩距较大可采用隔桩跳打；在饱和的松散粉土中施打，如桩距较小，不宜采用隔桩跳打方案；满堂布桩，无论桩距大小，均不宜从四周向内推进施工。施打新桩时与已打桩间隔时间不应少于 7d。

（8）保护桩长。所谓保护桩长是指成桩时预先设定加长的一段桩长，基础施工时将其剔掉。保护桩长越长，桩的施工质量越容易控制，但浪费的料也越多。设计桩顶标高离地表距离不大于 1.5m 时，保护桩长可取 500～700mm，上部用土封顶。桩顶标高离地表距离较大时，保护桩长可设置 700～1000mm，上部用粒状材料封顶直到地表。

（9）桩头处理。CFG桩施工完毕待桩体达到一定强度（一般为7d左右），方可进行基槽开挖。在基槽开挖中，如果设计桩顶标高距地面不深（一般不大于1.5m），宜考虑采用人工开挖，不仅可防止对桩体和桩间土产生不良影响，而且经济可行；如果基槽开挖较深，开挖面积大，采用人工开挖不经济，可考虑采用机械和人工联合开挖，但人工开挖留置厚度一般不宜小于700mm。桩头凿平，并适当高出桩间土10～20mm。

泥浆护壁成孔灌注成桩施工，应符合现行国家行业标准《建筑桩基技术规范》JGJ 94的规定。

6.5 质 量 检 验

水泥粉煤灰碎石桩施工质量检验应检查施工记录、混合料坍落度、桩数、桩位偏差、褥垫层厚度、夯填度和桩体试块抗压强度等。

竣工验收时，水泥粉煤灰碎石桩复合地基承载力检验应采用复合地基静载荷试验和单桩静载荷试验。

承载力检验宜在施工结束28d后进行，其桩身强度应满足试验荷载条件；复合地基静载荷试验和单桩静载荷试验的数量不宜少于总桩数的1%，且每个单体工程的复合地基静载荷试验的试验数量不应少于3点。

采用低应变动力试验检测桩身完整性，检查数量不低于总桩数的10%。

思考题与习题

1. 阐述水泥粉煤灰碎石桩与碎石桩的区别。
2. 阐述褥垫层在水泥粉煤灰碎石桩复合地基的主要作用。
3. 阐述水泥粉煤灰碎石桩的承载力计算方法，分析其与碎石桩承载力计算方法不同的原因。
4. 阐述水泥粉煤灰碎石桩常用施工方法及其适用地质条件。
5. 某住宅楼采用条形基础，埋深1.5m，设计要求地基承载力特征值为180kPa。场地土由6层土组成：第一层填土，厚度1.0m，侧摩阻力特征值为16kPa；第二层淤泥质黏土，厚度3.0m，侧摩阻力特征值为6kPa，承载力特征值为60kPa；第三层黏土，厚度1.0m，侧摩阻力特征值为13kPa；第四层淤泥质黏土，厚度8.0m，侧摩阻力特征值为6kPa；第五层淤泥质黏土夹粉土，厚度5.0m，侧摩阻力特征值为8kPa；第六层黏土，未穿透，侧摩阻力特征值为33kPa，端阻力特征值为1000kPa。拟采用CFG桩复合地基，试完成该地基处理方案设计（桩径取500mm）。

7 排水固结

7.1 概 述

排水固结法亦称预压法（Preloading Method），是对地下水位以下的天然地基或设置有砂井（袋装砂井或塑料排水带）等竖向排水体的地基，通过加载系统在地基土中产生水头差，使土体中的孔隙水排出，逐渐固结，地基发生沉降，同时强度逐步提高的方法。该法常用于解决软黏土地基的沉降和稳定问题，可使地基的沉降在加载预压期间基本完成或大部分完成，使建筑物或构筑物在使用期间不致产生过大的沉降和沉降差。同时，可增加地基土的抗剪强度，从而提高地基的承载力和稳定性。

实际上，排水固结法是由排水系统、加压系统和监测系统三部分共同组合而成的。排水系统和加压系统的类型如下：

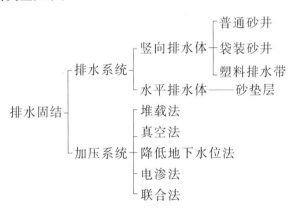

排水系统主要在于改变地基原有的排水边界条件，增加孔隙水排出的途径，缩短排水距离。该系统是由水平排水垫层和竖向排水体构成的。当软土层较薄，或土的渗透性较好而施工期允许较长，可仅在地面铺设一定厚度的砂垫层，然后加载。当工程上遇到透水性很差的深厚软土层时，可在地基中设置砂井和塑料排水带等竖向排水体，地面连以排水砂垫层，构成排水系统，加快土体固结。

加压系统的目的是在地基土中产生水力梯度，从而使地基土中的自由水排出而孔隙比减小。加压系统主要包括堆载法、真空法、降低地下水位法、电渗法和联合法。对于一些特殊工程，可以采用建筑物或构筑物的自重作为堆载预压法的堆载材料，如高路堤软基处理中可以采用路堤自重作为堆载，油罐软基处理可在油罐中注水作为堆载。堆载预压法中的荷载通常需要根据地基承载力的增长分级施加，科学控制加载速率以免产生地基失稳。而对于真空法、降低地下水位法、电渗法，由于未在地基表面堆载，也就不需要控制加载速率。当单一方法效果不足时，也可采用联合加载的方法，如堆载联合真空预压法、堆载联合降水预压法。

监测系统是在排水预压地基处理施工过程中，为了了解地基中固结度的实际发生情况、更加准确地预估最终沉降和及时调整设计方案，而进行的一系列现场观测。由于地基条件的复杂性以及计算参数的不确定性，往往计算结果与实测结果有差异，必须通过监测系统实测地基在受压过程中的排水固结效果，保证加固效果、工期和工程安全。另外，现场监测也是控制堆载速率非常重要的手段，可以避免工程事故的发生。因此，现场监测不仅是发展理论和评价处理效果的依据，同时也可及时防止因设计和施工不完善而引起的意外工程事故，实现动态控制与设计和信息化施工。

排水系统是一种手段，如没有加压系统，孔隙中的水没有压力差就不会自然排出，地基也就得不到加固。如果只增加固结压力，不缩短土层的排水距离，则不能在预压期间尽快地完成设计所要求的沉降量，强度不能及时提高，加载也不能顺利进行。监测系统是对设计提出的加压计划和排水效果的现场验证。所以上述三个系统，在设计时总是联系起来考虑的。

排水固结法适用于处理淤泥质土、淤泥、冲填土等饱和黏性土地基。砂井法特别适用于存在连续薄砂层的地基。真空预压适用于处理以黏性土为主的软弱地基。当存在粉土、砂土等透水、透气层时，加固区周边应采取确保膜下真空压力满足设计要求的密封措施；对塑性指数大于 25 且含水量大于 85% 的淤泥，应通过现场试验确定其适用性；加固土层上覆盖有厚度大于 5m 以上的回填土或承载力较高的黏性土层时，不宜采用真空预压处理。降低地下水位法、真空预压法和电渗法由于不增加剪应力，地基不会产生剪切破坏，所以它适用于很软弱的黏土地基。

排水固结法一般根据预压目的选择加压方法：如果预压是为了减小建筑物的沉降，则应采用预先堆载加压，使地基沉降产生在建筑物建造之前；若预压的目的主要是增加地基强度，则可用自重加压，即放慢施工速度或增加土的排水速率，使地基强度增长与建筑物荷重的增加相适应。

7.2 加 固 机 理

无论采用何种加压方式，排水固结法的最终目的都是使地基土中孔隙水排出，有效应力逐渐提高，孔隙比减小，从而达到减小沉降、增加地基土强度的目的。

排水固结法减小沉降、增加承载力的机理如图 7-1 所示。假设地基中的某一点竖向固结压力为 σ_0'，天然孔隙比为 e_0，即处于 a 点状态。当压力增加 $\Delta\sigma'$，固结终了时达到 c 点状态，孔隙比相应减少量为 Δe，曲线 abc 称为压缩曲线。与此同时，抗剪强度与固结压力呈比例地由 a 点提高到 c 点。所以，土体在受压固结时，一方面孔隙比减少产生压缩，另一方面抗剪强度也得到提高。如从 c 点卸除压力 $\Delta\sigma'$，则土样沿 cef 回弹曲线回弹至 f 点状态。由于回弹曲线在压缩曲线的下方，因此卸载回弹后该位置土体虽然与初始状态具有相同的竖向固结压力为 σ_0'，但孔隙比已减小。从强度曲线上可以看出，强度也有一定程度增长。

经过上述过程后，地基土处于超固结状态。如从 f 点施加相同的加载量 $\Delta\sigma'$，土沿虚线 fgc' 发生再压缩至 c' 点，此间孔隙比减少值为 $\Delta e'$，$\Delta e'$ 比 Δe 小得多。因此可以看出，经过预压处理后，建筑物所引起的沉降即可大大减小。如果预压荷载大于建筑物荷载，即所谓超载预压，则效果更好。

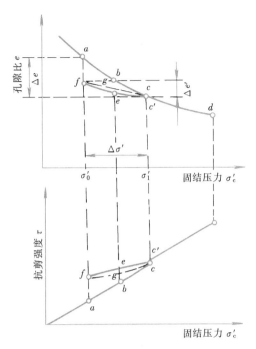

图 7-1 排水固结法减小沉降、
增加承载力的机理

综上所述，排水固结法就是通过不同加压方式进行预压，使原来正常固结黏土层变为超固结土，而超固结土与正常固结土相比具有压缩性小和强度高的特点，从而达到减小沉降和提高承载力的目的。

当然，上述过程是逐渐发生的，土体固结的发生需要一定的时间。排水效果越好，地基处理所需要的时间就越小，效率就越高。地基土层的排水固结效果与它的排水边界有关。根据固结理论，在达到同一固结度时，固结所需的时间与排水距离的长短平方呈正比。如图 7-2（a）所示，软黏土层越厚，一维固结所需的时间越长。如果淤泥质土层厚度大于 $10\sim20\mathrm{m}$，要达到较大固结度 $U>80\%$，所需的时间要几年至几十年之久。为了加速固结，最为有效的方法是在天然土层中增加排水途径，缩短排水距离，

在天然地基中设置竖向排水体，如图 7-2（b）所示。这时土层中的孔隙水主要通过砂井和部分从竖向排出，所以砂井（袋装砂井或塑料排水带）的作用就是增加排水条件。为此，缩短了预压工程的预压期，在短期内达到较好的固结效果，使沉降提前完成；加速地基土强度的增长，使地基承载力提高的速率始终大于施工荷载的速率，以保证地基的稳定性，这一点无论从理论和实践上都得到了证实。

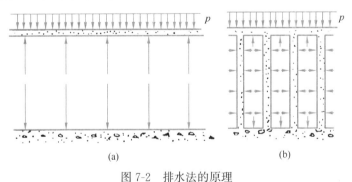

(a)   (b)

图 7-2 排水法的原理

（a）竖向排水情况；（b）砂井地基排水情况

7.2.1 堆载预压法原理

堆载预压法是用填土等加荷对地基进行预压，是通过增加总应力 σ，并使孔隙水压力 u 消散来增加有效应力 σ' 的方法。堆载预压是在地基中形成超静水压力的条件下排水固结，称为正压固结。

堆载预压，根据土质情况分为单级加荷或多级加荷；根据堆载材料分为自重预压、加

荷预压和加水预压。堆载一般用填土、碎石等散粒材料；油罐通常用充水对地基进行预压。对堤坝等以稳定为控制的工程，则以其本身的重量有控制地分级逐级加载，直至设计标高；有时也采用超载预压的方法来减少堤坝使用期间的沉降。

7.2.2 真空预压法原理

真空预压法（Vacuum Preloading）是在需要加固的软土地基表面先铺设砂垫层，然后埋设垂直排水管道，再用不透气的封闭膜使其与大气隔绝，薄膜四周埋入土中，通过砂垫层内埋设的吸水管道，用真空装置进行抽气，使其形成真空，增加地基的有效应力，如图 7-3 所示。

真空预压法最早是瑞典皇家地质学院 W. Kjellman 教授于 1952 年提出的，随后有关国家相继进行了探索和研究，但因密封问题未能很好解决，又未研究出合适的真空装置，故不易获得和保持所需的真空度，因此未能很好地用于实际工程，同时在加固机理也进展甚少。我国于 20 世纪 50 年代末 60 年代初对该法进行过研究，也因同样的原因未能解决工程问题，所以就一直被搁置起来。由于港口发展，沿海的大量软基必须在短期内加固，因而在 1980 年起开展了真空预压法的研究，1985 年通过国家鉴定，在真空度和大面积加固方面处于国际领先地位。其膜下真空度达 $610 \sim 730 \mathrm{mmHg}$，相当于 $80 \sim 95 \mathrm{kPa}$ 的等效荷载，历时 $40 \sim 70 \mathrm{d}$，固结度达 80%，承载力提高到 3 倍，单块薄膜面积超过 $30000 \mathrm{m}^2$，已在沿海地区大面积场地形成工程中广泛应用，取得了满意效果。

为了满足某些使用荷载大、承载力要求高的建筑物的需要，1983 年开展了真空－堆载联合预压法的研究，开发了一套先进的工艺和优良的设备，并从理论和实践方面论证了真空和堆载的加固效果是可叠加的，在沿海地区软土地基上广泛应用，取得了良好效果。该法已多次在国际会议上介绍，国外同行给予很高的评价，认为中国在这方面创造了奇迹。

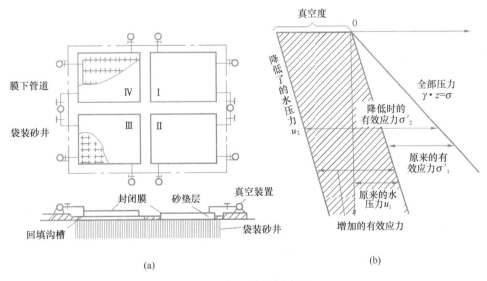

图 7-3　真空预压的原理

真空预压的原理主要反映在以下几个方面：

1. 薄膜上面承受等于薄膜内外压差的荷载

在抽气前，薄膜内外都承受一个大气压 p_a。抽气后薄膜内气压逐渐下降，首先砂垫层，其次砂井中的气压降至 p_v，故使薄膜紧贴砂垫层。由于土体与砂垫层和砂井间的压差，发生渗流，使土中的孔隙水压力不断降低，有效应力不断增加，从而促使土体固结。土体和砂井间的压差，开始时为 $p_a - p_v$，随着抽气时间的增长，压差逐渐变小，最终趋向于零，此时渗流停止，土体固结完成。

2. 地下水位降低，相应增加附加应力

抽气前，地下水位离地面 H_1，抽气后土体中水位降至 H_2，亦即下降了 $H_2 - H_1$，在此范围内的土体便从浮重度变为湿重度，此时土骨架增加了大约水高 $H_2 - H_1$ 的固结压力。

3. 封闭气泡排出，土的渗透性加大

如饱和土体中含有少量封闭气泡，在正压作用下，该气泡堵塞孔隙，使土的渗透降低，固结过程减慢。但在真空吸力下，封闭气泡被吸出，从而使土体的渗透性提高，固结过程加速。

堆载预压法和真空预压法加固原理对比如下：

1. 加载方式

堆载预压法采用堆重，如土、水或建筑物自重；真空预压法则通过真空泵、真空管、密封膜来提供稳定负压。

2. 地基土中总应力

堆载预压过程中地基土中总应力是增加的，是正压固结；真空预压过程中地基土中总应力不变，是负压固结。

3. 排水系统中水压力

堆载预压过程中排水系统中的水压力接近静水压力；真空预压过程中排水系统中的水压力小于静水压力。

4. 地基土中水压力

堆载预压过程中地基土中水压力由超孔压逐渐消散至静水压力；真空预压过程中地基土中水压力是由静水压力逐渐消散至一稳定负压。

5. 地基土水流特征

堆载预压过程中地基土中水由加固区向四周流动，相当于"挤水"过程；真空预压过程中地基土中水由四周向加固区流动，相当于"吸水"过程。

6. 加载速率

堆载预压法需要严格控制加载，地基有可能失稳；真空预压法不需要控制加载速率，地基不可能失稳。

7.2.3 真空-堆载联合预压法原理

真空和堆载联合预压加固，二者的加固效果可以叠加，符合有效应力原理，并经工程试验验证。真空预压是逐渐降低土体的孔隙水压力，不增加总应力条件下增加土体有效应力；而堆载预压是增加土体总应力和孔隙水压力，并随着孔隙水压力的逐渐消散而使有效应力逐渐增加。当采用真空-堆载联合预压时，既抽真空降低孔隙水压力，又通过堆载增加总应力。开始时抽真空使土中孔隙水压力降低有效应力增大，经不长时间（7～10d）在土体保持稳定的情况下堆载，使土体产生正孔隙水压力，并与抽真空产生的负孔隙水压力叠加。正负孔隙水压力的叠加，转化的有效应力为消散的正、负孔隙水压力绝对值之和。

7.2.4　降低地下水位法原理

降低地下水位法是指利用井点抽水降低地下水位以增加土的自重应力，达到预压加固的目的。众所周知，降低地下水位能使土的性质得到改善，使地基发生附加沉降。降低地基中的地下水位，使地基中的软土承受了相当于地下水位下降高度水柱的重量而固结。这种增加有效应力的方法，示于图 7-4 中。

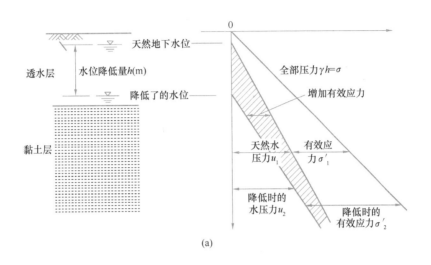

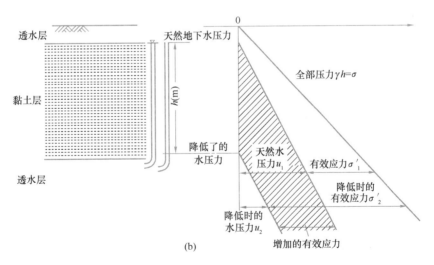

图 7-4　降低地下水位和增加有效应力的关系
(a) 天然面地下水；(b) 有压地下水

降低地下水位法最适用于砂性土或在软黏土层中存在砂或者粉土的情况。对于深厚的软黏土层，为加速其固结，往往设置砂井并采用井点法降低地下水位。当用真空装置降水时，地下水位能降 5～6m。需要更深的降水时，则需要高扬程的井点法。

降水方法的选用与土层的渗透性关系很大，见表 7-1。

各类井点的适用范围   表 7-1

各类井点	土层渗透系数（m/d）	降低水位深度（m）
单层轻型井点	0.1～50	3～6
多层轻型井点	0.1～50	6～12
喷射井点	0.1～2	8～20
电渗井点	<0.1	根据选用的井点确定
管井井点	20～200	3～15
深井井点	10～250	>15

在选用降水方法时，还要根据多种因素如地基土类型、透水层位置、厚度、水的补给源、井点布置形状、水位降深、粉粒及黏土的含量等进行综合判断而后选定。

井点降水的计算可参照有关理论进行，但实际上影响因素很多，仅仅采用经过简化的图式进行计算是难以求出可靠结果的，因此计算必须和经验密切结合起来。

7.2.5 电渗法原理

在土中插入金属电极并通以直流电，由于直流电场作用，土中水分从阳极流向阴极，这种现象称为电渗。如将水在阴极排除而在阳极不予补充的情况下土就会固结，引起土层压缩。

40 余年来，电渗已作为一种实用的加固技术用于改进软弱细粒土的强度和变形性质。如 Casagrande（1961 年）曾叙述过一个用电渗来加固加拿大 Pic 河的松软饱和土的例子，边坡最小处理深度 12m，电极最大间距 3m，电压为 100V，相当于电压梯度 33.3V/m。3 个月后土的平均含水量约减少 4%，地下水位在坡顶处降低 10m，坡趾处降低 15m。

电渗施工时，水的流动速率随时间减小，当阳极相对于阴极的孔隙水压力降低所引起的水力梯度（导致水由阴极流向阳极）恰好同电场所产生的水力梯度（导致水由阳极流向阴极）相平衡时，水流便停止。在这种情况下，有效应力比加固前增加一个 $\Delta\sigma'$ 值：

$$\Delta\sigma' = \frac{k_e}{k_h}\gamma_w \cdot V \tag{7-1}$$

式中　k_e——电渗渗透系数，其值约为 8.64×10^{-6}～8.64×10^{-4} m^2/（d·V），典型值约为 4.32×10^{-4} m^2/（d·V）；

k_h——水的渗导性（m/d）；

γ_w——水的重度（kN/m^3）；

V——电压（V）。

土层的压缩量为：

$$s_c = \sum_{i=1}^{n} m_{Vi} \cdot \Delta\sigma'_{Vi} \cdot h_i \tag{7-2}$$

式中　m_{Vi}——第 i 土层体积压缩系数（MPa^{-1}）；

$\Delta\sigma'_{Vi}$——第 i 土层的平均有效竖向应力增量（kPa）；

h_i——第 i 土层的厚度（m）。

电渗法应用于饱和粉土和粉质黏土，正常固结黏土以及孔隙水电解浓度低的情况下是经济和有效的。工程上可利用电渗法降低黏土中的含水量和地下水位来提高土坡和基坑边坡的稳定性；利用电渗法加速堆载预压饱和黏土地基的固结和提高强度等。

7.3 设计计算

排水固结法的设计，实质上在于根据上部结构荷载的大小，地基土的性质及工期要求，合理安排排水系统和加压系统的关系，使地基在受压过程中快速排水固结，从而满足建筑物的沉降控制要求和地基承载力要求。主要设计计算项目包括：排水系统设计（包括竖向排水体的深度、间距等）、加载系统设计（包括加载量、预压时间等）、地基变形验算、地基承载力验算和监测系统设计（包括监测内容、监测方法、监测点布置、监测标准等）。

7.3.1 砂井地基固结度计算

地基平均固结度 $\overline{U}_t$ 计算是砂井地基设计中的一个重要内容。通过固结度计算可推算地基强度的增长，确定适应地基强度增长的加荷计划。如果已知各级荷载下不同时间的固结度，还可推算各个时间的沉降量。固结度与砂井布置、排水边界条件、固结时间以及地基固结系数有关，计算之前，要先确定有关参数。

现有砂井地基的固结理论通常假设荷载是瞬时施加的，所以首先介绍瞬时加荷条件下固结度的计算，然后根据实际加荷工程进行修正计算。

1. 瞬时加荷条件下砂井地基固结度的计算

砂井地基固结度的计算是建立在太沙基固结理论和巴伦固结理论基础上的。如果软黏土层是双面排水的，则每个砂井的渗透途径如图 7-5 所示。在一定压力作用下，土层中的固结渗流水沿径向和竖向流动，所以砂井地基属于三维固结轴对称问题。若以圆柱坐标表示，设任意点（r，z）处的孔隙水压力为 u，则固结微分方程为：

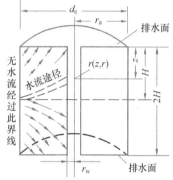

图 7-5 砂井地基渗流模型

$$\frac{\partial u}{\partial t}=c_v\left(\frac{\partial^2 u}{\partial r^2}+\frac{1}{r}\cdot\frac{\partial u}{\partial r}+\frac{\partial^2 u}{\partial z^2}\right) \tag{7-3}$$

当水平向渗透系数 k_h 和竖向渗透系数 k_v 不等时，则上式应改写为：

$$\frac{\partial u}{\partial t}=c_h\left(\frac{\partial^2 u}{\partial r^2}+\frac{1}{r}\cdot\frac{\partial u}{\partial r}\right)+c_v\frac{\partial^2 u}{\partial z^2} \tag{7-4}$$

式中　t——时间（s）；

c_v——竖向固结系数（cm²/s），$c_v=\dfrac{k_v(1+e)}{a\cdot\gamma_w}$；

c_h——径向固结系数（或称水平向固结系数）（cm²/s），$c_h=\dfrac{k_h(1+e)}{a\cdot\gamma_w}$。

砂井固结理论作如下假设：

① 每个砂井的有效影响范围为一直径为 d_e 的圆柱体，圆柱体内的土体中水向该砂井渗流，如图 7-5 所示。圆柱体边界处无渗流，即处理为非排水边界；

② 砂井地基表面受均布荷载作用，地基中附加应力分布不随深度而变化，故地基土

仅产生竖向的压密变形；

③ 荷载是一次施加上去的，加荷开始时，外荷载全部由孔隙水压力承担；

④ 在整个压密过程中，地基土的渗透系数保持不变；

⑤ 井壁上面受砂井施工所引起的涂抹作用（可使渗透性发生变化）的影响不计。

式（7-4）可用分离变量法求解，即可分解为：

$$\frac{\partial u_z}{\partial t} = c_v \frac{\partial^2 u_z}{\partial z^2} \tag{7-5a}$$

$$\frac{\partial u_r}{\partial t} = c_h \left(\frac{\partial^2 u_r}{\partial r^2} + \frac{1}{r} \frac{\partial u_r}{\partial r} \right) \tag{7-5b}$$

亦即分为竖向固结和径向固结两个微分方程，从而根据起始条件和边界条件分别解得竖向排水的孔隙水压力分量 u_z 和径向向内排水固结的孔隙水压力分量 u_r。根据 N. 卡里罗（Carrillo）理论证明：任意一点的孔隙水压力 u 有如下关系：

$$\frac{u}{u_0} = \frac{u_r}{u_0} \cdot \frac{u_z}{u_0} \tag{7-6a}$$

式中，u_0 为起始的孔隙水压力。整个砂井影响范围内土柱体平均孔隙水压力也有同样的关系：

$$\frac{\bar{u}}{u_0} = \frac{\bar{u}_r}{u_0} \cdot \frac{\bar{u}_z}{u_0} \tag{7-6b}$$

或以固结度表达为：

$$(1 - \bar{U}_{rz}) = (1 - \bar{U}_r)(1 - \bar{U}_z) \tag{7-7}$$

式中　$\bar{U}_{rz}$——每一个砂井影响范围内圆柱的平均固结度；

　　　$\bar{U}_r$——径向排水的平均固结度；

　　　$\bar{U}_z$——竖向排水的平均固结度。

（1）竖向排水的平均固结度

对于土层为双面排水条件或土层中的附加压力为平均分布时，某一时间竖向固结度的计算公式为：

$$\bar{U}_z = 1 - \frac{8}{\pi^2} \sum_{m=1,3,\cdots}^{m=\infty} \frac{1}{m^2} e^{-\frac{m^2 \pi^2}{4} T_v} \tag{7-8}$$

$$T_v = \frac{c_v t}{H^2} \tag{7-9}$$

式中　m——正奇整数（1，3，5，……）。

当 $\bar{U}_z > 30\%$ 时，可采用下列近似公式计算：

$$\bar{U}_z = 1 - \frac{8}{\pi^2} e^{-\frac{\pi^2 T_v}{4}} \tag{7-10}$$

式中　$\bar{U}_z$——竖向排水平均固结度（%）；

　　　e——自然对数底，自然数，可取 $e = 2.718$；

　　　T_v——竖向固结时间因数（无因次）；

t——固结时间（s）；

H——土层的竖向排水距离（cm），双面排水时 H 为土层厚度的一半，单面排水时 H 为土层厚度。

（2）径向排水平均固结度

巴伦（Barron）曾分别在自由应变和等应变两种条件下求得 $\overline{U}_r$ 的解答，但以等应变求解比较简单，其结果为：

$$\overline{U}_r = 1 - e^{-\frac{8}{F}T_h} \tag{7-11}$$

式中 T_h——径向固结的时间因数，无量纲：

$$T_h = \frac{c_h \cdot t}{d_e^2} \tag{7-12}$$

d_e——每一个砂井有效影响范围的直径（cm）；

F——与 n 有关的系数：

$$F = \frac{n^2}{n^2 - 1}\ln(n) - \frac{3n^2 - 1}{4n^2} \tag{7-13}$$

n——井径比，$n = d_e/d_w$；

d_w——砂井直径（cm）。

实际工程中的砂井呈正方形或正三角形布置。方形排列的每个砂井，其影响范围为一个正方形，正三角形排列的每个砂井，其影响范围则为一个正六边形（见图7-6）。在实际进行固结计算时，由于多边形作为边界条件求解很困难，为简化起见，巴伦建议每个砂井的影响范围由多边形改为由面积与多边形面积相等的圆（见图7-6）来求解，即

正方形排列时：

$$d_e = \sqrt{\frac{4}{\pi}} \cdot l = 1.13l \tag{7-14a}$$

正三角形排列时：

$$d_e = \sqrt{\frac{2\sqrt{3}}{\pi}} \cdot l = 1.05l \tag{7-14b}$$

式中 d_e——每一个砂井有效影响范围的直径（cm）；

l——砂井间距（cm）。

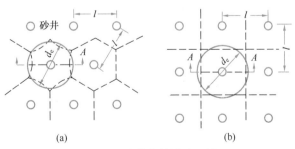

图7-6 砂井有效影响区域

（a）正三角形排列；（b）正方形排列

（3）总固结度

将式（7-10）和式（7-11）代入式（7-7）后，则得 $\overline{U}_{rz} > 30\%$ 时的砂井平均固结度 $\overline{U}_{rz}$ 为：

$$\overline{U}_{rz} = 1 - \alpha \cdot e^{-\beta t} \tag{7-15}$$

式中

$$\alpha = \frac{8}{\pi^2} \quad , \quad \beta = \frac{8 \cdot c_h}{F \cdot d_e^2} + \frac{\pi^2 c_v}{4H^2} \tag{7-16}$$

当砂井间距较密或软土层很厚或 $c_h \gg c_v$ 时，竖向平均固结度 $\overline{U}_z$ 的影响很小，常可忽略不计，可只考虑径向固结度计算作为砂井地基平均固结度。

（4）砂井未穿透整个受压土层平均固结度计算

在实际工程中，往往遇到软土层较厚，而砂井又没有穿透整个受压土层。在这种情况下，固结度计算可分为两部分：砂井深度范围内地基的平均固结度按式（7-15）计算；砂井以下部分的受压土层可按竖向固结度式（7-10）计算（假定砂井底面为一排水面），整个压缩土层的平均固结度 $\overline{U}$ 按下式计算：

$$\overline{U} = Q\overline{U}_{rz} + (1-Q)\overline{U}_z \tag{7-17}$$

式中　$\overline{U}_{rz}$——砂井部分土层的平均固结度；

　　　$\overline{U}_z$——砂井以下部分土层的平均固结度；

　　　Q——砂井打入深度与整个压缩层厚度的比值，即 $Q = \dfrac{H_1}{H_1 + H_2}$；

H_1、H_2——砂井长度及砂井以下压缩层范围内土层的厚度。

2. 影响砂井地基固结度的几个因素

（1）关于初始孔隙水压力

上述计算砂井固结度的公式，都是假设初始孔隙水应力等于地面荷载强度；而且假设在整个砂井地基中应力分布是相同的。只有当荷载面的宽度足够大时，这些假设才与实际基本符合。一般认为当荷载面的宽度等于砂井的长度时，采用这样的假设其误差就可忽略不计。

（2）关于涂抹作用

涂抹作用指的是当砂井（或其他竖向排水体）采用挤土方式施工时，不可避免地会由于井壁涂抹及对周围一定范围内的土（即涂抹区）的扰动而使土的渗透系数降低，因而影响土层的固结速率。其扰动的程度与打设机械、打设方法、土的特性（灵敏度、宏观结构）等因素有关。

（3）关于井阻作用

井阻作用指的是砂井中砂料对渗流的阻力产生的水头损失，从而影响砂井地基的固结度。目前使用的竖向排水体都存在井阻作用。对于塑料排水带，井阻的大小不仅与其结构和几何特征有关，还和侧压力以及随地基变形发生的折曲有关。井阻大小取决于竖井深度和竖井纵向通水量 q_w 与天然土层水平向渗透系数 k_h 的比值。当竖井的纵向通水量 q_w 与天然土层水平向渗透系数 k_h 的比值较小，且长度又较长时，应考虑井阻影响。

考虑井阻和涂抹作用时，式（7-11）中的 F 采用下式计算：

$$F = F_n + F_s + F_r \tag{7-18}$$

$$F_n = \ln(n) - \frac{3}{4}, n \geqslant 15 \tag{7-19a}$$

$$F_s = \left[\frac{k_h}{k_s} - 1\right] \ln s \tag{7-19b}$$

$$F_r = \frac{\pi^2 L^2}{4} \frac{k_h}{q_w} \tag{7-19c}$$

式中 k_h、k_s —— 天然土层和涂抹区土层的渗透系数（cm/s），涂抹区土的水平向渗透系数 k_s 可取 $(1/5 \sim 1/3)k_h$；

s —— 涂抹比，即涂抹区直径 d_s 与砂井直径 d_w 之比，一般认为 s 可取 $2.0 \sim 3.0$，对中等灵敏黏性土取低值，对高灵敏黏性土取高值；

L —— 竖井深度（cm）；

q_w —— 竖井纵向通水量，为单位水力梯度下单位时间的排水量（cm³/s）。

3. 逐级加荷条件下地基固结度的计算

以上计算固结度的理论公式都是假设荷载是一次瞬时加荷的。实际工程中，荷载总是分级逐渐施加的。因此，需要对上述理论方法进行改进以用于实际工程中逐级加载条件下的固结度的计算，下面介绍两种方法，改进的太沙基法和改进的高木俊介法。

（1）改进的太沙基法

对于分级加荷的情况，太沙基的修正方法是假定：

1）每一级荷载增量 p_i 所引起的固结过程是单独进行的，与上一级荷载增量所引起的固结度完全无关；

2）总固结度等于各级荷载增量作用下固结度的叠加；

3）每一级荷载增量 p_i 在等速加荷经过时间 t 的固结度与在 $t/2$ 时的瞬时加荷的固结度相同，也即计算固结的时间为 $t/2$；

4）在加荷停止以后，在恒载作用期间的固结度，即时间 t 大于 T_i（此处 T_i 为 p_i 的加载期）时的固结度和在 $\frac{T_i}{2}$ 时瞬时加荷 p_i 后经过时间 $\left(t - \frac{T_i}{2}\right)$ 的固结度相同；

5）所算得的固结度仅是对本级荷载而言，对总荷载还要按荷载的比例进行修正。

图 7-7 为二级等速加荷的情况。图中实线是按瞬时加荷条件用太沙基理论计算的地基固结过程（U_t-t）关系曲线；虚线表示二级等速加荷条件的修正固结过程曲线。

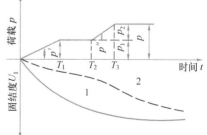

图 7-7 二级等速与瞬时加荷的固结过程
1—二级等速加荷；2—瞬时加荷

现以二级等速加荷为例，计算对于最终荷载 p 而言的平均固结度 $\overline{U}_t'$（图 7-8），可由下列公式计算：

当 $t < T_i$ 时

$$\overline{U}_t' = \overline{U}_{rz\left(\frac{t}{2}\right)} \cdot \frac{p'}{p} \tag{7-20}$$

当 $T_1 < t < T_2$ 时

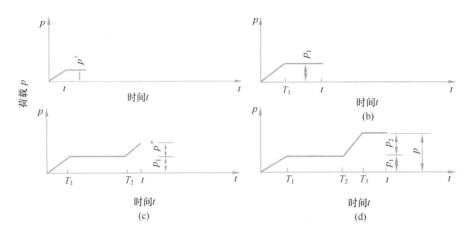

图 7-8 二级等速加荷过程

(a) 第一级等速加荷；(b) 第一级加荷结束后，保持恒载阶段；

(c) 第二级等速加荷；(d) 第二级加荷结束后，保持恒载阶段

$$\overline{U}'_{t} = \overline{U}_{rz\left(t-\frac{T_1}{2}\right)} \cdot \frac{p_1}{p} \tag{7-21}$$

当 $T_2 < t < T_3$ 时

$$\overline{U}'_{t} = \overline{U}_{rz\left(t-\frac{T_1}{2}\right)} \cdot \frac{p_1}{p} + \overline{U}_{rz\left(t-\frac{T_2}{2}\right)} \cdot \frac{p''}{p} \tag{7-22}$$

当 $t > T_3$ 时

$$\overline{U}'_{t} = \overline{U}_{rz\left(t-\frac{T_1}{2}\right)} \cdot \frac{p_1}{p} + \overline{U}_{rz\left(t-\frac{T_2+T_3}{2}\right)} \cdot \frac{p_2}{p} \tag{7-23}$$

对多级等速加荷，可依次类推，并归纳如下：

$$\overline{U}'_{t} = \sum_{i=1}^{n} \overline{U}_{rz\left(t-\frac{T_{i-1}+T_i}{2}\right)} \cdot \frac{\Delta p_i}{\sum \Delta p} \tag{7-24}$$

式中 $\overline{U}'_{t}$ ——多级等速加荷，t 时刻修正后的平均固结度（%）；

$\overline{U}_{rz}$ ——瞬时加荷条件的平均固结度（%）；

T_{i-1}、T_i ——分别为每级等速加荷的起点和终点时间（从时间 0 点起算）（d），当计算某一级加荷期间 t 的固结度时，则 T_i 改为 t；

Δp_i ——第 i 级荷载增量，如计算加荷过程中某一时刻 t 的固结度时，则用该时刻相对应的荷载增量（kPa）。

（2）改进的高木俊介法

高木俊介（1955）对 Barron 的砂井固结理论进行了修正，考虑了荷载随时间的变化。高木俊介的公式仅考虑了砂井的径向排水固结。曾国熙（1975）对高木俊介法做了进一步改进，推导了考虑砂井地基在竖向和径向排水条件下的固结度的理论解。改进的高木俊介法的特点是，无须求得瞬时加荷条件下地基固结度，可直接求得修正后的平均固结度。修正后的平均固结度为：

$$\overline{U}'_t = \sum_{i=1}^{n} \frac{\dot{q}_i}{\sum \Delta p} \left[(T_i - T_{i-1}) - \frac{\alpha}{\beta} e^{-\beta \cdot t} (e^{\beta T_i} - e^{\beta T_{i-1}}) \right] \tag{7-25}$$

式中 $\overline{U}'_t$ —— t 时刻地基的平均固结度（%）；

$\sum \Delta p$ —— 各级荷载的累加值（kPa）；

$\dot{q}_i$ —— 第 i 级荷载的加载速率（kPa/d）；

T_{i-1}、T_i —— 分别为各级等速加荷的起点和终点时间（从时间零点起算）（d），当计算某一级等速加荷过程中时间 t 的固结度时，则 T_i 改为 t；

α、β —— 见表 7-2。

不同条件的固结度计算公式　　　　　　表 7-2

序号	条件	平均固结度计算公式	α	β	备注
1	竖向排水固结（$\overline{U}_z > 30\%$）	$\overline{U}_z = 1 - \frac{8}{\pi^2} e^{-\frac{\pi^2}{4}\frac{c_v}{H^2}t}$	$\frac{8}{\pi^2}$	$\frac{\pi^2}{4}\frac{c_v}{H^2}$	太沙基解
2	向内径向排水固结	$\overline{U}_r = 1 - e^{-\frac{8}{F(n)}\frac{c_h}{d_e^2}t}$	1	$\frac{8}{F(n)}\frac{c_h}{d_e^2}$	巴隆解
3	竖向和向内径向排水固结（砂井地基平均固结度）	$\overline{U}_{rz} = 1 - (1-\overline{U}_z)(1-\overline{U}_r)$ $= 1 - \frac{8}{\pi^2} e^{-\left(\frac{8}{F(n)}\frac{c_h}{d_e^2} + \frac{\pi^2}{4}\frac{c_v}{H^2}\right)t}$	$\frac{8}{\pi^2}$	$\frac{8}{F(n)}\frac{c_h}{d_e^2} + \frac{\pi^2}{4}\frac{c_v}{H^2}$	
4	砂井未贯穿受压土层的平均固结度	$\overline{U} = Q\overline{U}_{rz} + (1-Q)\overline{U}_z$ $\approx 1 - \frac{8Q}{\pi^2} e^{-\frac{8}{F(n)}\frac{c_h}{d_e^2}t}$	$\frac{8Q}{\pi^2}$	$\frac{8}{F(n)}\frac{c_h}{d_e^2}$	$Q = \frac{H_1}{H_1 + H_2}$ H_1—砂井长度 H_2—砂井以下压缩土层厚度
5	向外径向排水固结（当 $\overline{U}_r > 60\%$）	$\overline{U}_r = 1 - 0.692 e^{-\frac{5.78c_h}{R^2}t}$	0.692	$\frac{5.78c_h}{R^2}$	R—土柱体半径
6	普遍表达式	$\overline{U} = 1 - \alpha e^{-\beta t}$			

7.3.2　沉降计算

对于以稳定控制的工程，如堤、坝等，通过沉降计算可预估施工期间由于基底沉降而增加的土方量；还可估计工程竣工后尚未完成的沉降量，作为堤坝预留沉降高度及路堤顶面加宽的依据。对于以沉降控制的建筑物，沉降计算的目的在于估计所需预压时间和各时期沉降量的发展情况，以满足建筑物的沉降控制要求，即：建筑物使用期间的沉降小于允许沉降值。我国《建筑地基基础设计规范》GB 50007—2011 中对各类建筑物地基的允许沉降和变形值作了明确规定。其他类型的构筑物的沉降控制标准可参照相关规范规程。

地基土的总沉降量 s_∞ 一般包括瞬时沉降、固结沉降和次固结沉降三部分：

$$s_\infty = s_d + s_c + s_s \tag{7-26}$$

式中 s_d —— 瞬时沉降量（m）；

s_c —— 固结沉降量（m）；

s_s——次固结沉降量（m）。

瞬时沉降是在荷载作用下由于土的畸变（这时土的体积不变，即 $\mu=0.5$）所引起，并在荷载作用下立即发生的。这部分变形是不可忽略的，这一点正在逐渐被人们所认识。固结沉降是由于孔隙水的排出而引起土体积减小所造成，占总沉降量的主要部分。而次固结沉降则是由于超静水压力消散后，在恒值有效应力作用下土骨架的徐变所致，次固结的大小和土的性质有关。泥炭土、有机质土或高塑性黏性土土层，次固结沉降占很可观的部分，而其他土则所占比例不大。

软黏土的瞬时沉降 s_d 一般按弹性理论计算。固结沉降 s_c 目前工程上通常采用单向压缩分层总和法计算。次固结沉降 s_s 目前还不容易计算。

1. 建筑物使用期间的沉降计算

建筑物使用期间的沉降计算方法根据预压工程的不同特性而有所差别。

对于预压荷载与建筑物自身荷载分离的工程（如真空预压法），预压荷载在地基处理结束后移除，地基土会产生一定的回弹变形。在其后建筑物修建和使用过程中，地基土会产生再压缩变形。在这种情况下，建筑物荷载作用下地基的总沉降量可按照《建筑地基基础设计规范》GB 50007—2011 中给出的天然地基沉降计算方法即分层总和法进行计算，但其中地基土的压缩模量要根据预压处理后土的压缩试验获得。因此，在地基处理结束后，需要对处理后的地基土取样进行压缩试验，以测得处理后地基土压缩模量值。在地基处理方案初步设计阶段，可以采用有与预压加载路径相同的压缩试验结果来确定压缩模量值。

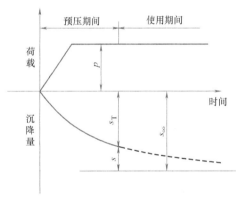

图 7-9　路堤堆载预压沉降示意图（等载预压）

对于预压荷载即建筑物自重的情况，如高速公路路堤的修建、大坝的修建，预压荷载就是建筑物的荷载，在预压处理后预压荷载并不移除。在这种情况下，建筑物在使用期间的沉降量 s 为建筑物荷载（在等载预压情况下，建筑物荷载与预压荷载相同）下的总沉降量 s_∞ 减去预压期 T 内的沉降量 s_T，见图 7-9，即：

$$s = s_\infty - s_T \tag{7-27}$$

2. 预压引起的总沉降量计算

如果在建（构）筑物使用年限内，次固结沉降经判断可忽略的话，则最终沉降 s_∞ 可表示为：

$$s_\infty = s_d + s_c \tag{7-28}$$

瞬时沉降 s_d 虽然可采用弹性理论计算，但由于土体的弹性模量和泊松比不容易准确测定。根据国内外一些建筑物实测沉降资料的分析结果，通常将式（7-28）改写为：

$$s_\infty = \psi_s s_c \tag{7-29}$$

式中　ψ_s——考虑地基剪切变形及其他影响因素的综合性经验系数，《建筑地基处理技术规范》JGJ 79—2012 中规定，对于堆载预压施工，正常固结饱和黏性土地基可取 $\psi_s = 1.1 \sim 1.4$，荷载较大、地基土较软弱时取较大值；对于真空预压和真空-堆载联合预压施工取 $\psi_s = 1.0 \sim 1.3$。

地基土的固结沉降采用单向压缩分层总和法计算，则地基最终沉降 s_∞ 可表示为：

$$s_\infty = \psi_s \sum_{i=1}^{n} \frac{e_{0i} - e_{1i}}{1 + e_{0i}} h_i \qquad (7\text{-}30)$$

式中　s_∞——最终竖向变形量（m）；

　　　e_{0i}——第 i 层中点土自重应力所对应的孔隙比，由室内固结试验 e-p 曲线查得；

　　　e_{1i}——第 i 层中点土自重应力与附加应力之和所对应的孔隙比，由室内固结试验 e-p 曲线查得；

　　　h_i——第 i 层土层厚度（m）。

对于堆载预压可取附加应力与土自重应力的比值为 0.1 的深度作为受压层的计算深度。堆载造成的土中附加应力可以由 Boussinesq 解求得。

对于真空预压，由于附加应力是通过真空度在土中传递施加的，所以附加应力指的就是土中的有效真空度，计算深度一般只取竖向排水体的打设深度。一般情况下膜下的真空度一般可达 85kPa 以上，由于竖向排水体井阻和涂抹作用的存在，以及地基刚度的分布不均而产生竖向排水体的弯曲、扭转，真空度在竖向排水体中会发生衰减，真空预压加固地基的有效加固深度与竖向排水体传递负压的规律有直接的关系。一些学者提出了真空预压加固地基时竖向排水体中的负压分布模式，一般认为，真空度沿竖向排水体呈线性衰减，但目前对于真空度沿竖向排水体的衰减规律还没有较为统一认识。

3. 预压期间沉降量计算

预压期间的沉降量可按照预压期固结度采用下式进行计算：

$$s_t = s_d + \overline{U}_t s_c \qquad (7\text{-}31)$$

式中　s_t——t 时间地基的沉降量（m）；

　　　$\overline{U}_t$——t 时间地基的平均固结度，采用固结理论可求得地基平均固结度 $\overline{U}_t$。

在竖向排水情况下，可采用太沙基固结理论计算预压期内地基平均固结度；对于布置竖向排水体的地基，主要产生径向渗流，要采用砂井固结理论计算地基平均固结度。根据固结理论，预压时间越长，地基平均固结度就越大，预压期间沉降量就越大，使用期间的沉降量就越小。因此，需要根据工程沉降要求来确定预压期和预压荷载的大小。

对于一次瞬时加荷或一次等速加荷结束后 t 时间的地基沉降，可将上式改写为：

$$s_t = (\psi_s - 1 + \overline{U}_t) s_c \qquad (7\text{-}32a)$$

对于多级等速加荷情况，应对 s_d 的值作加荷修正，使其与修正的固结度相适应，上式可写为：

$$s_t = \left[(\psi_s - 1) \frac{p_t}{\sum \Delta p} + \overline{U}_t \right] s_c \qquad (7\text{-}32b)$$

式中　p_t——t 时间的累计荷载（kPa）；

　　　$\sum \Delta p$——总的累计荷载（kPa）。

4. 应用实测沉降-时间曲线推测最终沉降量

在预压期间应及时整理竖向变形与时间、孔隙水压力与时间等关系曲线，并推算地基的最终竖向变形、不同时间的固结度以分析地基处理效果，并为确定卸载时间提供依据。

工程上往往利用实测变形与时间关系曲线推算最终沉降量。

（1）指数曲线配合法

各种排水条件下土层平均固结度的理论解，可归纳为下面一个普遍的表达式：

$$\overline{U}=1-\alpha \cdot e^{-\beta \cdot t} \tag{7-33}$$

如果利用实测的沉降-时间曲线配合法，α 为理论值，而 β 则为待定的参数。

根据固结度的定义：

$$\overline{U}=\frac{s_{ct}}{s_c}=\frac{s_t-s_d}{s_\infty-s_d} \tag{7-34}$$

解以上两式得：

$$s_t=(s_\infty-s_d)(1-\alpha \cdot e^{-\beta t})+s_d \tag{7-35}$$

从实测的沉降-时间（s-t）曲线上选取任意三点：(s_1,t_1)，(s_2,t_2)，(s_3,t_3)，并使 $t_2-t_1=t_3-t_2$

则

$$s_1=s_\infty(1-\alpha \cdot e^{-\beta t_1})+s_d \cdot \alpha \cdot e^{-\beta t_1} \tag{7-36a}$$

$$s_2=s_\infty(1-\alpha \cdot e^{-\beta t_2})+s_d \cdot \alpha \cdot e^{-\beta t_2} \tag{7-36b}$$

$$s_3=s_\infty(1-\alpha \cdot e^{-\beta t_3})+s_d \cdot \alpha \cdot e^{-\beta t_3} \tag{7-36c}$$

由式（7-36a）、式（7-36b）、式（7-36c）解得：

$$e^{\beta(t_2-t_1)}=\frac{s_2-s_1}{s_3-s_2} \tag{7-37}$$

$$\beta=\frac{\ln\dfrac{s_2-s_1}{s_3-s_2}}{t_2-t_1} \tag{7-38}$$

$$s_\infty=\frac{s_3(s_2-s_1)-s_2(s_3-s_2)}{(s_2-s_1)-(s_3-s_2)} \tag{7-39}$$

$$s_d=\frac{s_t-s_\infty(1-\alpha \cdot e^{-\beta \cdot t})}{\alpha \cdot e^{-\beta \cdot t}} \tag{7-40}$$

为了使推算的结果精确些，(s_3,t_3) 点应尽可能取 s-t 曲线的末端，以使 (t_2-t_1) 和 (t_3-t_2) 尽可能大些。

应予注意，上述各个时间是按修正的 $0'$ 点算起，对于两级等速加荷的情况（图 7-10），$0'$ 点按下式确定：

$$00'=\frac{\Delta p_1(T/2)+\Delta p_2(T_2+T_3)/2}{\Delta p_1+\Delta p_2} \tag{7-41}$$

（2）沉降曲线图解法（Asaoka 法）

Asaoka（1978）提出了一种从一定时间过程所得的沉降观测资料来预计最终沉降量的方法。以垂直（体积）应变表示的固结微分方程为：

$$c_v\frac{\partial^2 \varepsilon_v}{\partial z^2}=\frac{\partial \varepsilon_v}{\partial t} \tag{7-42}$$

该方程可近似用一个级数形式微分方程表示：

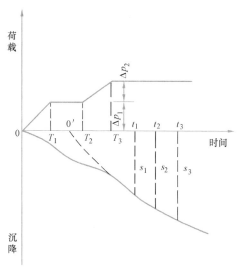

图 7-10　两级等速加荷情况的沉降与时间曲线以及修正零点

$$s + a_1 \frac{\mathrm{d}s}{\mathrm{d}t} + a_2 \frac{\mathrm{d}^2 s}{\mathrm{d}t^2} + \cdots + a_n \frac{\mathrm{d}^n s}{\mathrm{d}t^n} \cdots = b \tag{7-43}$$

式中 s 为固结沉降，a_1、$a_2 \cdots a_n$ 和 b 是土层性质和边界条件的常数。上式可用 n 阶递推关系表示：

$$s_i = \beta_0 + \sum_{j=1}^{n} \beta_j s_{i-j} \tag{7-44}$$

大多数情况下，通常第一阶近似就已足够，因此式（7-44）可简化为：

$$s_i = \beta_0 + \beta_1 s_{i-1} \tag{7-45}$$

根据实测沉降资料，作图可确定待定参数 β_0 和 β_1 和最终沉降 s_∞。其步骤如下（参见图 7-11）：

① 将沉降-时间曲线划分成相等时间的时间段 Δt，记录相应于 t_1、$t_2 \cdots$ 时的沉降量 s_1、$s_2 \cdots$；

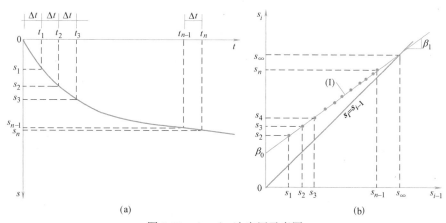

图 7-11　Asaoka 法应用示意图

（a）沉降历时曲线；（b）s_i 与 s_{i-1} 关系曲线

② 在以轴 s_{i-1} 和 s_i 的坐标系中将沉降值 s_1、s_2…以点（s_{i-1}，s_i）标出，作直线（I）使之与标出点吻合，该直线截距为 β_0，斜率为 β_1；

③ 作出坐标系中的 $s_{i-1}=s_i$ 的 45°直线，与直线（I）的交点就是最终沉降 s_∞。

7.3.3 承载力计算

地基承载力可根据斯肯普顿极限荷载的半经验公式作为初步估算，即

$$f=\frac{1}{K}5 \cdot c_u\left(1+0.2\frac{B}{A}\right)\left(1+0.2\frac{D}{B}\right)+\gamma D \tag{7-46}$$

式中　K——安全系数；

D——基础埋置深度（m）；

A、B——分别为基础的长边和短边（m）；

γ——基础标高以上土的重度（kN/m³）；

c_u——处理后地基土的不排水抗剪强度（kPa）。

对饱和软黏性土也可采用下式估算：

$$f=\frac{5.14c_u}{K}+\gamma \cdot D \tag{7-47}$$

对长条形填土，可根据 Fellenius 公式估算：

$$f=\frac{5.52c_u}{K} \tag{7-48}$$

采用排水预压处理后，地基土的不排水抗剪强度 c_u 要大于天然土的不排水抗剪强度值 c_{u0}。根据土的抗剪强度理论，即摩尔库仑理论，强度增长与有效应力的增长呈正比关系，因此，排水预压处理后地基土的不排水抗剪强度 c_u 可采用下式估算：

$$c_u=c_{u0}+\Delta\sigma_z \cdot \overline{U_t}\tan\varphi_{cu} \tag{7-49}$$

式中　c_u——t 时刻，该点土的抗剪强度（kPa）；

c_{u0}——地基土的天然抗剪强度（kPa）；

$\Delta\sigma_z$——预压荷载引起的地基的附加竖向应力（kPa）；

$\overline{U_t}$——地基土平均固结度；

φ_{cu}——由固结不排水剪切试验得到的内摩擦角（°）。

7.3.4 堆载预压法设计

堆载预压法设计包括加压系统、排水系统和监测系统的设计。加压系统主要指堆载预压计划以及堆载材料的选用；排水系统包括竖向排水体的材料选用、排水体长度、断面、平面布置的确定；监测系统主要是提出监测要求和目的，确定监测项目、监测设备、监测方法、控制标准、测点布置和数量。

1. 加压系统设计

堆载预压，根据土质情况分为单级加荷和多级加荷；根据堆载材料分为自重预压、加荷预压和加水预压。

堆载一般用填土、砂石等散粒材料；油罐通常利用罐体充水对地基进行预压。对堤坝等以稳定为控制的工程，则以其本身的重量有控制地分级逐渐加载，直至设计标高。

由于软黏土地基抗剪强度低，无论直接建造建筑物还是进行堆载预压往往都不可能快速加载，而必须分级逐渐加荷，待前期荷载下地基强度增加到足以加下一级荷载时方可加

下一级荷载。其计算步骤是，首先用简便的方法确定一个初步的加荷计划，然后校核这一加荷计划下的地基的稳定性和沉降，实施时根据监测系统的监测结果进行调整和动态设计。具体计算步骤如下：

（1）利用地基的天然地基土抗剪强度计算第一级容许施加的荷载 p_1。天然地基承载力 f_0 一般可根据斯肯普顿极限荷载的半经验公式作为初步估算，并保证第一级荷载 p_1 小于天然地基承载力 f_0。

（2）采用式（7-25）计算 p_1 荷载作用下经预定预压时间后达到的固结度 $\overline{U}'_{t1}$。

（3）采用式（7-49）计算 p_1 荷载作用下经过一段时间预压后地基强度 c_{u1}。

（4）采用式（7-46）或式（7-47）或式（7-48）估算预压处理后地基承载力 f_1，确定第二级荷载 p_2，保证总荷载小于地基承载力 f_1。

（5）按以上步骤确定的加荷计划进行每一级荷载下地基的稳定性验算。如稳定性不满足要求，则调整加荷计划。

（6）计算预压荷载下地基的最终沉降量和预压期间的沉降，从而确定预压荷载卸除的时间，保证所剩留的沉降是建筑物所允许的。

2. 排水系统设计

（1）竖向排水体材料选择

竖向排水体可采用普通砂井、袋装砂井和塑料排水带。宜就地取材，一般情况下采用塑料排水带。

（2）竖向排水体深度设计

竖向排水体深度主要根据土层的分布、地基中附加应力大小、施工期限和施工条件以及地基稳定性等因素确定。

1）当软土层不厚、底部有透水层时，排水体应尽可能穿透软土层；

2）当深厚的高压缩性土层间有砂层或砂透镜体时，排水体应尽可能打至砂层或砂透镜体；

3）按建筑物对地基的稳定性、变形要求和工期确定；

4）按稳定性控制的工程，如路堤、土坝、岸坡、堆料等，排水体深度应通过稳定分析确定，排水体长度应大于最危险滑动面以下 2.0m；

5）按沉降控制的工程，排水体长度应根据在限定的预压时间内需完成的变形量确定，排水体宜穿透受压土层。

（3）竖向排水体平面布置设计

普通砂井直径一般为 $300\sim500$mm。

袋装砂井直径一般为 $70\sim120$mm。

塑料排水带常用当量直径表示，塑料排水带宽度为 b，厚度为 δ，则换算直径可按下式计算：

$$d_{p}=\frac{2(b+\delta)}{\pi} \tag{7-50}$$

式中　d_p——塑料排水带当量换算直径（mm）；

　　　b——塑料排水带宽度（mm）；

　　　δ——塑料排水带厚度（mm）。

竖向排水体直径和间距主要取决于土的固结性质和施工期限的要求。排水体截面大小只要能及时排水固结就行，由于软土的渗透性比砂性土为小，所以排水体的理论直径可很小。但直径过小，施工困难，直径过大对增加固结速率并不显著。从原则上讲，为达到同样的固结度，缩短排水体间距比增加排水体直径效果要好，即井距和井间距关系是"细而密"比"粗而稀"为佳。

排水竖井的间距可根据地基土的固结特性和预定时间内所要求达到的固结度确定。设计时，竖井的间距可按井径比 n 选用。塑料排水带或袋装砂井的间距可按 $n＝15\sim22$ 选用，普通砂井的间距可按 $n＝6\sim8$ 选用。

竖向排水体的布置范围一般比建筑物基础范围稍大为好。扩大的范围可由基础的轮廓线向外增大 2～4m。

（4）砂料设计

制作砂井的砂宜用中粗砂，砂的粒径必须能保证砂井具有良好的透水性。砂井粒度要不被黏土颗粒堵塞。砂应是洁净的，不应有草根等杂物，其黏粒含量不应大于 3%。

（5）地表排水砂垫层设计

为了使砂井排水有良好的通道，砂井顶部必须铺设砂垫层，以连通各砂井将水排到工程场地以外。垫层厚度应根据保证加固全过程砂垫层排水的有效性确定，若垫层厚度较小，在较大的不均匀沉降下很可能是垫层不连续而使排水性失效。砂垫层砂料宜用中粗砂，黏粒含量不应大于 3%，砂料中可含有少量粒径不大于 50mm 的砾石。砂垫层的干密度应大于 $1.5t/m^3$，渗透系数宜大于 $1\times10^{-2}cm/s$。

砂垫层应形成一个连续的、有一定厚度的排水层，以免地基沉降时被切断而使排水通道堵塞。陆上施工时，砂垫层厚度不应小于 500mm；水下施工时，一般为 1m。砂垫层的宽度应大于堆载宽度或建筑物的底宽，并伸出砂井区外边线 2 倍砂井直径。在砂料贫乏地区，可采用连通砂井的纵横砂沟代替整片砂垫层。

3. 监测系统设计

堆载预压加载过程中，应满足地基强度和稳定控制要求，因此应进行竖向变形、水平位移及孔隙水压力的监测，堆载预压加载速率应满足下列要求：

（1）竖井地基最大竖向变形量不应超过 15mm/d；

（2）天然地基最大竖向变形量不应超过 10mm/d；

（3）堆载预压边缘处水平位移不应超过 5mm/d；

（4）根据上述观测资料综合分析、判断地基的强度和稳定性。

7.3.5 真空预压法设计

与堆载预压法相同，真空预压法设计也包括排水系统、加载系统和监测系统三部分。真空预压采用与堆载预压完全不同的加载系统，主要包括抽真空系统和密封系统两部分。

1. 密封系统

真空预压的关键在于要有良好的气密性，使预压与大气隔绝。当在加固区发现有透气层和透水层时，一般可在塑料薄膜周边采用另加水泥土搅拌桩的壁式密封措施。为了保证真空预压效果，膜内真空度应稳定维持在 650mmHg 以上，且应分布均匀。

2. 平均固结度

竖井深度范围内土层的平均固结度应大于 90%。

3. 竖向排水体

一般采用袋装砂井或塑料排水带。真空预压处理地基时，必须设置竖向排水体，由于砂井（袋装砂井和塑料排水带）能将真空度从砂垫层中传至土体，并将土体中的水抽至砂垫层然后排出。若不设置砂井就起不到上述的作用和加固目的。竖向排水体的规格、排列方式、间距和深度的确定与堆载预压相同。

抽真空的时间与土质条件和竖向排水体的间距密切相关。达到相同的固结度，间距越小，则所需的时间越短（表7-3）。

袋装砂井间距与所需时间关系 表7-3

袋装砂井间距(m)	固结度(%)	所需时间(d)
1.3	80	40~50
	90	60~70
1.5	80	60~70
	90	85~100
1.8	80	90~105
	90	120~130

4. 平面布置

真空预压的面积不得小于基础外缘所包围的面积，真空预压区边缘比建筑基础外缘每边增加量不得小于3m；真空预压地基加固面积较大时，宜采取分区加固，每块预压面积应尽可能大且呈方形，分区面积宜为20000~40000m²，根据加固要求彼此间可搭接或有一定间距。加固面积越大，加固面积与周边长度之比也越大，气密性就越好，真空度就越高（表7-4）。

真空度与加固面积关系 表7-4

加固面积 F（m²）	264	900	1250	2500	3000	4000	10000	20000
周边长度 S（m）	70	120	143	205	230	260	500	900
F/S	3.77	7.5	8.74	12.2	13.04	15.38	20	22.2
真空度（mmHg）	515	530	600	610	630	650	680	730

注：1mmHg＝133.322Pa。

5. 监测系统

真空预压施工期间应进行真空度、地面沉降、深层竖向变形、孔隙水压力等项目的监测。真空预压加固区周边有建筑物时，还应进行深层侧向位移和地表边桩位移监测。

真空预压加固软土地基满足卸载标准时方可卸载。真空预压加固卸载标准可按下列要求确定：

（1）沉降—时间曲线达到收敛，实测地面沉降速率连续5~10d平均沉降量小于或等于2mm/d；

（2）真空预压所需的固结度宜大于85%~90%，沉降要求严格时取高值；

（3）加固时间不小于90d；

（4）对工后沉降有特殊要求时，卸载时间除需满足以上标准外，还需通过计算剩余沉降量来确定卸荷时间。

7.3.6 真空-堆载联合预压法设计

当设计地基预压荷载大于 80kPa，且进行真空预压处理地基不能满足设计要求时可采用真空和堆载联合预压地基处理。

堆载体的坡肩线宜与真空预压边线一致。

对于一般软黏土，上部堆载施工宜在真空预压膜下真空度稳定地达到 650mmHg 且抽真空时间不少于 10d 时后进行。对于高含水量的淤泥类土，上部堆载施工宜在真空预压膜下真空度稳定地达到 650mmHg 且抽真空 20～30d 后方可进行。

当堆载较大时，真空和堆载联合预压应采用分级加载，分级数应根据地基土稳定计算确定。分级加载时，应待前期预压荷载下地基土的强度增长满足下一级荷载下地基的稳定性要求时，方可增加堆载。

堆载加载过程中，应满足地基稳定性设计要求，对竖向变形、边缘水平位移及孔隙水压力的监测应满足下列要求：

（1）地基向加固区外的侧移速率不应大于 5mm/d；

（2）地基竖向变形速率不应大于 10mm/d；

（3）根据上述观察资料综合分析、判断地基的稳定性。

7.4 施 工 方 法

从施工角度分析，要保证排水固结法的加固效果，主要做好以下三个环节：铺设水平排水垫层、设置竖向排水体和施加固结压力。

7.4.1 排水系统

1. 水平排水垫层的施工

排水垫层的作用是使在预压过程中，从土体进入垫层的渗流水迅速地排出，使土层的固结能正常进行，防止土颗粒堵塞排水系统。因而垫层的质量将直接关系到加固效果和预压时间的长短。

（1）垫层材料

垫层材料应采用透水性好的砂料，其渗透系数一般不低于 10^{-3}cm/s，同时能起到一定的反滤作用。通常采用级配良好的中、粗砂，含泥量不大于 3%。一般不宜采用粉、细砂。

（2）垫层尺寸

1）一般情况下陆上排水垫层厚度为 0.5m 左右，水下垫层为 1.0m 左右。对新吹填不久的或无硬壳层的软黏土及水下施工的特殊条件，应采用厚的或混合粒排水垫层。

2）排水砂垫层宽度等于铺设场地宽度，砂料不足时，可用砂沟代替砂垫层。

3）砂沟的宽度为 2～3 倍砂井直径，一般深度为 400～600mm。

（3）垫层施工

不论采用何种施工方法，都应避免对软土表层的过大扰动，以免造成砂和淤泥混合，影响垫层的排水效果。另外，在铺设砂垫层前，应清除干净砂井顶面的淤泥或其他杂物，以利砂井排水。

2．竖向排水体施工

（1）砂井施工

砂井施工要求：①保持砂井连续和密实，并且不出现颈缩现象；②尽量减小对周围土的扰动；③砂井的长度、直径和间距应满足设计要求。

砂井施工一般先在地基中成孔，再在孔内灌砂形成砂井。表 7-5 为砂井成孔和灌砂方法。

砂井成孔和灌砂方法 表 7-5

类　　型	成孔方法		灌砂方法	
使用套管	管端封闭	冲击打入 振动打入	用压缩空气	静力提拔套管 振动提拔套管
		静力压入	用饱和砂	静力提拔套管
	管端敞口	射水排土 螺旋钻排土	浸水自然下沉	静力提拔套管
不使用套管	旋转、射水 冲击、射水		用饱和砂	

砂井施工时必须保证砂井的施工质量以防缩颈、断颈或错位现象（图 7-12）。

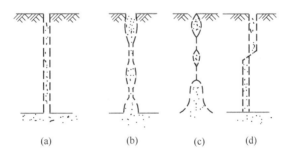

图 7-12　砂井可能产生的质量事故
（a）理想的砂井形状；（b）缩颈；（c）断颈；（d）错位

砂井的灌砂量，应按砂在中密状态时的干重度和井管外径所形成的体积计算，其实际灌砂量按质量控制要求，不得小于计算值的 95％。灌砂时可适当灌水，以利密实。

砂井位置的允许偏差为该井的直径，垂直度的允许偏差为 1.5％。

（2）袋装砂井施工

袋装砂井基本上解决了大直径砂井中所存在的问题，使砂井的设计和施工更加科学化，保证了砂井的连续性，施工设备实现了轻型化，比较适宜在软弱地基上施工；用砂量大为减少；施工速度加快、工程造价降低，是一种比较理想的竖向排水体。

1）施工机具和工效

在国内，袋装砂井成孔的方法有锤击打入法、水冲法、静力压入法、钻孔法和振动贯入法五种。

2）砂袋材料的选择

砂袋材料必须选用抗拉力强、抗腐蚀和抗紫外线能力强、透水性能好、韧性和柔性好、透气、并且在水中能起滤网作用和不外露砂料的材料制作。国内采用过的砂袋材料有麻布袋和聚丙烯编织袋，其力学性能如表 7-6 所示。

砂袋材料力学性能表   表 7-6

材料名称	拉伸试验		弯曲180°试验			渗透性 (cm/s)
	抗拉强度(MPa)	伸长率(%)	弯心直径(cm)	伸长率(%)	破坏情况	
麻袋布	1.92	5.5	7.5	4	完整	
聚丙烯编织袋	1.70	25	7.5	23	完整	>0.01

3）施工要求

灌入砂袋的砂宜用干砂，并应灌制密实。砂袋长度应较砂井孔长度长 500mm，使其放入井孔内后能露出地面，以便埋入排水砂垫层中。

袋装砂井施工时，所用钢管的内径宜略大于砂井直径，不宜过大以减小施工过程中对地基土的扰动。另外，拔管后带上砂袋的长度不宜超过 500mm。

（3）塑料排水带施工

塑料排水带法是将塑料排水带用插带机将其插入软土中，然后在地基面上加载预压（或采用真空预压），土中水沿塑料带的通道逸出，从而使地基土得到加固的方法。

1）塑料排水带材料

塑料排水带由于所用材料不同，断面结构形式各异（图 7-13）。

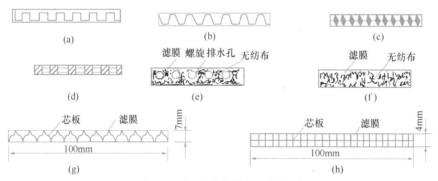

图 7-13　塑料排水带断面结构图

（a）H 形槽型料带；（b）梯形槽型料带；（c）△槽型塑料带；（d）硬透水膜塑料带；（e）无纺布螺旋孔排水带；
（f）无纺布柔性排水带；（g）SVD1 型塑性带；（h）SVD2 型塑性带

2）塑料排水带性能要求

选择塑料排水带时，应使其具有良好的透水性和强度，塑料带的纵向通水量不小于 $(15\sim40)\times10^3$ mm³/s；滤膜的渗透系数不小于 5×10^{-3} mm/s；芯带的抗拉强度不小于 $10\sim15$N/mm；滤膜的抗拉强度，干态时不小于 $1.5\sim3.0$N/mm，湿态时不小于 $1.0\sim2.5$N/mm（插入土中较短时用小值，较长时用大值）。整个排水带应反复对折 5 次不断裂才认为合格。

3）塑料排水带施工

① 插带机械

塑料排水带的施工质量在很大程度上取决于施工机械的性能，有时会成为制约施工的重要因素。

用于插设塑料带的插带机，种类很多，性能不一。由于大多在软弱地基上施工，因此要求行走装置具有：a. 机械移位迅速，对位准确；b. 整机稳定性好，施工安全；c. 对地基土扰动小，接地压力小等性能。从国外资料分析，有专门厂商生产，也有自行设计和制造的，或用挖掘机、起重机、打桩机改装的。从机型分，有轨道式、滚动式、履带浮箱式、履带式和步履式等多种。

② 塑料排水带导管靴与桩尖

一般打设塑料带的导管靴有圆形和矩形两种。由于导管靴断面不同，所用桩尖各异，并且一般都与导管分离。桩尖主要作用是在打设塑料带过程中防止淤泥进入导管内，并且对塑料带起锚定作用，防止提管时将塑料带拔出。

a. 圆形桩尖应配圆形管靴，一般为混凝土制品，如图 7-14 所示。

b. 倒梯形绑扎连接桩尖，此板尖配矩形管靴，一般为塑料制品，薄金属板也可，如图 7-15 所示。

c. 倒梯形楔挤压连接桩尖，该桩尖固定塑料带比较简单，一般为塑料制品，也可用薄金属板制成，如图 7-16 所示。

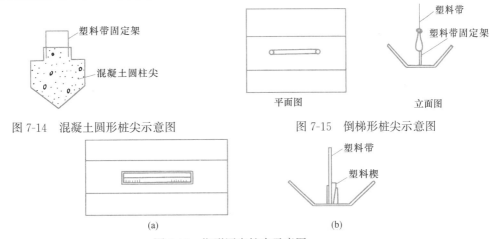

图 7-14　混凝土圆形桩尖示意图　　　　　图 7-15　倒梯形桩尖示意图

图 7-16　楔形固定桩尖示意图

③ 塑料排水带法的施工工艺

塑料排水带打设顺序包括：定位；将塑料带通过导管从管靴穿出；将塑料带与桩尖连接贴紧管靴并对准桩位；插入塑料带；拔管剪断塑料带等。

袋装砂井和塑料排水带施工的质量要求、施工要点和施工程序见表 7-7。

袋装砂井和塑料排水带施工时，由于套管截面往往比排水体截面大，因此会对地基土产生施工扰动，引起较大的地基强度降低和附加沉降。其影响程度与施工机具及地基土的结构性有关，因此为了减小施工过程中对地基土的扰动，袋装砂井施工时所用套管内径宜略大于砂井直径，塑料排水带施工时应采用菱形断面套管，不应采用圆形断面套管。

袋装砂井和塑料排水带施工　　　　　　　　　　　　　　　表 7-7

	质量要求	施工要点	施工程序
袋装砂井	①平面位置允许偏差,水下 200mm,陆地 100mm ②垂直度允许偏差 15mm/m ③井底标高符合设计要求,砂袋顶端高出地面,外露长度 300^{+150}_{-100} mm ④砂袋入井下沉时,严禁发生扭结、断裂现象 ⑤砂袋灌砂率必须大于 95%	①定位准确 ②导架上设有明显标志,控制打入深度 ③编织袋避免裸晒,防止老化 ④"桩头"与套管要配合好,防止进泥 ⑤套管进料口处应设滚轮,套管内壁要光滑,避免刮破编织袋 ⑥套管拔起后,及时向砂袋内补灌砂至设计高程 ⑦砂井验收后,及时按要求埋入砂垫层	先把套管对准井位,整理好"桩尖",开动机器把套管打至设计深度,然后把砂袋从套管上部侧面进料口投入,随之灌水,以便顺利拔起套管至下一井位

质量要求	施工要点	施工程序
塑料排水带	①平面位置允许偏差小于100mm ②垂直度允许偏差150mm/m ③排水带顶端必须高出地面，外露长度300^{+150}_{-100}mm ④排水带底标高偏差小于100mm ⑤严禁出现扭结、断裂和撕破滤膜现象	①选择合适的打设机械和管靴 ②管靴要与塑料带连接好，与套管扣紧，防止套管进泥 ③打设机上设有进尺标志，控制塑料带打设深度 ④地面上每个井位应有明显标志 ⑤塑料大施工完毕验收后，按要求埋入砂垫层	打设塑料带前，应有明显标志把塑料带井位置于砂面上标出，并将塑料带从套管上端入口处穿入套管至桩头，与管靴连接好。对准点位，开机将套管打至设计深度，然后上拔套管至地面，剪断塑料带，即完成一个塑料排水带的打设

7.4.2 加压系统

产生固结压力的荷载一般分三类：一是利用建筑物自身加压；二是外加预压荷载；三是通过减小地基土的孔隙水压力而增加固结压力。

1. 利用建筑物自重压重

利用建筑物本身重量对地基加压是一种经济而有效的方法。此法一般应用于以地基的稳定性为控制条件，能适应较大变形的建筑物，如路堤、土坝、贮矿场、油罐、水池等。特别是对油罐或水池等建筑物，先进行充水加压，一方面可检验罐壁本身有无渗漏现象；同时，还利用分级逐渐充水预压，使地基强度得以提高，满足稳定性要求。对路堤、土坝等建筑物，由于填土高、荷载大，地基的强度不能满足快速填筑的要求，工程上都采取严格控制加荷速率，逐层填筑的方法以确保地基的稳定性。

2. 堆载预压

堆载预压的材料一般以散料为主，如石料、砂、砖等。大面积施工时通常采用自卸汽车与推土机联合作业。对超软地基的堆载预压，第一级载荷宜用轻型机械或人工作业。

施工时应注意以下几点：

（1）堆载面要足够。堆载的顶面积不小于建筑物底面积。堆载的底面积也应适当扩大，以保证建筑物范围内的地基得到均匀加固。

（2）堆载要求严格控制加荷速率，保证在各级荷载下地基的稳定性，同时要避免部分堆载过高而引起地基的局部破坏。

（3）对超软黏性土地基，载荷的大小、施工工艺更要精心设计以避免对土的扰动和破坏。

不论利用建筑物荷载加压还是堆载预压，最为危险的是急于求成，不认真进行设计，忽视对加荷速率的控制，施加超过地基承载力的荷载。特别对打入式砂井地基，未待因施打砂井而使地基减小的强度得到恢复就进行加载，这样就容易导致工程的失败。从沉降角度来分析，地基的沉降不仅仅是固结沉降，由于侧向变形也产生一部分沉降，特别是当荷载大时，如果不注意加荷速率的控制，地基内产生局部塑性区而因侧向变形引起沉降，从而增大总沉降量。

3. 真空预压

（1）加固区划分

加固区划分是真空预压施工的重要环节，理论计算结果和实际加固效果均表明，每块预压面积应尽可能大且呈方形。但如果受施工能力或场地条件限制，需要把场地划分几个加固区域，分期加固，划分区域时应考虑以下几个因素：

1）按建筑物分布情况，应确保每个建筑物位于一块加固区域之内，建筑边线距加固区有效边线根据地基加固厚度可取 2～4m 或更大些。应避免两块加固区的分界线横过建筑物。否则将会由于两块加固区分界区域的加固效果差异而导致建筑物发生不均匀沉降。

2）应考虑竖向排水体打设能力，加工大面积密封膜的能力，大面积铺膜的能力和经验及射流装置和滤管的数量等方面的综合指数。

3）应以满足建筑工期要求为依据，分区面积宜为 20000～40000m²。

4）加固区之间的距离应尽量减小或者共用一条封闭沟。

（2）工艺设备

抽真空工艺设备包括真空源和一套膜内、膜外管路。

1）真空源目前国内大多采用射流真空装置，射流真空装置由射流箱和离心泵等组成。

抽真空装置的布置视加固面积和射流装置的能力而定，一套高质量的抽真空装置在施工初期可负担 1000～1500m² 的加固面积，后期可负担 1500～2000m² 的加固面积。抽真空装置设置数量，应以始终保持密封膜内高真空度为原则。

2）膜外管路连接着射流装置的回阀、截水阀、管路组成。过水断面应能满足排水量，且能承受 100kPa 径向力而不变形破坏的要求。

3）膜内水平排水滤管，目前常用直径为 $\phi 60 \sim \phi 70$ 的铁管或硬质塑料管。

为了使水平排水滤管标准化并能适应地基沉降变形，滤水管一般加工成长 5m 一根，滤水部分钻有 $\phi 8 \sim \phi 10$ 的滤水孔，孔距 50mm，三角形排列，滤水管外绕 3mm 铅丝（圈距 50mm），外包一层尼龙窗纱布，再包滤水材料构成滤水层。目前常用的滤水层材料为土工合成材料，其性能见表 7-8。

常用滤水层材料性能表　　　　　　　　　　　　　　　　表 7-8

项　　目		参考数值
渗透系数(cm/s)		$0.4 \times 10^{-3} \sim 2.0 \times 10^{-3}$
抗拉强度(N/cm)	干态	20～44
	湿态	15～30
隔土性(mm)		<0.075

4）滤水管的布置与埋设，滤水管的平面布置一般采用条形或鱼刺形排列，如图 7-17 和图 7-18 所示。遇到不规则场地时，应因地制宜地进行滤水管排列设计，保证真空负压快速而均匀地传至场地各个部位。

图 7-17　滤水管条形排列图

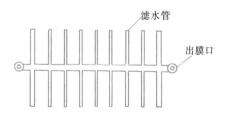

图 7-18　滤水管鱼刺形排列图

滤水管的排距 l 一般为 6～10m，最外层滤水管距场地边的距离为 2～5m。滤水管之间的连接采用软连接，以适应场地沉降。

滤水管埋设在水平排水砂垫层的中部，其上应有 0.10～0.20m 砂覆盖层，防止滤水管上尖利物体刺破密封膜。

5）膜外管与膜内水平排水滤管连接（出膜装置）如图 7-19 所示。

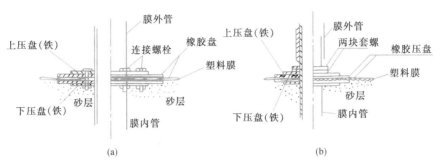

图 7-19　出膜装置示意图

（3）密封系统

密封系统由密封膜、密封沟和辅助密封措施组成。

一般选用聚乙烯或聚氯乙烯薄膜，其性能见表 7-9。

密封膜性能表　　　　　　　　　　　　　　　　　　表 7-9

抗拉强度（MPa）		伸长率（%）		直角断裂强度	厚度	微孔
纵向	横向	断裂	低温	（MPa）	（mm）	（个）
≥18.5	≥16.5	≥220	20～45	≥4.0	0.12±0.02	≤10

塑料膜经过热合加工才能成为密封膜，热合时每幅塑料膜可以平搭接，也可以立缝搭接，搭接长度 15～20mm 为宜。热合时根据塑料膜的材质和厚度确定热合温度、刀的压力和热合时间，使热合缝牢而不熔。

为了保证整个预压过程中的密封性，塑料膜一般宜铺设 2～3 层，每层膜铺好后应检查和黏补破漏处。膜周边的密封可采用挖沟折铺膜，见图 7-20，在地基土颗粒细密、含水量较大、地下水位浅的地区也可采用平铺膜，如图 7-21 所示。

图 7-20　密封沟示意图　　　　　　　　　图 7-21　平铺膜示意图

密封沟的截面尺寸应视具体情况而定，密封膜与密封沟内坡密封性好的黏土接触长度 a 一般为 1.3～1.5m，密封沟的密封长度 b 应大于 0.8m，其深度 d 也应大于 0.8m，以保证周边密封膜上有足够的覆土厚度和压力。

如果密封沟底或两侧有碎石或砂层等渗透性较好的夹层存在，应将该夹层挖除干净，回填 400mm 厚的软黏土。

由于某种原因，密封膜和密封沟发生漏气现象时，施工中必须采用辅助密封措施。如膜上沟内同时覆水、封闭式板桩墙或封闭式板桩墙内覆水等。

地基土渗透性强时，应设置黏土密封墙。黏土密封墙宜采用双排搅拌桩，搅拌桩直径不宜小于 700mm；当搅拌桩深度小于 15m 时，搭接宽度不宜小于 200mm；当搅拌桩深度大于 15m 时，搭接宽度不宜小于 300mm；搅拌桩成桩搅拌应均匀，黏土密封墙的渗透系数应满足设计要求。

（4）抽气阶段施工要求与质量要求

1）膜上覆水一般应在抽气后，膜内真空度达 80kPa，确信密封系统不存在问题方可进行，这段时间一般为 7～10d。

2）保持射流箱内满水和低温，射流装置空载情况下均应超过 95kPa。

3）经常检查各项记录，发现异常现象，如膜内真空度值小于 80kPa 等，应尽快分析原因并采取措施补救。

4）冬季抽气，应避免过长时间停泵，否则，膜内、外管路会发生冰冻而堵塞，抽气很难进行。

5）下料时应根据不同季节预留塑料膜伸缩量；热合时，每幅塑料膜的拉力应基本相同。防止密封膜形状不正规、不符合设计要求。

6）在气温高的季节，加工完毕的密封膜应堆放在阴凉通风处；堆放时给塑料膜之间适当撒放滑石粉；堆放的时间不能过长，以防止互相粘连。

7）在铺设滤水管时，滤水管之间要连接牢固，选用合适滤水层且包裹严实，避免抽气后杂物进入射流装置。

8）铺膜前应用砂料把砂井孔填充密实；密封膜破裂后，可用砂料把井孔填充密实至砂垫层顶面，然后分层把密封膜粘牢，以防止砂井孔处下沉密封膜破裂。

9）抽气阶段质量要求达到膜内真空大于 80kPa；停止预压时地基固结度要求大于 80%；预压的沉降稳定标准为连续 5d，实测沉降速率不大于 2mm/d。

（5）注意事项

1）在大面积软基加固工程中，每块预压区面积尽可能要大，因为这样可加快工程进度和消除更多的沉降量。

2）两个预压区的间隔不宜过大，需根据工程要求和土质决定，一般以 2～6m 较好。

3）膜下管道在不降低真空度的条件下尽可能少，为减少费用可取消主管，全部采用滤管，由鱼刺形排列改为环形排列。

4）砂井间距应根据土质情况和工期要求来定。当砂井间距从 1.3m 增至 1.8m 时，达到相同固结度所需的时间增率与堆载预压法相同。

5）当冬季的气温降至 -17℃ 时，如对薄膜、管道、水泵、阀门及真空表等采取常规保温措施，则可照常进行作业。

6）为了保证真空设备正常安全运行，便于操作管理和控制间歇抽气，从而节约能源，现已研制成微机检测和自动控制系统。

7）直径 70mm 的袋装砂井和塑料排水带都具有较好的透水性能。实测表明，在同等条件下，达到相同固结度所需的时间接近。采用何种排水通道，主要由它的单价和施工条件而定。

真空预压法施工过程中为保证其质量，真空滤管的距离要适当使真空度分布均匀，滤管渗透系数不小于 10^{-2} cm/s；泵及膜内真空度应达到在 73～96kPa 范围的技术要求，地表总沉降规律应符合一般堆载预压时的沉降规律，如发现异常，应及时采取措施，以免影响最终加固效果，因此必须做好真空度、地面沉降量、深层沉降、水平位移、孔隙水压力和地下水位的现场测试工作。

4. 真空-堆载联合预压

采用真空—堆载联合预压时，应先抽真空，当真空压力达到设计要求并稳定后，再进行堆载，并继续抽真空。

堆载前，应在膜上铺设编织布或无纺布等土工编织布保护层，保护层上铺设 100～300mm 厚砂垫层。堆载施工时可采用轻型运输工具，不得损坏密封膜。上部堆载施工时，应监测膜下真空度的变化，发现漏气应及时处理。

真空—堆载联合预压施工时，除了要按真空预压和堆载预压的要求进行以外，还应注意以下几点：

（1）堆载前要采取可靠措施保护密封膜，防止堆载时刺破密封膜；

（2）堆载底层部分应选颗粒较细且不含硬块状的堆载物，如砂料等；

（3）选择合适的堆载时间和荷重。

堆载部分的荷重为设计荷载与真空等效荷载之差。如果堆载部分荷重较小，可一次施加；荷重较大时，应根据计算分级施加。

堆载时间应根据理论计算确定，现场可根据实测孔隙水压力资料计算当时地基强度值来确定堆载时间和荷重。一般可在膜内真空度值达 80kPa 后 7～10d 开始堆载；若天然地基很软，可在膜内真空度值达 80kPa 后 20d 开始堆载。

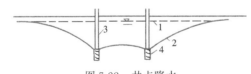

图 7-22 井点降水

1—抽水前的地下水位线；2—抽水后的水位降落线；3—抽水井管；4—滤水管

5. 降水预压

井点降水，一般是先用高压射水将井管外径为 38～50mm、下端具有长约 1.7m 的滤管沉到所需深度，并将井管顶部用管路与真空泵相连，借真空泵的吸力使地下水位下降，形成漏斗状的水位线，如图 7-22 所示。

井管间距视土质而定，一般为 0.8～2.0m，井点可按实际情况进行布置。滤管长度一般取 1～2m，滤孔面积应占滤管表面积的 20%～25%，滤管外包两层滤网及棕皮，以防止滤管被堵塞。

降水 5～6m 时，降水预压荷载可达 50～60kPa，相当于堆高 3m 左右的砂石料，而相对降水预压工程量小很多，如采用多层轻型井点或喷射井点等其他降水方法，则其效果将更为显著。日本常将此法与砂井结合使用。日本仙台火力发电厂在软黏土地基上建造堆煤场，预压荷载为 35kPa，井点降水深度 3.5m，经 5 个月后，抗剪强度由 21kPa 提高到 40.5kPa，满足了设计要求。当前，国内天津等沿海城市曾成功地采用了射流喷射方法降低地下水位，降水深度可达 9m，而真空泵一般只能降水 5m。

降水预压法较堆载预压法的另一优点是，降水预压使土中孔隙水压力降低，所以不会使土体发生破坏，因而不需控制加荷速率，可一次降至预定深度，从而能加速固结时间。

7.5 现场观测及加荷速率控制

在排水预压地基处理施工过程中，为了了解地基中固结度的实际发生情况、更加准确地预估最终沉降和及时调整设计方案，需要同时进行一系列的现场观测。另外，现场观测是控制堆载速率非常重要的手段，可以避免工程事故的发生。因此，现场观测不仅是发展理论和评价处理效果的依据，同时也可及时防止因设计和施工不完善而引起的意外工程事故。

7.5.1 现场观测

现场观测项目包括：孔隙水压力观测、沉降观测、边桩水平位移观测、真空度观测、地基土物理力学指标检测等。

1. 孔隙水压力观测

孔隙水压力现场观测时，可根据测点孔隙水压力—时间变化曲线，反算土的固结系数、推算该点不同时间的固结度，从而推算强度增长，并确定下一级施加荷载的大小，根据孔隙水压力和荷载的关系曲线可判断该点是否达到屈服状态，因而可用来控制加荷速率，避免加荷过快而造成地基破坏。

现场观测孔隙水压力的仪器，目前常用钢弦式孔隙水压力计和双管式孔隙水压力计。

钢弦式孔隙水压力计的构造原理与土压力盒相似，其主要优点是反应灵敏，时间延滞短，所以适用于荷载变化比较迅速的情况，也便于实现原位测试技术的电气化和自动化。实践证明，它的长期稳定性也较好。

双管式孔隙水压力计耐久性能好，但常有压力传递的滞后现象。另外，容易在接头处发生漏气，并能使传递压力的水中逸出大量气泡，影响测读精度。

在堆载预压工程中，一般在场地中央、载物坡顶部处及载物坡脚处不同深度处设置孔隙水压力观测仪器，而真空预压工程则只需在场内设置若干个测孔。测孔中测点布置垂直距离为1~2m，不同土层也应设置测点，测孔的深度应大于待加固地基的深度。

2. 沉降观测

沉降观测是最基本、最重要的观测项目之一。观测内容包括：荷载作用范围内地基的总沉降，荷载外地面沉降或隆起，分层沉降以及沉降速率等。

堆载预压工程的地面沉降标应沿场地对称轴线上设置，场地中心、坡顶、坡脚和场外10m范围内均需设置地面沉降标，以掌握整个场地的沉降情况和场地周围地面隆起情况。

真空预压工程地面沉降标应在场内有规律地设置，各沉降标之间距离一般为20~30m，边界内外适当加密。

深层沉降一般用磁环或沉降观测仪，布置在堆载轴线下地基的不同土层中，孔中测点位于各土层的顶部。通过深层沉降观测可以了解各层土的固结情况，有利于更好地控制加荷速率。

3. 水平位移观测

水平位移观测包括边桩水平位移和沿深度的水平位移两部分。它是控制堆载预压加荷速率的重要手段之一。

地表水平位移标一般由木桩或混凝土桩制成，布置在堆载的坡脚，并根据荷载情况，在堆载作用面外再布置2～3排观测点。它是控制堆载预压加荷速率和监视地基稳定性的重要手段之一。

深层水平位移则由测斜仪测定，测孔中测点距离为1～2m，一般布置在堆载坡脚或坡脚附近。通过深层侧向位移观测可更有效地控制加荷速率，保证地基稳定。

真空预压的水平位移指向加固场地，不会造成加固地基的破坏。

4. 真空度观测

真空度观测分为真空管内真空度、膜下真空度和真空装置的工作状态。膜下真空度则能反映整个场地"加载"的大小和均匀程度。膜下真空度测头要求分布均匀，每个测头监控的预压面积为1000～2000m^2，抽真空期间一般要求真空管内真空度值大于90kPa，膜下真空度值大于80kPa。

5. 地基土物理力学指标检测

通过对比加固前后地基土物理力学指标可更直观地反映出排水固结法加固地基的效果。

对以稳定性控制的重要工程，应在预压区内选择有代表性的地点预留孔位，对堆载预压法在堆载不同阶段、对真空预压法在抽真空结束后，进行不同深度的十字板抗剪强度试验和取土进行室内试验，以验算地基的抗滑稳定性，并检验地基的处理效果。

现场观测的测试要求如表7-10所示。

动态观测的测试要求 表7-10

观测内容	观测目的	观测次数	备 注
沉 降	推算固结程度 控制加荷速率	1. 4次/日 2. 2次/日 3. 1次/日 4. 4次/年	1—加荷期间,加荷后一星期内观测次数; 2—加荷停止后第二个星期至一个月内观测次数; 3—加荷停止一个月后观测次数; 4—若软土层很厚,产生次固结情况
坡趾侧向位移	控制加荷速率	1. 2.1次/日 3. 1次/2日	
孔隙水压	测定孔隙水压增长和消散情况	1. 8次/昼夜 2. 2次/日 3. 1次/日	
地下水位	了解水位变化计算孔隙水压力	1次/日	

7.5.2 加荷速率控制

1. 地基破坏前的变形特征

地基变形是判别地基破坏的重要指标。对软土地基一旦接近破坏，其变形量就急剧增加，故根据变形量的大小可以大致判别破坏预兆。

在堆载情况下，地基破坏前有如下特征：

(1) 堆载顶部和斜面出现微小裂缝；

(2) 堆载中部附近的沉降量 s 急剧增加；

(3) 堆载坡趾附近的水平位移 δ_H 向堆载外侧急剧增加；

（4）堆载坡趾附近地面隆起；

（5）停止堆载后，堆载坡趾的水平位移和坡趾附近地面的隆起继续增大，地基内孔隙水压力也继续上升。

2. 控制加荷速率的方法

（1）变形速率控制法

该方法是根据堆载中心的沉降速率和堆载坡趾的水平位移速率来判断地基的稳定性。当这两个指标增加超过某一数值时，则认为地基可能会产生剪切破坏。这种方法也是目前国内工程界以及各类规范所普遍采用的一种方法。根据工程经验，控制指标如下。

1）堆载中心点处的地面沉降速率：天然地基 10mm/d，砂井地基 15mm/d。

2）堆载坡趾侧向位移速率：4mm/d。

这种方法最大的特点是简单，容易操作和应用。但实际上地基变形速率受多种因素的影响，比如加荷速率、固结速率等，因此并不是一种十分可靠的方法，在工程应用中应谨慎，结合其他方法综合判断地基的稳定性。

（2）基于变形指标的其他方法

下面介绍两种采用变形监测数据判断地基稳定性的方法。

1）根据沉降 s 和侧向位移 δ_H 判别

利用 s-δ_H 关系，即同时测试堆载中部的沉降量 s 和堆载坡趾侧向位移 δ_H。日本富永和桥本指出：当 δ_H/s 值急剧增加时，意味着地基接近破坏（图 7-23）。当预压荷载较小时，s-δ_H 曲线应与 s 轴有个夹角 θ，测点在 E 线上移动。预压荷载接近破坏荷载时，δ_H 增加要比 s 增加显著，如图 7-23 中的 Ⅰ、Ⅱ 所示。

尽管影响地基稳定的因素很复杂，条件不相同，但地基破坏时 s-δ_H/s 关系大致在一条曲线上，如图 7-24 中 $q/q_f=1.0$ 的曲线，该曲线称为破坏基准线。

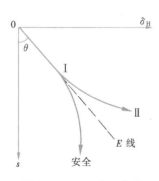

图 7-23　s-δ_H 关系曲线

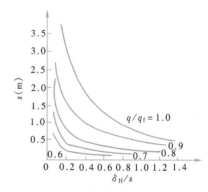

图 7-24　判别堆载的安全图

q—任意时刻的荷载；q_f—地基土破坏时的荷载

将堆载过程中实测到的变形值绘制在 s-δ_H/s 图上，视其规律是接近还是远离破坏基准线，如接近破坏基准线，则表示接近破坏；远离则表示安全稳定。根据国外工程实例，堆载各位置上出现的裂缝，其 q/q_f 值大多为 0.8～0.9。

2）根据侧向位移系数判别

图 7-25 是荷载 q（或堆高 h）、时间 t 和侧向位移 δ_H 的关系图。堆载按图中所示的分

级进行。在某级荷载的 Δt 时间内，侧向位移增量为 $\Delta\delta_H$（Δt 取等间隔），有一个 Δq 就有一个相应的 $\Delta\delta_H$ 值，就可绘制出 $\Delta q/\Delta\delta_H - q$（或 h）曲线（图7-26）。

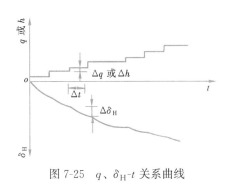

图 7-25 q、δ_H-t 关系曲线

图 7-26 $\Delta q/\Delta\delta_H$-q 关系曲线

由图7-26可知，当 q（或 h）值较小时，$\Delta q/\Delta\delta_H$（或 $\Delta h/\Delta\delta_H$）值就较大。当 q 达到某值后，q 则和 $\Delta q/\Delta\delta_H$ 成直线关系，将直线延长与横轴 q 相交，则该交点为极限荷载 q_f（或堆载极限高度 h_f）。$\Delta q/\Delta\delta_H$ 为侧向位移系数，它是表示地基刚性的一个指标。

（3）超孔隙水压力判别法

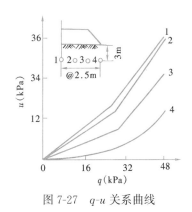

图 7-27 q-u 关系曲线

图7-27为测定的超孔隙水压力 u 和荷载 q 的曲线，1、2、3三个测点的曲线有明显的转折点，对应于转折点荷载为 q_y：

当 $q < q_y$ 时，地基土处在弹性阶段；

当 $q = q_y$ 时，设置孔隙水压力计测头处的土发生塑性挤出；

当 $q > q_y$ 时，塑性区扩大。

q_y 和极限荷载 q_f 间存在这样的关系：$q_f/q_y = 1.6$。亦即在 q-u 图中，当出现直线的折点时，极限荷载（或极限高度）为该点荷载的1.6倍。

也有根据经验认为超孔隙水压力为预压荷载所产生应力的 $50\%\sim60\%$ 时地基可能破坏。

（4）应力路径法

该方法是通过测得的孔隙水压力来绘制土体的有效应力路径，根据土体的有效应力状态和强度线之间的关系从而判断地基的稳定性。详细过程可参阅土力学教材中的相关部分。

（5）卸载标准

预压到某一程度后可卸载，可按下列标准进行卸载：

（1）地面总沉降量大于预压荷载下最终计算沉降量的 80%；

（2）地基总固结度大于 80%；

（3）地面沉降速率小于 $0.5\sim1.0$mm/d，沉降变化曲线趋于平缓。

7.6 质量检验

预压地基施工过程的质量检验和监测应包括以下内容：

1. 应按设计要求检验预压区地面的标高和地表清理工作。

2. 竖向排水体施工质量监测，包括材料质量、允许偏差、垂直度等；砂井或袋装砂井的砂料必须取样进行颗粒分析和渗透性试验；塑料排水带必须现场随机取样送往实验室进行纵向通水量、复合体抗拉强度、渗膜抗拉强度、渗透系数和等效直径等方面的试验。

3. 水平排水体砂料质量检验要求同上，按施工分区进行检验单元划分，或以每$10000m^2$的加固面积为一检验单元，每一检验单元的砂料检验数量应不少于3组。

4. 对有密实度要求的垫层，应按设计要求进行现场密实度检验。

5. 堆载分级荷载的高度偏差不应大于本级荷载折算高度的5%，最终堆载高度不应小于设计总荷载的折算高度。

6. 堆载分级堆高结束后应在现场进行堆料的重度检验，检验数量宜为每$1000m^2$一组，每组3个点。

7. 堆载高度应采用水准仪检查，每$25m^2$宜设一个点。卸载时应观测地基的回弹情况。

8. 对堆载预压工程，应进行地基竖向变形、侧向位移和孔隙水压力等监测；真空预压、真空和堆载联合预压工程，除应进行地基变形、孔隙水压力监测外，尚应进行膜下真空度和地下水位监测。

预压后消除的竖向变形和平均固结度应满足设计要求。预压后应对预压的地基土进行原位试验和室内土工试验。原位试验应在卸载3~5d后进行，可采用十字板剪切试验或静力触探，检验深度不应低于设计处理深度。检验数量按每个处理分区不少于6点进行检测，对于斜坡、堆载等应增加检验数量。必要时进行现场载荷试验，试验数量不应少于3点。对以稳定性控制的重要工程，应在预压区内选择有代表性地点预留孔位，对加载不同阶段和真空预压法在抽真空结束后进行原位十字板剪切试验、静力触探试验和取土进行室内试验。

在预压期间应及时整理沉降与时间、孔隙水压力与时间、位移与时间等关系曲线，推算地基的最终变形量、不同时间的固结度和相应的变形量，分析处理效果并为确定卸载时间提供依据。

思考题与习题

1. 排水固结法中的排水系统有哪些类型？

2. 排水固结法中的加压系统有哪些类型？

3. 试述排水固结法中监测系统设置的目的和意义。

4. 对比真空预压法与堆载预压法的原理。

5. 阐述砂井固结理论的假设条件。

6. 阐述"涂抹作用"和"井阻"的意义，在何种情况下需要考虑砂井的井阻和涂抹作用。

7. 叙述应用实测沉降—时间曲线推测最终沉降量的方法。

8. 地基土为淤泥质黏土层，渗透系数 $k_h = k_v = 1.0 \times 10^{-7}$ cm/s，固结系数 $c_v = c_h = 1.8 \times 10^{-3}$ cm^2/s，受压土层厚度20m，袋装砂井直径 $d_w = 70$mm，砂料渗透系数 $k_w = 2.0 \times 10^{-2}$ cm/s，涂抹区土的渗透系数 $k_s = \frac{1}{5} k_h = 0.2 \times 10^{-7}$ cm/s。取涂抹区直径 d_s 与竖井直径 d_w 的比值 $s = 2$，袋装砂井为等边三角形布置，间距1.4m，深度为20m，砂井底部为不透水层，砂井打穿受压土层。预压荷载总压力为

100kPa，分两级等速加载。其加载过程为：

第一级堆载 60kPa，10d 内匀速加载，之后预压时间 20d。

第二级堆载 40kPa，10d 内匀速加载，之后预压时间 80d。

试计算该地基在考虑袋装砂井的井阻和涂抹影响下受压土层的平均固结度。

9. 地基土为淤泥土层，固结系数 $c_v = c_h = 7.0 \times 10^{-4} \, \text{cm}^2/\text{s}$，渗透系数为 $k_v = k_h = 0.8 \times 10^{-4} \, \text{cm/s}$，受压土层厚度 25m，袋装砂井直径 $d_w = 100\text{mm}$，正方形布置，井距 1.3m，竖井底部为不透水黏土层，竖井穿过受压土层。采用真空—堆载联合预压进行处理，假定受压土层中任意点的附加竖向应力与预压加载总量 140kPa 相同，三轴固结不排水（CU）压缩试验求得的土的内摩擦角 $\phi_{cu} = 4.5°$，预压 80d 后地基中 10m 深度处某点土的固结度 U_t 为 0.8，试计算由于固结影响该点土的抗剪强度增量 $\Delta \tau_{ft}$。

8 灌 浆 法

8.1 概 述

灌浆法（Grouting）是指利用液压、气压或电化学原理，通过灌浆管把浆液均匀地注入地层中，浆液以填充、渗透和挤密等方式，赶走土颗粒间或岩石裂隙中的水分和空气后占据其位置，经人工控制一定时间后，浆液将原来松散的土粒或裂隙胶结成一个整体，形成一个结构新、强度大、防水性能好和化学稳定性良好的"结石体"。其主要用于建筑地基的局部加固处理，适用于砂土、粉土、黏性土和人工填土等地基加固。

灌浆法在我国煤炭、冶金、水电、建筑、交通和铁道等部门都进行了广泛使用，并取得了良好的效果。其加固目的有以下几方面：

（1）增加地基土的不透水性，防止流砂、钢板桩渗水、坝基漏水和隧道开挖时涌水，以及改善地下工程的开挖条件；

（2）防止桥墩和边坡护岸的冲刷；

（3）整治坍方滑坡，处理路基病害；

（4）提高地基土的承载力，减少地基的沉降和不均匀沉降；

（5）进行托换技术，对古建筑的地基加固。

灌浆法按加固原理可分为渗透灌浆、挤密灌浆、劈裂灌浆和电动化学灌浆。

灌浆法在岩土工程治理中应用领域十分广泛，见表8-1。

灌浆法在岩土工程治理中的应用 表8-1

工程类别	应用场所	目的
建筑工程	1. 建筑物因地基土强度不足发生不均匀沉降 2. 在摩擦桩侧面或端承桩底	1. 改善土的力学性质，对地基进行加固或纠偏处理 2. 提高桩周摩阻力和桩端抗压强度，或处理桩底沉渣过厚引起的质量问题
坝基工程	1. 基础岩溶发育或受构造断裂切割破坏 2. 帷幕灌浆 3. 重力坝下灌浆	1. 提高岩土密实度、均匀性、弹性模量和承载力 2. 切断渗流 3. 提高坝体整体性、抗滑稳定性
地下工程	1. 在建筑物基础下面挖地下铁道、地下隧道、涵洞、管线路等 2. 洞室围岩	1. 防止地面沉降过大，限制地下水活动及制止土体位移 2. 提高洞室稳定性，防渗
其他	1. 边坡 2. 桥基 3. 路基等	维护边坡稳定，防止支挡建筑的涌水和邻近建筑物沉降、桥墩防护、桥索支座加固、处理路基病害等

8.2 浆液材料

灌浆加固离不开浆材，而浆材品种和性能的好坏，又直接关系着灌浆工程的成败、质量和造价，因而灌浆工程界历来对灌浆材料的研究和发展极为重视。现在可用的浆材越来越多，尤其在我国，浆材性能和应用问题的研究比较系统和深入，有些浆材通过改性使其缺点消除后，正朝理想浆材的方向演变。

灌浆工程中所用的浆液是由主剂（原材料）、溶剂（水或其他溶剂）及各种外加剂混合而成。通常所提的灌浆材料是指浆液中所用的主剂。外加剂可根据在浆液中所起的作用，分为固化剂、催化剂、速凝剂、缓凝剂和悬浮剂等。

8.2.1 浆液性质评价

1. 浆液性质评价指标

灌浆材料的主要性质评价指标包括：分散度、沉淀析水性、凝结性、热学性、收缩性、结石强度、渗透性和耐久性。

（1）材料的分散度

分散度是影响可灌性的主要因素，一般分散度越高，可灌性就越好。分散度还将影响浆液的一系列物理力学性质。

（2）沉淀析水性

在浆液搅拌过程中，水泥颗粒处于分散和悬浮于水中的状态，但当浆液制成和停止搅拌时，除非浆液极为浓稠，否则水泥颗粒将在重力作用下沉淀，并使水向浆液顶端上升。沉淀析水性是影响灌浆质量的有害因素。浆液水胶比是影响析水性的主要因素，研究证明，当水胶比为 1.0 时，水泥浆的最终析水率可高达 20％。

（3）凝结性

浆液的凝结过程被分为两个阶段：初期阶段，浆液的流动性减少到不可泵送的程度；第二阶段，凝结后的浆液随时间而逐渐硬化。研究证明，水泥浆的初凝时间一般变化在 2～4h，黏土水泥浆则更慢。由于水泥微粒内核的水化过程非常缓慢，故水泥结石强度的增长将延续几十年。

（4）热学性

由于水化热引起的浆液温度主要取决于水泥类型、细度、水泥含量、灌注温度和绝热条件等因素。例如，当水泥的比表面积由 $250m^2/kg$ 增至 $400m^2/kg$ 时，水化热的发展速度将提高约 60％。当大体积灌浆工程需要控制浆温时，可采用低热水泥、低水泥含量及降低拌合水温度等措施。当采用黏土水泥浆灌注时，一般不存在水化热问题。

（5）收缩性

浆液及结石的收缩性主要受环境条件的影响。潮湿养护的浆液只要长期维持其潮湿条件，不仅不会收缩还可能随时间而略有膨胀。反之，干燥养护的浆液或潮湿养护后又使其处于干燥环境中，就可能发生收缩。一旦发生收缩，就将在灌浆体中形成微细裂隙，使浆液效果降低，因而在灌浆设计中应采取防御措施。

（6）结石强度

影响结石强度的因素主要包括：浆液的起始水胶比、结石的孔隙率、水泥的品种及掺合料等，其中以浆液浓度最为重要。

（7）渗透性

与结石的强度一样，结石的渗透性也与浆液起始水胶比、水泥含量及养护龄期等一系列因素有关。不论是纯水泥浆还是黏土水泥浆，其渗透性都很小。

（8）耐久性

水泥结石在正常条件下是耐久的，但若灌浆体长期受水压力作用，则可能使结石破坏。

2. 浆液材料要求

（1）浆液应是真溶液而不是悬浊液。浆液黏度低，流动性好，能进入细小裂隙。

（2）浆液凝胶时间可从几秒至几小时范围内随意调节，并能准确地控制，浆液一经发生凝胶就在瞬间完成。

（3）浆液的稳定性好。在常温常压下，长期存放不改变性质，不发生任何化学反应。

（4）浆液无毒无臭。对环境不污染，对人体无害，属非易爆物品。

（5）浆液应对灌浆设备、管路、混凝土结构物、橡胶制品等无腐蚀性，并容易清洗。

（6）浆液固化时无收缩现象，固化后与岩石、混凝土等有一定黏结性。

（7）浆液结石体有一定抗压和抗拉强度，不龟裂，抗渗性能和防冲刷性能好。

（8）结石体耐老化性能好，能长期耐酸、碱、盐、生物细菌等腐蚀，且不受温度和湿度的影响。

（9）材料来源丰富、价格低廉。

（10）浆液配制方便，操作容易。

现有灌浆材料不可能同时满足上述要求，一种灌浆材料只能符合其中几项要求。因此，在施工中要根据具体情况选用某一种较为合适的灌浆材料。

8.2.2 浆液材料分类及特性

浆液材料分类的方法很多，通常可按图 8-1 进行分类。按浆液所处状态，可分为真溶液、悬浮液和乳化液；按主剂性质，可分为无机系和有机系等。

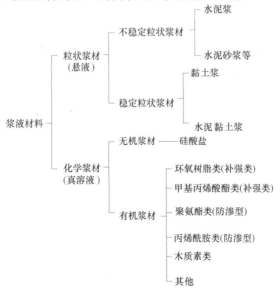

图 8-1　灌浆法按浆液材料分类

1. 粒状浆液特性

粒状浆液最常用的是水泥浆材。水泥浆材是以水泥浆为主的浆液，在地下水无侵蚀性条件下，一般都采用普通硅酸盐水泥。它是一种悬浊液，能形成强度较高和渗透性较小的结石体。既适用于岩土加固，也适用于地下防渗。在细裂隙和微孔地层中虽其可灌性不如化学浆材好，但若采用劈裂灌浆原理，则不少弱透水地层都可用水泥浆进行有效的加固。

水泥浆配比采用水胶比表示，水胶比是指水与水泥和其他掺料（如粉煤灰）的重量之比。水胶比越大，浆液越稀，一般变化范围为0.6～2.0，常用的水胶比是1:1。为了调节水泥浆的性能，有时可加入速凝剂或缓凝剂等附加剂。常用的速凝剂有水玻璃和氯化钙，其用量约为水泥重量的1%～2%，常用的缓凝剂有木质素磺酸钙和酒石酸，其用量约为水泥重量的0.2%～0.5%。

水泥浆材属于悬浮液，其主要问题是析水性大，稳定性差。水胶比越大，上述问题就越突出。此外，纯水泥浆的凝结时间较长，在地下水流速较大的条件下灌浆时浆液易受冲刷和稀释等。为了改善水泥浆液的性质，以适应不同的灌浆目的和自然条件，常在水泥浆中掺入各种附加剂，如表8-2所示。

水泥浆的附加剂及掺量 表8-2

名称	试剂	掺量占水泥重(%)	说明
速凝剂	氯化钙	1～2	加速凝结和硬化
	硅酸钠	0.5～3	加速凝结
	铝酸钠		
缓凝剂	木质磺酸钙	0.2～0.5	亦增加流动性
	酒石酸	0.1～0.5	
	糖	0.1～0.5	
流动剂	木质磺酸钙	0.2～0.3	
	去垢剂	0.05	产生空气
加气剂	松香树脂	0.1～0.2	产生约10%的空气
膨胀剂	铝粉	0.005～0.02	约膨胀15%
	饱和盐水	30～60	约膨胀1%
防析水剂	纤维素	0.2～0.3	
	硫酸铝	约20	产生空气

黏土类浆液采用黏土作为主剂，黏土的粒径一般极小（0.005mm），而比表面积较大，遇水具有胶体化学特性。黏土颗粒越细浆液的稳定性越好，一般用于护壁或临时性的防护工程。

由于黏土的分散性高，亲水性，因而沉淀析水性较小。在水泥浆中加入黏土后，兼有黏土浆和水泥浆的优点，成本低，流动性好，稳定性高，抗渗压和冲蚀能力强，是目前大坝砂砾石基础防渗帷幕与充填灌浆常用的材料。

水泥砂浆由水胶比不大于1.0的水泥浆掺砂配成，与水泥浆相比有流动性小，结实强度高和耐久性好，节省水泥的优点。地层中有较大裂隙、溶洞，耗浆量很大或者有地下水活动时，宜采用该类浆液。

水泥—水玻璃类浆液以水泥和水玻璃为主剂。水玻璃的加入可加快凝结。其性能主要取决于水泥浆水胶比、水玻璃浓度和加入量、浆液养护条件等。广泛应用于建筑地基、大坝、隧道等建筑工程。

2. 化学浆液特性

与粒状浆液相比，化学浆液的特点是能够灌入裂隙较小的岩石、孔隙小的土层及有地下水活动的场合。化学浆液按照其功能可分为防渗型、补强型和防渗补强型三类。

（1）防渗型化学浆液

防渗型化学浆液常用丙烯酰胺类浆液和聚氨酯类浆液。

丙烯酰胺类浆液亦称 MG646 浆液，是以丙烯酰胺为主剂，配合交联剂、引发剂、促进剂、缓凝剂和水配成。具有水溶性和可灌性，黏度低（接近水），凝结时间可调，聚合体不溶于水且有一定弹性等特点。

聚氨酯类浆材是采用多异氰酸酯和聚醚树脂等作为主要原材料，再掺入各种外加剂配制而成的。浆液灌入地层后，遇水即反应生成聚氨酯泡沫体，起加固地基和防渗堵漏等作用。是一种防渗堵漏能力强、固结体强度高的浆材。

（2）补强型化学浆液

目前应用于地基加固补强的化学浆液较多，下面介绍环氧树脂类浆液和甲基丙烯酸酯类。

甲基丙烯酸酯类浆液具有比水还低的黏度，可灌入 $0.05\sim0.1mm$ 细缝，固化强度高，广泛用于地下水位以上混凝土细裂缝补强灌浆。

环氧树脂是一种高分子材料，它具有强度高、黏结力强、收缩性小、化学稳定性好、能在常温下固化等优点；但它作为灌浆材料则存在一些问题，例如浆液的黏度大、可灌性小、憎水性强、与潮湿裂缝黏结力差等。改性环氧树脂具有黏度低、亲水性好、毒性较低以及可在低温和水下灌浆等特点，特别适用于混凝土裂缝及软弱岩基特殊部位的灌浆处理。

（3）其他化学浆液

其他化学浆液下面介绍水玻璃浆液和木质素类浆材。

水玻璃又称硅酸钠，在某些固化剂作用下，可以瞬时产生胶凝。水玻璃类浆液是以水玻璃为主剂，加入胶凝剂，反应生成胶凝，是当前主要的化学浆材，它占目前使用的化学浆液的 90% 以上。

木质素类浆材是以纸浆废液为主剂，加入一定量的固化剂所组成的浆液。它属于"三废利用"，源广价廉，是一种很有发展前途的灌浆材料。木质素浆材目前包括铬木素浆材和硫木素浆材两种。

3. 各种浆液渗透性和固结体抗压强度对比

浆液的渗透性和固结体抗压强度是衡量浆液特性的重要指标。表 8-3 给出了各种浆液的渗透性。可以看出，粒状浆材只能渗入孔隙在粗砂以上的地层，而几乎难以渗入在黏土和粉土的孔隙中；与粒状浆液相比，化学浆液能够灌入裂隙较小的岩石和孔隙小的土层。表 8-4 给出了各种浆液的固结体抗压强度。可以看出，粒状浆材固结体的抗压强度较高。因此，在提高地基强度的灌浆中，应当首选粒状浆材，而在防渗堵漏工程中，化学浆材的效果更好。

各种浆液的渗透性　　　　　　　　　　　　　　　　　　　　　　表 8-3

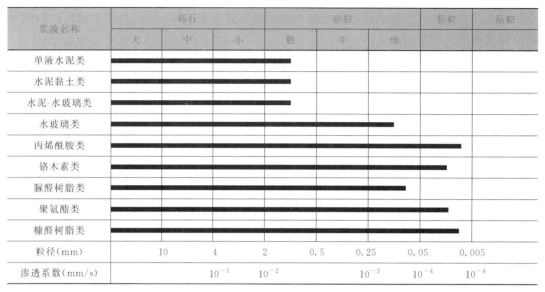

浆液名称	砾石			砂粒			粉粒	黏粒
	大	中	小	粗	中	细		
单液水泥类								
水泥黏土类								
水泥-水玻璃类								
水玻璃类								
丙烯酰胺类								
铬木素类								
脲醛树脂类								
聚氨酯类								
糠醛树脂类								
粒径（mm）	10	4	2	0.5	0.25	0.05	0.005	
渗透系数（mm/s）		10^{-1}	10^{-2}		10^{-3}	10^{-4}	10^{-6}	

各种浆液的固结体抗压强度　　　　　　　　　　　　　　　　　　表 8-4

浆液名称	试块成型方法	抗压强度（MPa）
水泥浆类 水泥-水玻璃类 脲醛树脂类 糠醛树脂类	结石体为脆性，使用纯浆液，在 40mm×40mm×160mm 或 40mm×40mm×40mm 模中成型	5～25 5～20 2～8 1～6
水玻璃类 丙烯酰胺类 铬木素类	结石体为弹性，用浆液加标准砂，在 40mm×40mm×40mm 试模中成型	<3 0.4～0.6 0.4～2
聚氨酯类型	在内径 40mm 有机玻璃管内放入标准砂并用水饱和，浆液从下面有孔板压入，固化后取出进行试验	6～10

8.3　灌　浆　理　论

在地基处理中，灌浆工艺所依据的理论主要可归纳为以下四类：

1. 渗透灌浆（Permeation Grouting）

渗透灌浆是指在压力作用下使浆液充填土的孔隙和岩石的裂隙，排挤出孔隙中存在的自由水和气体，而基本上不改变原状土的结构和体积（砂性土灌浆的结构原理），所用灌浆压力相对较小。这类灌浆一般只适用于中砂以上的砂性土和有裂隙的岩石。代表性的渗透灌浆理论有：球形扩散理论、柱形扩散理论和袖套管法理论。

2. 劈裂灌浆（Fracturing Grouting）

劈裂灌浆是指在压力作用下，浆液克服地层的初始应力和抗拉强度，引起岩石和土体结构的破坏和扰动，使其沿垂直于小主应力的平面上发生劈裂，使地层中原有的裂隙或孔隙张开，形成新的裂隙或孔隙，浆液的可灌性和扩散距离增大，而所用的灌浆压力相对较高，如图 8-2 所示。

3. 压密灌浆（Compaction Grouting）

压密灌浆是指通过钻孔在土中灌入极浓的浆液，在灌浆点使土体挤密，在灌浆管端部附近形成"浆泡"，如图 8-3 所示。

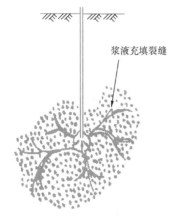

图 8-2　劈裂灌浆原理示意

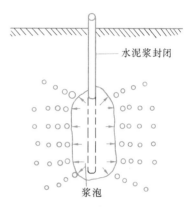

图 8-3　压密灌浆原理示意

当浆泡的直径较小时，灌浆压力基本上沿钻孔的径向扩展。随着浆泡尺寸的逐渐增大，便产生较大的上抬力而使地面抬动。

经研究证明，向外扩张的浆泡将在土体中引起复杂的径向和切向应力体系。紧靠浆泡处的土体将遭受严重破坏和剪切，并形成塑性变形区，在此区内土体的密度可能因扰动而减小；离浆泡较远的土则基本上发生弹性变形，因而土的密度有明显的增加。

浆泡的形状一般为球形或圆柱形。在均匀土中的浆泡形状相当规则，而在非均质土中则很不规则。浆泡的最后尺寸取决于很多因素，如土的密度、湿度、力学性质、地表约束条件、灌浆压力和灌浆速率等。有时浆泡的横截面直径可达 1m 或更大，实践证明，离浆泡界面 0.3～2.0m 内的土体都能受到明显的加密。

压密灌浆常用于中砂地基，黏土地基中若有适宜的排水条件也可采用。如遇排水困难而可能在土体中引起高孔隙水压力时，这就必须采用很低的灌浆速率。压密灌浆可用于非饱和的土体，以调整不均匀沉降进行托换技术，以及在大开挖或隧道开挖时对邻近土进行及加固。

需要注意的是，工程实践中常用的压密灌浆应该是渗透灌浆和劈裂灌浆的结合，浆液渗透或劈裂到土体空隙中，以放射状浆脉的形式存在于土体中，与理论上形成浆泡的压密灌浆是完全不同的。

4. 电动化学灌浆（Electrochemical Injection）

若地基土的渗透系数 $k<10^{-4}$ cm/s，只靠一般静压力难以使浆液注入土的孔隙，此时需用电渗的作用使浆液进入土中。

电动化学灌浆是指在施工时将带孔的灌浆管作为阳极，用滤水管作为阴极，将溶液由阳极压入土中，并通以直流电（两电极间电压梯度一般采用 0.03～0.1V/mm），在电渗作用下，孔隙水由阳极流向阴极，促使通电区域中土的含水量降低，并形成渗浆通路，化学浆液也随之流入土的孔隙中，并在土中硬结。因而电动化学灌浆是在电渗排水和灌浆法的基础上发展起来的一种加固方法。但由于电渗排水作用，可能会引起邻近既有建筑物基础的附加下沉，这一情况应予慎重注意。

8.4 设 计 计 算

1. 设计内容

设计内容包括以下几方面：

（1）灌浆标准：通过灌浆要求达到的效果和质量指标；

（2）施工范围：包括灌浆深度、长度和宽度；

（3）灌浆材料：包括浆材种类和浆液配方；

（4）浆液影响半径：指浆液在设计压力下所能达到的有效扩散距离；

（5）钻孔布置：根据浆液影响半径和灌浆体设计厚度，确定合理的孔距、排距、孔数和排数；

（6）灌浆压力：规定不同地区和不同深度的允许最大灌浆压力；

（7）灌浆效果评估：用各种方法和手段检测灌浆效果。

2. 方案选择

灌浆方案的选择一般应遵循下述原则：

（1）灌浆目的如为提高地基强度和变形模量，一般可选用以水泥为基本材料的水泥浆、水泥砂浆和水泥水玻璃浆等，或采用高强度化学浆材，如环氧树脂、聚氨酯以及以有机物为固化剂的硅酸盐浆材等；但对有地下水流动的软弱地基，不应采用单液水泥浆液。

（2）灌浆目的如为防渗堵漏时，可采用黏土水泥浆、黏土水玻璃浆、水泥粉煤灰混合物、丙凝、AC-MS、铬木素以及无机试剂为固化剂的硅酸盐浆液等。

（3）在裂隙岩层中灌浆一般采用纯水泥浆或在水泥浆（水泥砂浆）中掺入少量膨润土，在砂砾石层中或溶洞中可采用黏土水泥浆，在砂层中一般只采用化学浆液，在黄土中采用单液硅化法或碱液法。

（4）对孔隙较大的砂砾石层或裂隙岩层中采用渗入性灌浆法，在砂层灌注粒状浆材宜采用水力劈裂法；在黏性土层中采用水力劈裂法或电动硅化法；矫正建筑物的不均匀沉降则采用挤密灌浆法。

（5）灌浆加固设计前，应进行室内浆液配比试验和现场灌浆试验，确定设计参数，检验施工方法和设备。

表 8-5 是根据不同对象和目的选择灌浆方案的经验法则，可供选择灌浆方案时参考。

3. 灌浆标准

所谓灌浆标准，是指设计者要求地基灌浆后应达到的质量指标。所用灌浆标准的高低，关系到工程量、进度、造价和建筑物的安全。

设计标准涉及的内容较多，而且工程性质和地基条件千差万别，对灌浆的目的和要求很不相同，因而很难规定一个比较具体和统一的准则，而只能根据具体情况作出具体的规定，下面仅提出几点与确定灌浆标准有关的原则和方法。

根据不同对象和目的选择灌浆方案 表 8-5

编号	灌浆对象	适用的灌浆原理	适用的灌浆方法	常用灌浆材料	
				防渗灌浆	加固灌浆
1	卵砾石	渗入性灌浆	袖阀管法最好,也可用自上而下分段钻灌法	黏土水泥浆或粉煤灰水泥浆	水泥浆或硅粉水泥浆
2	砂性土	渗入性灌浆、劈裂灌浆	同上	酸性水玻璃、丙凝、单液水泥系浆材	酸性水玻璃、单液水泥浆或硅粉水泥浆
3	黏性土	劈裂灌浆、压密灌浆	同上	水泥黏土浆或粉煤灰水泥浆	水泥浆、硅粉水泥浆、水玻璃水泥浆
4	岩层	渗入性或劈裂灌浆	小口径孔口封闭自上而下分段钻灌法	水泥浆或粉煤灰水泥浆	水泥浆或硅粉水泥浆
5	断层破碎带	渗入性或劈裂灌浆	同4	水泥浆或先灌水泥浆后灌化学浆	水泥浆或先灌水泥浆后灌改性环氧树脂或聚氨酯
6	混凝土内微裂缝	渗入性灌浆	同4	改性环氧树脂或聚氨酯浆材	改性环氧树脂浆材
7	动水封堵	采用水泥水玻璃等快凝材料,必要时在浆液中掺入砂等粗料,在流速特大的情况下,尚可采取特殊措施,例如在水中预填石块或级配砂石后再灌浆			

（1）防渗标准

防渗标准是指渗透性的大小。防渗标准越高，表明灌浆后地基的渗透性越低，灌浆质量也就越好。原则上，对比较重要的建筑，对渗透破坏比较敏感的地基以及地基渗漏量必须严格控制的工程，都要求采用较高的标准。

防渗标准多数采用渗透系数表示。对重要的防渗工程，多数要求将地基土的渗透系数降低至 $10^{-7} \sim 10^{-6}$ m/s 以下；对临时性工程或允许出现较大渗漏量而又不致发生渗透破坏的地层，也有采用 10^{-5} m/s 数量级的工程实例。

（2）强度和变形标准

根据灌浆的目的，强度和变形的标准将随各工程的具体要求而不同。如：①为了增加摩擦桩的承载力，主要应沿桩的周边灌浆，以提高桩侧界面间的黏聚力；对支承桩则在桩底灌浆以提高桩端土的抗压强度和变形模量；②为了减少坝基础的不均匀变形，仅需在坝下游基础受压部位进行固结灌浆，以提高地基土的变形模量，而无需在整个坝基灌浆；③对振动基础，有时灌浆目的只是为了改变地基的自然频率以消除共振条件，因而不一定需用强度较高的浆材；④为了减小挡土墙的土压力，则应在墙背至滑动面附近的土体中灌浆，以提高地基上的重度和滑动面的抗剪强度。

（3）施工控制标准

灌浆后的质量指标只能在施工结束后通过现场检测来确定。有些灌浆工程甚至不能进行现场检测，因此必须制订一个能保证获得最佳灌浆效果的施工控制标准。

1）在正常情况下以注入理论的耗浆量为标准。

2）按耗浆量降低率进行控制。由于灌浆是按逐渐加密原则进行的，孔段耗浆量应随加密次序的增加而逐渐减少。若起始孔距布置正确，则第二次序孔的耗浆量将比第一次序孔大为减少，这是灌浆取得成功的标志。

4. 浆材及配方设计原则

地基灌浆工程对浆液的技术要求较多，根据土质和灌浆目的的不同，可将灌浆材料的选择列于表8-6和表8-7。

按土质不同对灌浆材料的选择

表8-6

土质名称		注浆材料
黏性土和粉土	粉土 黏土 黏质粉土	水泥类灌浆材料及 水玻璃悬浊型浆液
砂质土	砂 粉砂	渗透性溶液型浆液 (但在预处理时,使用水玻璃悬浊型)
砂砾		水玻璃悬浊型浆液(大孔隙) 渗透性溶液型浆液(小孔隙)
层界面		水泥类及水玻璃悬浊型浆液

按灌浆目的的不同对灌浆材料的选择

表8-7

项目			基本条件
改良目的	加固地基	堵水灌浆	渗透性好黏度低的浆液(作为预灌浆使用悬浊型)
		渗透灌浆	渗透性好有一定强度,即黏度低的溶液型浆液
		脉状灌浆	凝胶时间短的均质凝胶,强度大的悬浊型浆液
		渗透脉状灌浆并用	均质凝胶强度大且渗透性好的浆液
	防止涌水灌浆		凝胶时间不受地下水稀释而延缓的浆液 瞬时凝固的浆液(溶液或悬浊型的)(使用双层管)
综合灌浆	预处理灌浆		凝胶时间短,均质凝胶强度比较大的悬浊型浆液
	正式灌浆		和预处理材料性质相似的渗透性好的浆液
特殊地基处理灌浆			对酸性、碱性地基、泥炭应事前进行试验校核后选择灌浆材料
其他注浆			研究环境保护(毒性、地下水污染、水质污染等)

5. 浆液扩散半径的确定

浆液扩散半径 r 是一个重要的参数，它对灌浆工程量及造价具有重要的影响。r 值可按理论公式进行估算；当地质条件较复杂或计算参数不易选准时，就应通过现场灌浆试验来确定。

6. 孔位布置

灌浆孔的布置是根据浆液的灌浆有效范围，且应相互重叠，使被加固土体在平面和深度范围内连成一个整体的原则决定的，以满足土体渗透性、地基土的强度和变形的设计要求。

7. 灌浆压力的确定

灌浆压力是指不会使地表面产生变化和邻近建筑物受到影响前提下可能采用的最大

压力。

由于浆液的扩散能力与灌浆压力的大小密切相关，有人倾向于采用较高的灌浆压力，在保证灌浆质量的前提下，使钻孔数尽可能减少。高灌浆压力还能使一些微细孔隙张开，有助于提高可灌性。当孔隙中被某种软弱材料充填时，高灌浆压力能在充填物中造成劈裂灌注，使软弱材料的密度、强度和不透水性等得到改善。此外，高灌浆压力还有助于挤出浆液中的多余水分，使浆液结石的强度提高。

但是，当灌浆压力超过地层的压重和强度时，将有可能导致地基及其上部结构的破坏，因此，一般都以不使地层结构破坏或仅发生局部的或少量的破坏，作为确定地基容许灌浆压力的基本原则。

灌浆压力值与地层土的密度、强度和初始应力、钻孔深度、位置及灌浆次序等因素有关，而这些因素又难于准确地预知，因而宜通过现场灌浆试验来确定。

上海市工程建设规范《地基处理技术规范》DG/TJ 08-40—2010 中规定："对劈裂灌浆，在浆液灌浆的范围内应尽量减少灌浆压力。灌浆压力的选用应根据土层的性质及其埋深确定。在砂土中的经验数值是 0.2～0.5MPa；在黏性土中的经验数值是 0.2～0.3MPa。灌浆压力因地基条件、环境条件和灌浆目的等不同而不能确定时，可参考类似条件下的成功工程实例决定。一般情况下，当埋深浅于 10m 时，可取较小的灌浆压力值"。"对压密灌浆，灌浆压力主要取决于浆液材料的稠度。如采用水泥-砂浆的浆液，坍落度一般在25～75mm，灌浆压力应选定在 1～7MPa 范围内，坍落度较小时，灌浆压力可取上限值，如采用水泥-水玻璃双液快凝浆液，则灌浆压力应小于 1MPa"。

8. 灌浆量

灌注所需的浆液总用量 Q 可参照下式计算：

$$Q=K \cdot V \cdot n \cdot 1000 \tag{8-1}$$

式中　Q——浆液总用量（L）；

　　　V——灌浆对象的土量（m^3）；

　　　n——土的孔隙率（%）；

　　　K——经验系数，对软土、黏性土、细砂可取 0.3～0.5；对中砂、粗砂可取 0.5～0.7；对砾砂可取 0.7～1.0；对湿陷性黄土可取 0.5～0.8。

9. 灌浆顺序

灌浆顺序必须采用适合于地基条件、现场环境及灌浆目的的方法进行，一般不宜采用自灌浆地带某一端单向推进的压注方式，应按跳孔间隔灌浆方式进行，以防止窜浆，提高灌浆孔内浆液的强度与约束性。对有地下动水流的特殊情况，应考虑浆液在动水流下的迁移效应，从水头高的一端开始灌浆。

对加固渗透系数相同的土层，首先应完成最上层封顶灌浆．然后再按由下而上的原则进行灌浆，以防浆液上冒。如土层的渗透系数随深度而增大，则应自下而上进行灌浆。

灌浆时应采用先外围、后内部的灌浆顺序；若灌浆范围以外有边界约束条件（能阻挡浆液流动的障碍物）时，也可采用自内侧开始顺次往外侧的灌浆方法。

10. 水泥浆液灌浆

水泥为主剂的浆液灌浆加固设计应符合下列规定：

（1）对软弱地基土处理，可选用以水泥为主剂的浆液及水泥和水玻璃的双液型混合浆液；对有地下水流动的软弱地基，不应采用单液水泥浆液。

（2）灌浆孔间距宜取 1.0～2.0m。

（3）在砂土地基中，浆液的初凝时间宜为 5～20min；在黏性土地基中，浆液的初凝时间宜为 1～2h。

（4）灌浆量和灌浆有效范围应通过现场灌浆试验确定；在黏性土地基中，浆液注入率宜为 15%～20%；灌浆点上的覆盖土厚度应大于 2m。

（5）对劈裂灌浆的灌浆压力，在砂土中，宜为 0.2～0.5MPa；在黏性土中，宜为 0.2～0.3MPa。对压密灌浆，当采用水泥砂浆浆液时，坍落度宜为 25～75mm，灌浆压力宜为 1.0～7.0MPa。当采用水泥—水玻璃双液快凝浆液时，灌浆压力不应大于 1.0MPa。

（6）对人工填土地基，应采用多次灌浆，间隔时间应按浆液的初凝试验结果确定，且不应大于 4h。

11. 硅化浆液灌浆

硅化浆液灌浆加固设计应符合下列规定：

（1）砂土、黏性土宜采用压力双液硅化灌浆；渗透系数为 0.1～2.0m/d 的地下水位以上的湿陷性黄土，可采用无压或压力单液硅化灌浆；自重湿陷性黄土宜采用无压单液硅化灌浆。

（2）防渗灌浆加固用的水玻璃模数不宜小于 2.2，用于地基加固的水玻璃模数宜为 2.5～3.3，且不溶于水的杂质含量不应超过 2%。

（3）双液硅化灌浆用的氧化钙溶液中的杂质含量不得超过 0.06%，悬浮颗粒含量不得超过 1%，溶液的 pH 值不得小于 5.5。

（4）硅化灌浆的加固半径应根据孔隙比、浆液黏度、凝固时间、灌浆速度、灌浆压力、灌浆量等试验确定。无试验资料时，对粗砂、中砂、细砂、粉砂、黄土可按表 8-8 确定。

硅化法灌浆加固半径

表 8-8

土的类型及加固方法	渗透系数（m/d）	加固半径（m）
粗砂、中砂、细砂（双液硅化法）	2～10 10～20 20～50 50～80	0.3～0.4 0.4～0.6 0.6～0.8 0.8～1.0
粉砂（单液硅化法）	0.3～0.5 0.5～1.0 1.0～2.0 2.0～5.0	0.3～0.4 0.4～0.6 0.6～0.8 0.8～1.0
黄土（单液硅化法）	0.1～0.3 0.3～0.5 0.5～1.0 1.0～2.0	0.3～0.4 0.4～0.6 0.6～0.8 0.8～1.0

（5）灌浆孔的排间距可取加固半径的 1.5 倍；灌浆孔的间距可取加固半径的 1.5～1.7 倍；外侧灌浆孔位超出基础底面宽度不得小于 0.5m；分层灌浆时，加固层厚度可按灌浆管带孔部分的长度上下各 0.25 倍加固半径计算。

（6）单液硅化法应采用浓度为 10%～15% 的硅酸钠（$Na_2O \cdot nSiO_2$），并掺入 2.5% 氯化钠溶液。

加固湿陷性黄土的溶液用量，可按下式估算：

$$Q = V \bar{n} d_{N1} \alpha \tag{8-2}$$

式中　Q——硅酸钠溶液的用量（m^3）；

　　　V——拟加固湿陷性黄土的体积（m^3）；

　　　$\bar{n}$——地基加固前，土的平均孔隙率；

　　　d_{N1}——灌注时，硅酸钠溶液的相对密度；

　　　α——溶液填充孔隙的系数，可取 0.60～0.80。

（7）当硅酸钠溶液浓度大于加固湿陷性黄土所要求的浓度时，应进行稀释，稀释加水量可按下式估算：

$$Q' = \frac{d_N - d_{N1}}{d_{N1} - 1} \times q \tag{8-3}$$

式中　Q'——稀释硅酸钠溶液的加水量（t）；

　　　d_N——稀释前，硅酸钠溶液的相对密度；

　　　q——拟稀释硅酸钠溶液的质量（t）。

（8）采用单液硅化法加固湿陷性黄土地基，灌注孔的布置应符合下列要求：

1）灌注孔间距：压力灌注宜为 0.8～1.2m；溶液自渗宜为 0.4～0.6m；

2）对新建建（构）筑物和设备基础的地基，应在基础底面下按等边三角形满堂布孔，超出基础底面外缘的宽度，每边不得小于 1.0m；

3）对既有建（构）筑物和设备基础的地基，应沿基础侧向布孔，每侧不宜少于 2 排；

4）当基础底面宽度大于 3m 时，除应在基础下每侧布置 2 排灌注孔外，必要时，可在基础两侧布置斜向基础底面中心以下的灌注孔或在其台阶上布置穿透基础的灌注孔。

12. 碱液灌浆

碱液灌浆加固设计应符合下列规定：

（1）碱液灌浆加固适用于处理地下水位以上渗透系数为 0.1～2.0m/d 的湿陷性黄土地基，对自重湿陷性黄土地基的适应性应通过试验确定。

（2）当 100g 干土中可溶性和交换性钙镁离子含量大于 10mg·eq 时，可采用灌注氢氧化钠一种溶液的单液法；其他情况可采用灌注氢氧化钠和氯化钙双液灌注加固。

（3）碱液加固地基的深度应根据地基的湿陷类型、地基湿陷等级和湿陷性黄土层厚度，并结合建筑物类别与湿陷事故的严重程度等综合因素确定。加固深度宜为 2～5m。

1）对非自重湿陷性黄土地基，加固深度可为基础宽度的 1.5～2.0 倍；

2）对Ⅱ级自重湿陷性黄土地基，加固深度可为基础宽度的 2.0～3.0 倍。

（4）碱液加固土层的厚度 h，可按下式估算：

$$h = l + r \tag{8-4}$$

式中　l——灌注孔长度，从注液管底部到灌注孔底部的距离（m）；

　　　r——有效加固半径（m）。

（5）碱液加固地基的半径r，宜通过现场试验确定。当碱液浓度和温度符合《建筑地基处理技术规范》JGJ 79—2012 第 8.3.3 条规定时，有效加固半径与碱液灌注量之间，可按下式估算：

$$r = 0.6 \sqrt{\frac{V}{nl \times 10^3}} \tag{8-5}$$

式中　V——每孔碱液灌注量（L），试验前可根据加固要求达到的有效加固半径按式（8-6）进行估算；

　　　n——拟加固土的天然孔隙率；

　　　r——有效加固半径（m），当无试验条件或工程量较小时，可取 0.4～0.5m。

（6）当采用碱液加固既有建（构）筑物的地基时，灌注孔的平面布置，可沿条形基础两侧或单独基础周边各布置一排。当地基湿陷性较严重时，孔距宜为 0.7～0.9m；当地基湿陷较轻时，孔距宜为 1.2～2.5m。

（7）每孔碱液灌注量可按下式估算：

$$V = \alpha\beta\pi r^2(l+r)n \tag{8-6}$$

式中　α——碱液充填系数，可取 0.6～0.8；

　　　β——工作条件系数，考虑碱液流失影响，可取 1.1。

8.5　施　工　方　法

8.5.1　灌浆施工方法的分类

灌浆施工方法的分类主要有两种：（1）按灌浆管设置方法的分类；（2）按灌浆材料混合方法或灌注方法的分类，如表 8-9 所示。

灌浆施工方法分类表　　　　　　　　　　　　表 8-9

灌浆管设置方法			凝胶时间	混合方法
单层管灌浆法	钻杆灌浆法		中等	双液单系统
	过滤管（花管）灌浆法			
双层管灌浆法	双栓塞灌浆法	套管法	长	单液单系统
		泥浆稳定土层法		
		双过滤器法		
	双层管钻杆法	DDS 法	短	双液双系统
		LAG 法		
		MT 法		

146

1. 按灌浆管设置方法的分类

（1）用钻孔方法

主要是用于基岩或砂砾岩或已经压实过的地基。这种方法与其他方法相比，具有不使地基土扰动和可使用填塞器等优点，但一般的工程费用较高。

（2）用打入方法

当灌浆深度较浅时，可用打入方法，即在灌浆管顶端安装柱塞，将灌浆管或有效灌浆管用打桩锤或振动机打进地层中的方法。前者为了拆卸柱塞，而将打进后的灌浆管拉起，所以就不能从上向下灌注，而后者在打进过程中，孔眼堵塞较多，洗净又费时间。

（3）用喷注方法

在比较均质的砂层或灌浆管打进困难的地方采用的方法。这种方法利用泥浆泵，设置用水喷射的灌浆管，因容易把地基扰动，所以不是理想的方法。

2. 按灌注方法分类

（1）一种溶液一个系统方式

将所有的材料放进同一箱子中，预先做好混合准备，再进行灌浆，这适合于凝胶时间较长的情况。

（2）两种溶液一个系统方式

将 A 溶液和 B 溶液预先分别装在各自准备的不同箱子中，分别用泵输送，在灌浆管的头部使两种溶液会合。这种在灌浆管中混合进行灌注的方法，适用于凝胶时间较短的情况。对于两种溶液，可按等量配合或按比例配合。

作为这种方式的变化，有的方法分别将准备在不同箱子中的 A 溶液和 B 溶液送往泵中前使之混合，再用一台泵灌注。另外，也有不用 Y 字管，而仍只用上述一个系统方式将 A 溶液和 B 溶液交替灌浆的方式。

（3）两种溶液两个系统方式

将 A 溶液和 B 溶液分别准备放在不同的箱子中，用不同的泵输送，在灌浆管（并列管、双层管）顶端流出的瞬间，两种溶液就汇合而灌浆。这种方法适用于凝胶时间是瞬间的情况。

此外还有采用在灌浆 A 溶液后，继续灌注 B 溶液的方法。

3. 按灌浆方法分类

（1）钻杆灌浆法

钻杆灌浆施工法是把灌浆用的钻杆（单管），由钻孔钻到所规定的深度后，把灌浆材料通过内管送入地层中的一种方法。钻孔达到规定深度后的灌浆点称为灌浆起点（图 8-4）。

钻杆灌浆法的优点是：与其他灌浆法比较，容易操作，施工费用较低。其缺点是：浆液沿钻杆和钻孔的间隙容易往地表喷浆；浆液喷射方向受到限制，即为垂直单一的方向。

（2）单过滤管灌浆法

单过滤管（花管）灌浆法如图 8-5 所示。把过滤管先设置在钻好的地层中，并填以砂，管与地层间所产生的间隙（从地表到灌浆位置）用填充物（黏性土或灌浆材料等）封闭，不使浆液溢出地表。一般从上往下依次进行灌浆。每注完一段，用水将管内的砂冲洗出后，反复上述操作。这样逐段往下灌浆的方法，比钻杆灌浆方法的可靠性高。

若有许多灌浆孔时，注完各个孔的第一段后，第二段、第三段依次采用下行的方式进行灌浆。

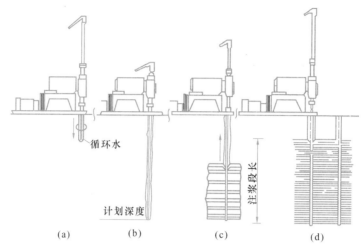

图 8-4　钻杆灌浆施工方法

（a）安装机械，开始钻孔；（b）打钻完毕，灌浆开始；（c）阶段灌浆；（d）灌浆结束，水洗，移动

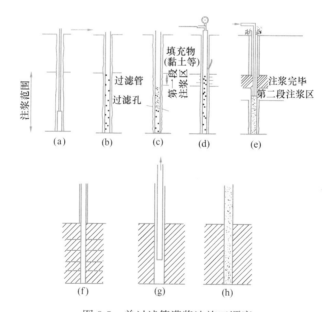

图 8-5　单过滤管灌浆法施工顺序

（a）利用岩芯管等钻孔；（b）插入过滤管；（c）管内外填砂及黏土；（d）第一阶段在灌浆；（e）第二阶段灌浆，
第一阶段砂洗出；（f）反复（d）、（e）直到灌浆完毕；（g）提升过滤管；（h）过滤管孔回填或灌浆

单过滤管灌浆的优点为：

1）在较大的平面内，可得到同样的灌浆深度。灌浆施工顺序是自上而下，灌浆效果可靠。

2）化学浆液从多孔扩散，且水平喷射渗透易均匀。

3）灌浆管设置和灌浆工作分开，灌浆容易管理。

4）化学浆液喷出的开口面积比钻杆灌浆的大，所以一般只采用较小的灌浆压力，而且灌浆压力很少出现急剧变化。

其缺点是：

1）灌浆管加工及灌浆管的设置麻烦，造价高。

2）灌浆结束后，回收灌浆管困难，且有时可能成为施工障碍。

（3）双层管双栓塞灌浆法

该法是沿着灌浆管轴限定在一定范围内进行灌浆的一种方法。具体来说，就是在灌浆管中有两处设有两个栓塞，使灌浆材料从栓塞中间向管外渗出。该法是法国 Soletanche 公司研制的，因此又称 Soletanche 法（图 8-6）。目前，有代表性的方法还有双层过滤管法（图 8-7）和套筒灌浆法（图 8-8）。其施工顺序如图 8-9 所示。

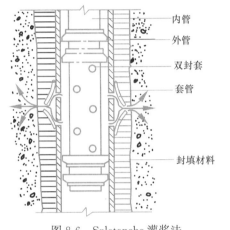

图 8-6　Soletanche 灌浆法

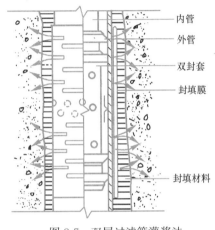

图 8-7　双层过滤管灌浆法

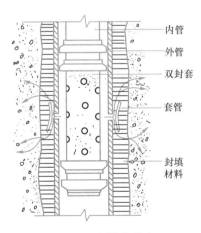

图 8-8　套筒灌浆法

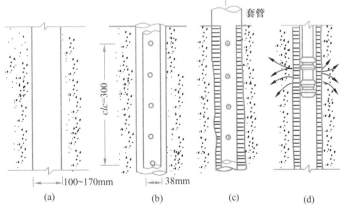

图 8-9　双层管双栓塞灌浆法施工顺序

（a）钻孔后插入套管；（b）插入外管；（c）注入封填材料，提升套管；

（d）插入带双止浆塞的灌浆管，开始灌浆

双层管双栓塞灌浆法以 Soletanche 法（又称袖阀管法）最为先进，于 20 世纪 50 年代开始广泛用于国际土木工程界。其施工方法分以下四个步骤：

1）钻孔——通常用优质泥浆（例如膨润土浆）进行固壁，很少用套管护壁；

2）插入袖阀管——为使套壳料的厚度均匀，应设法使袖阀管位于钻孔的中心；

3）浇筑套壳料——用套壳料置换孔内泥浆，浇筑时应避免套壳料进入袖阀管内，并严防孔内泥浆混入套壳料中；

4）灌浆——待套壳料具有一定强度后，在袖阀管内放入带双塞的灌浆管进行灌浆。

Soletanche 法的主要优点为：

1）可根据需要灌注任何一个灌注段，还可以进行重复灌注；

2）可使用较高的灌注压力，灌注时冒浆和串浆的可能性小；

3）钻孔和灌浆作业可以分开，提高钻机的利用率。

其缺点主要有：

1）袖阀管被具有一定强度的套壳料所胶结，因而难于拔出重复使用，耗费管材较多；

2）每个灌浆段长度固定为 330～500mm，不能根据地层的实际情况调整灌浆段长度。

（4）双层管钻杆灌浆法

双层管钻杆灌浆法的使用特点如下：

1）灌浆时使用凝胶时间非常短的浆液，所以浆液不会向远处流失；

2）土中的凝胶体容易压密实，可得到强度较高的凝胶体；

3）由于是双液法，若不能完全混合时，可能出现不凝胶的现象。

双层管钻杆灌浆法是将 A、B 液分别送到钻杆的端头，浆液在端头所安装的喷枪里或从喷枪中喷出之后混合注入地基。

双层管钻杆灌浆法的灌浆设备及其施工原理与钻杆法基本相同，不同的是双层管钻杆法的钻杆在灌浆时为旋转灌浆，同时在端头增加了喷枪。灌浆顺序等也与钻杆法灌浆相同，但段长较短，灌浆密实。注入的浆液集中，不会向其他部分扩散，所以原则上可以采用定量灌浆方式。

双层管的端头前的喷枪是在钻孔中垂直向下喷出循环水，而在灌浆时喷枪是横向喷出浆液的，其中 A、B 两浆液有的在喷枪内混合，有的是在喷枪外混合的。图 8-10 所示为喷枪在各种方法（DDS 灌浆法、LAG 灌浆法、MT 灌浆法）灌浆中的状态。

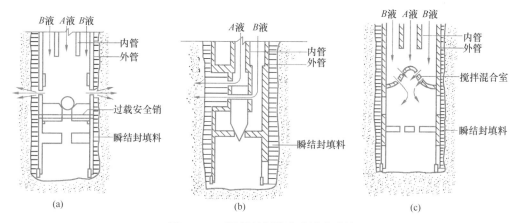

图 8-10　双层管钻杆灌浆法端头喷枪

(a) DDS 灌浆法；(b) LAG 灌浆法；(c) MT 灌浆法

8.5.2 灌浆施工的机械设备

灌浆施工机械及其性能如表 8-10 所示。现在的灌浆泵是采用双液等量泵,所以检查时要检查两液能否等量排出是非常重要的。此外,搅拌器和混合器,根据不同的化学浆液和不同的厂家而有独自的型号。在城市的房屋建筑中,通常灌浆深度在 40m 以内,而且是小孔径钻孔,所以钻机一直使用主轴回转式的油压机,性能较好。但此机若不能牢固地固定在地面上,随着灌浆深度的加大,钻孔孔向的精度就会产生误差,钻头就会出现偏离。固定的办法是在地面上铺上枕木用大钉固定,其轨距为钻机底座的宽度,然后把钻机的底座锚在两根钢轨上使钻机稳定。

灌浆机械的种类和性能 表 8-10

设备种类	型号	性能	重量(kg)	备注
钻探机	主轴旋转式 D-2 型	340 给油式 旋转速度:160r/min、300r/min、600r/min、1000r/min 功率:5.5kW(7.5 马力) 钻杆外径:40.5mm 轮周外径:41.0mm	500	钻孔用
灌浆泵	卧式二连单管复活活塞式 BGW 型	容量:16~60L/min 最大压力:3.62MPa 功率:3.7kW(5 马力)	350	灌浆用
水泥搅拌机	立式上下两槽式 MVM5 型	容量:上下槽各 250L 叶片旋转数:160r/min 功率:2.2kW(3 马力)	340	不含有水泥时的化学浆液不用
化学浆液混合器	立式上下两槽式	容量:上下槽各 220L 搅拌容量:20L 手动式搅拌	80	化学浆液的配制和混合
齿轮泵	KI-6 型齿轮旋转式	排出量:40L/min 排出压力:0.1MPa 功率:2.2kW(3 马力)	40	从化学浆液槽往混合器送入化学浆液
流量、压力仪表	附有自动记录仪电磁式浆液 EP	流量计测定范围:40L/min 压力计:3MPa(布尔登管式) 记录仪双色 { 流量:蓝色 / 压力:红色	120	

8.5.3 灌浆

1. 水泥浆液灌浆

水泥为主剂的灌浆施工应符合下列规定:

(1) 施工场地应预先平整,并沿钻孔位置开挖沟槽和集水坑。

(2) 灌浆施工时,宜采用自动流量和压力记录仪,并应及时进行数据整理分析。

(3) 灌浆孔的孔径宜为 70~110mm,垂直度偏差应小于 1%。

(4) 花管灌浆法施工步骤为:钻机与灌浆设备就位;钻孔或采用振动法将花管置入土层;当采用钻孔法时,应从钻杆内注入封闭泥浆,然后插入孔径为 50mm 的金属花管;

待封闭泥浆凝固后，移动花管自下向上或自上向下进行灌浆。

（5）压密灌浆施工步骤为：钻机与灌浆设备就位；钻孔或采用振动法将金属灌浆管压入土层；当采用钻孔法时，应从钻杆内注入封闭泥浆，然后插入孔径为 50mm 的金属灌浆管；待封闭泥浆凝固后，捅去灌浆管的活络堵头，提升灌浆管自下而上或自上而下进行灌浆。

（6）封闭泥浆 7d 后立方体试块（70.7mm×70.7mm×70.7mm）的抗压强度应为 0.3～0.5MPa，浆液黏度应为 80～90s。

（7）浆液宜用普通硅酸盐水泥。灌浆时可部分掺用粉煤灰，掺入量可为水泥重量的 20%～50%。根据工程需要，可在浆液拌制时加入速凝剂、减水剂和防析水剂。

（8）灌浆用水 pH 值不得小于 4。

（9）水泥浆的水胶比可取 0.6～2.0，常用的水胶比为 1.0。

（10）灌浆的流量可取 7～10L/min，对充填型灌浆，流量不宜大于 20L/min。

（11）当用花管灌浆和带有活络堵头的金属管灌浆时，每次上拔或下钻高度宜为 0.5m。

（12）浆体应经过搅拌机充分搅拌均匀后，方可压注，灌浆过程中应不停缓慢搅拌，搅拌时间应小于浆液初凝时间。浆液在泵送前应经过筛网过滤。

（13）水温不得超过 30～35℃；盛浆桶和灌浆管路在灌浆体静止状态不得暴露于阳光下，防止浆液凝固。当日平均温度低于 5℃ 或最低温度低于 −3℃ 的条件下灌浆时，应采取措施防止浆液冻结。

（14）应采用跳孔间隔灌浆，且先外围后中间的灌浆顺序。当地下水流速较大时，应从水头高的一端开始灌浆。

（15）对渗透系数相同的土层，应先灌浆封顶，后由下向上进行灌浆，防止浆液上冒。如土层的渗透系数随深度而增大，则应自下向上灌浆。对互层地层，先应对渗透性或孔隙率大的地层进行灌浆。

（16）当既有建筑地基进行灌浆加固时，应对既有建筑及其邻近建筑、地下管线和地面的沉降、倾斜、位移和裂缝进行监测。并应采用多孔间隔灌浆和缩短浆液凝固时间等措施，减少既有建筑基础因灌浆而产生的附加沉降。

2. 硅化浆液灌浆

硅化浆液灌浆施工应符合下列规定：

（1）溶液压力灌浆的施工步骤为：向土中打入灌注管和灌注溶液，应自基础底面标高起向下分层进行，达到设计深度后，应将管拔出，清洗干净方可继续使用；加固既有建筑物地基时，应采用沿基础侧向应外排，后内排的施工顺序；灌注溶液的压力值由小逐渐增大，最大压力不宜超过 200kPa。

（2）溶液自渗灌浆的施工步骤为：在基础侧向，将设计布置的灌注孔分批或全部打入或钻至设计深度；将配好的硅酸钠溶液满注灌注孔，溶液面宜高出基础底面标高 0.50m，使溶液自行渗入土中；在溶液自渗过程中，每隔 2～3h，向孔内添加一次溶液，防止孔内溶液渗干。

（3）待溶液量全部注入土中后，灌浆孔宜用体积比为 2：8 灰土分层回填夯实。

3. 碱液灌浆

碱液灌浆施工应符合下列规定：

（1）灌注孔可用洛阳铲、螺旋钻成孔或用带有尖端的钢管打入土中成孔，孔径宜为 60～100mm，孔中应填入粒径为 20～40mm 的石子到注液管下端标高处，再将内径 20mm 的注液管插入孔中，管底以上 300mm 高度内应填入粒径为 2～5mm 的小石子，上部宜用体积比为 2：8 灰土填入夯实。

（2）碱液可用固体烧碱或液体烧碱配制，每加固 1m³ 黄土宜用氢氧化钠溶液 35～45kg。碱液浓度不应低于 90g/L；双液加固时，氯化钙溶液的浓度为 50～80g/L。

（3）配溶液时，应先放水，而后徐徐放入碱块或浓碱液。溶液加碱量可按下式计算：

1）采用固体烧碱配制每立方米浓度为 M 的碱液时，每立方米水中的加碱量为：

$$G_s = \frac{1000M}{P} \tag{8-7}$$

式中 G_s——每立方米碱液中投入的固体烧碱量（kg）；

　　　M——配制碱液的浓度（g/L），计算时将 g 化为 kg；

　　　P——固体烧碱中，NaOH 含量的百分数（%）。

2）采用液体烧碱配制每立方米浓度为 M 的碱液时，投入的液体烧碱体积 V_1 为：

$$V_1 = 1000 \frac{M}{d_N N} \tag{8-8}$$

加水量 V_2 为：

$$V_2 = 1000 \left(1 - \frac{M}{d_N N}\right) \tag{8-9}$$

式中 V_1——液体烧碱体积（L）；

　　　V_2——加水的体积（L）；

　　　d_N——液体烧碱的相对密度；

　　　N——液体烧碱的质量分数。

（4）应将桶内碱液加热到 90℃ 以上方能进行灌注，灌注过程中，桶内溶液温度不应低于 80℃。

（5）灌注碱液的速度，宜为 2～5L/min。

（6）碱液加固施工，应合理安排灌注顺序和控制灌注速率。宜采用隔 1～2 孔灌注，分段施工，相邻两孔灌注的间隔时间不宜少于 3d。同时灌注的两孔间距不应小于 3m。

（7）当采用双液加固时，应先灌注氢氧化钠溶液，待间隔 8～12h 后，再灌注氯化钙溶液，氯化钙溶液用量宜为氢氧化钠溶液用量的 1/4～1/2。

8.6 质量检验

灌浆效果与灌浆质量的概念不完全相同。灌浆质量一般是指灌浆施工是否严格按设计和施工规范进行，例如灌浆材料的品种规格、浆液的性能、钻孔角度、灌浆压力等，都要求符合规范的要求，不然则应根据具体情况采取适当的补充措施；灌浆效果则指灌浆后能将地基土的物理力学性质提高的程度。

灌浆质量高不等于灌浆效果好。因此，设计和施工中，除应明确规定某些质量指标外，还应规定所要达到的灌浆效果及检查方法。

水泥为主剂的灌浆加固质量检验应符合下列规定：

（1）灌浆检验应在灌浆结束 28d 后进行。可选用标准贯入、轻型动力触探、静力触探或面波等方法进行加固地层均匀性检测。

（2）按加固土体深度范围每间隔 1m 取样进行室内试验，测定土体压缩性、强度或渗透性。

（3）灌浆检验点不应少于灌浆孔数的 2%～5%。检验点合格率小于 80% 时，应对不合格的灌浆区实施重复灌浆。

硅化灌浆加固质量检验应符合下列规定：

（1）硅酸钠溶液灌注完毕，应在 7～10d 后，对加固的地基土进行检验。

（2）应采用动力触探或其他原位测试检验加固地基的均匀性。

（3）必要时，尚应在加固土的全部深度内，每隔 1m 取土样进行室内试验，测定其压缩性和湿陷性。

（4）检验数量不应少于灌浆孔数的 2%～5%。

碱液加固质量检验应符合下列规定：

（1）碱液加固施工应做好施工记录，检查碱液浓度及每孔注入量是否符合设计要求。

（2）开挖或钻孔取样，对加固土体进行无侧限抗压强度试验和水稳性试验。取样部位应在加固土体中部，试块数不少于 3 个，28d 龄期的无侧限抗压强度平均值不得低于设计值的 90%。将试块浸泡在自来水中，无崩解。当需要查明加固土体的外形和整体性时，可对有代表性加固土体进行开挖，量测其有效加固半径和加固深度。

（3）检验数量不应少于灌浆孔数的 2%～5%。

在以上方法中，动力触探试验和静力触探试验最为简便实用。对灌浆效果的评定应注重灌浆前后数据的比较，以综合评价灌浆效果。如检验点的不合格率等于或大于 20%，或虽小于 20% 但检验点的平均值达不到设计要求，在确认设计原则正确后应对不合格的灌浆区实施重复灌浆；灌浆加固后地基的承载力应进行静载荷试验检验，检验数量对每个单体建筑不应少于 3 个点。

思考题与习题

1. 阐述灌浆法所具有的广泛用途。
2. 阐述灌浆材料的"分散度"、"沉淀析水性"和"凝结性"的含义。
3. 阐述工程中使用的浆液材料应该具有的特性。
4. 阐述浆液材料的种类及主要特点。
5. 阐述水泥类浆液材料的主要优缺点以及各类添加剂的作用。
6. 阐述"水胶比"的概念以及对浆液特性的影响。
7. 阐述渗透灌浆、劈裂灌浆和压密灌浆不同灌浆原理以及适用范围。
8. 阐述渗透灌浆、劈裂灌浆和压密灌浆方法中，浆液在地基土中存在的形态。
9. 阐述灌浆法的施工顺序。
10. 阐述灌浆法施工时灌浆量的确定方法。

9 水泥土搅拌法

9.1 概　　述

水泥土搅拌法是用于加固饱和黏性土地基的一种方法。它是利用水泥（或石灰）等材料作为固化剂，通过特制的搅拌机械，在地基深处就地将软土和固化剂（浆液或粉体）强制搅拌，由固化剂和软土间所产生的一系列物理-化学反应，使软土硬结成具有整体性、水稳定性和一定强度的水泥加固土，从而提高地基强度和增大变形模量。根据施工方法的不同，水泥土搅拌法分为水泥浆搅拌和粉体喷射搅拌两种。前者是用水泥浆和地基土搅拌，后者是用水泥粉或石灰粉和地基土搅拌。

水泥浆搅拌法是美国在第二次世界大战后研制成功的，称为 Mixed—in—Place　Pile（简称 MIP 法），当时桩径为 0.3～0.4m，桩长为 10～12m。1953 年日本引进此法，1967 年日本港湾技术研究所土工部研制石灰搅拌施工机械，1974 年起又研制成水泥搅拌固化法 Clay Mixing Consolidation（简称 CMC 工法），并接连开发出机械规格和施工效率各异的搅拌机械。这些机械都具有偶数个搅拌轴（二轴、四轴、六轴、八轴），搅拌叶片的直径最大可达 1.25m，一次加固面积达 9.5m^2。

目前，日本有海上和陆上两种施工机械。陆上的机械为双轴成孔直径 ϕ1000mm，最大钻深达 40m。而海上施工机械有多种类型，成孔的最大直径 ϕ2000mm，最多的轴有 8 根（2×4，即一次成孔 8 个），最大的钻孔深度为 70m（自水面向下算起）。

国内 1978 年开始研究并于年底制造出国内第一台 SJB-1 型双搅拌轴中心管输浆的搅拌机械，1980 年初在上海软土地基加固工程中首次获得成功。1980 年开发了单搅拌轴和叶片输浆型搅拌机，1981 年开发了我国第一代深层水泥拌合船，该机双头拌合，叶片直径达 1.2m，间距可调，施工中各项参数可监控。1992 年首次试制成搅拌斜桩的机械，最大加固深度达 26m，最大斜度为 19.6°。2002 年为配合 SMW 工法上海又研制出二种三轴钻孔搅拌机（ZKD65-3 型和 ZKD85-3 型），钻孔深度达 27～30m，钻孔直径 ϕ650～ϕ850mm。目前国内又研发了四轴、五轴和六轴深层搅拌机，搅拌成孔的直径为 4×ϕ700mm，钻孔深度 25.2m，型钢插入深度 24m，成墙厚度 1.26m。

随着水泥土搅拌机械的研发与进步，水泥土搅拌法的应用范围不断扩展。特别是 20 世纪 80 年代末期引进日本 SMW 法以来，多头搅拌工艺推广迅速，大功率的多头搅拌机可以穿透中密粉土及粉细砂、稍密中粗砂和砾砂，加固深度可达 35m。大量用于基坑截水帷幕、被动区加固、格栅状帷幕解决液化、插芯形成新的增强体等。近年来国内对于搅拌桩的设备朝着大直径、超深度、多功能、干湿两用、智能化等方向发展。

1967 年瑞典 Kjeld　Paus 提出使用石灰搅拌桩加固 15m 深度范围内软土地基的设想，并于 1971 年现场制成一根用生石灰和软土搅拌制成的桩。次年在瑞典斯德哥尔摩以南约 10km 处的 Hudding 用石灰粉体喷射搅拌桩作为路堤和深基坑边坡稳定措施。瑞典 Linden-Alimat

公司还生产出专用的成桩施工机械，桩径可达 500mm，最大加固深度 10～15m。

同一时期，日本于 1987 年由运输部港湾技术研究所开始研制石灰搅拌施工机械，1974 年开始在软土地基加固工程中应用，并研制出两类石灰搅拌机械，形成两种施工方法。一类为使用颗粒状生石灰的深层石灰搅拌法（DLM 法），另一类为使用生石灰粉末的粉体喷射搅拌法（DJM 法）。

由于粉体喷射搅拌法采用粉体作为固化剂，不再向地基中注入附加水分，反而能充分吸收周围软土中的水分，因此加固后地基的初期强度高，对含水率高的软土加固效果尤为显著。

铁道部第四勘测设计院于 1983 年用 DPP-100 型汽车钻改装成国内第一台粉体喷射搅拌机，并使用石灰作为固化剂，应用于铁路涵洞加固。1986 年开始使用水泥作为固化剂，应用于房屋建筑的软土地基加固。1987 年铁四院和上海探矿机械厂制成 GPP-5 型步履式粉喷机，成桩直径 500mm，加固深度 12.5m。当前国内粉喷机的成桩直径一般在 500～700mm 范围，深度一般可达 15m。

水泥土搅拌法加固软土技术，其独特的优点如下：

（1）水泥土搅拌法由于将固化剂和原地基软土就地搅拌混合，因而最大限度地利用了原土；

（2）搅拌时地基侧向挤出较小，所以对周围原有建筑物的影响很小；

（3）按照不同地基土的性质及工程设计要求，合理选择固化剂及其配方，设计比较灵活；

（4）施工时无振动、无噪声、无污染，可在市区内和密集建筑群中进行施工；

（5）土体加固后重度基本不变，对软弱下卧层不致产生附加沉降；

（6）与钢筋混凝土桩基相比，节省了大量的钢材，并降低了造价；

（7）根据上部结构的需要，可采用单轴、双轴、多轴搅拌或连续成槽搅拌形成柱状、壁状、格栅状或块状水泥土加固体。

水泥土搅拌法适用于处理正常固结的淤泥、淤泥质土、素填土、软—可塑黏性土、松散—中密粉细砂、稍密—中密粉土、松散—稍密中粗砂、饱和黄土等土层。不适用于含大孤石或障碍物较多且不易清除的杂填土、欠固结的淤泥和淤泥质土、硬塑及坚硬的黏性土、密实的砂类土，以及地下水渗流影响成桩质量的土层。当地基土的天然含水率小于30％（黄土含水率小于 25％）时不宜采用干法。冬期施工时，应考虑负温对处理地基效果的影响；水泥土搅拌桩用于处理泥炭土、有机质土、pH 值小于 4 的酸性土、塑性指数大于 25 的黏土，或在腐蚀性环境中以及无工程经验的地区使用时，必须通过现场和室内试验确定其适用性。

水泥加固土的室内试验表明，有些软土的加固效果较好，而有的不够理想。一般认为含有高岭石、多水高岭石、蒙脱石等黏土矿物的软土加固效果较好，而含有伊里石、氯化物和水铝英石等矿物的黏性土以及有机质含量高、酸碱度（pH 值）较低的黏性土的加固效果较差。

水泥土搅拌法可用于增加软土地基的承载能力，减少沉降量，提高边坡的稳定性，适用于以下情况：

（1）作为建筑物或构筑物的地基、厂房内具有地面荷载的地坪、高填方路堤下基

层等;

（2）基坑工程围护挡墙、被动区加固、坑底隆起加固、大面积水泥稳定土和减少软土中地下构筑物的沉降;

（3）作为地下防渗墙以阻止地下渗透水流，对桩侧或板桩背后的软土加固以增加侧向承载能力。

9.2 加 固 机 理

水泥加固土的物理化学反应过程与混凝土的硬化机理不同，混凝土的硬化主要是在粗填充料（比表面不大、活性很弱的介质）中进行水解和水化作用，所以凝结速度较快。而在水泥加固土中，由于水泥掺量很小，水泥的水解和水化反应完全是在具有一定活性的介质——土的围绕下进行，所以水泥加固土的强度增长过程比混凝土为缓慢。

1. 水泥的水解和水化反应

普通硅酸盐水泥主要是氧化钙、二氧化硅、三氧化二铝、三氧化二铁及三氧化硫等组成，由这些不同的氧化物分别组成了不同的水泥矿物：硅酸三钙、硅酸二钙、铝酸三钙、铁铝酸四钙、硫酸钙等。用水泥加固软土时，水泥颗粒表面的矿物很快与软土中的水发生水解和水化反应，生成氢氧化钙、含水硅酸钙、含水铝酸钙及含水铁酸钙等化合物。

所生成的氢氧化钙、含水硅酸钙能迅速溶于水中，使水泥颗粒表面重新暴露出来，再与水发生反应，这样周围的水溶液就逐渐达到饱和。当溶液达到饱和后，水分子虽继续深入颗粒内部，但新生成物已不能再溶解，只能以细分散状态的胶体析出，悬浮于溶液中，形成胶体。

2. 土颗粒与水泥水化物的作用

当水泥的各种水化物生成后，有的自身继续硬化，形成水泥石骨架;有的则与其周围具有一定活性的黏土颗粒发生反应。

（1）离子交换和团粒化作用

黏土和水结合时就表现出一种胶体特征，如土中含量最多的二氧化硅遇水后，形成硅酸胶体微粒，其表面带有钠离子 Na^+ 或钾离子 K^+，它们能和水泥水化生成的氢氧化钙中钙离子 Ca^{2+} 进行当量吸附交换，使较小的土颗粒形成较大的土团粒，从而使土体强度提高。

水泥水化生成的凝胶粒子的比表面积约比原水泥颗粒大 1000 倍，因而产生很大的表面能，有强烈的吸附活性，能使较大的土团粒进一步结合起来，形成水泥土的团粒结构，并封闭各土团的空隙，形成坚固的联结，从宏观上看也就使水泥土的强度大大提高。

（2）硬凝反应

随着水泥水化反应的深入，溶液中析出大量的钙离子，当其数量超过离子交换的需要量后，在碱性环境中，能使组成黏土矿物的二氧化硅及三氧化二铝的一部分或大部分与钙离子进行化学反应，逐渐生成不溶于水的稳定结晶化合物，增大了水泥土的强度。

从扫描电子显微镜观察中可见，拌入水泥 7d 时，土颗粒周围充满了水泥凝胶体，并有少量水泥水化物结晶的萌芽。一个月后水泥土中生成大量纤维状结晶，并不断延伸充填到颗粒间的孔隙中，形成网状构造。到五个月时，纤维状结晶辐射向外伸展，产生分叉，并相互联结形成空间网状结构，水泥的形状和土颗粒的形状已不能分辨出来。

3. 碳酸化作用

水泥水化物中游离的氢氧化钙能吸收水中和空气中的二氧化碳，发生碳酸化反应，生成不溶于水的碳酸钙，这种反应也能使水泥土增加强度，但增长的速度较慢，幅度也较小。

从水泥土的加固机理分析，由于搅拌机械的切削搅拌作用，实际上不可避免地会留下一些未被粉碎的大小土团。在拌入水泥后将出现水泥浆包裹土团的现象，而土团间的大孔隙基本上已被水泥颗粒填满。所以，加固后的水泥土中形成一些水泥较多的微区，而在大小土团内部则没有水泥。只有经过较长的时间，土团内的土颗粒在水泥水解产物渗透作用下，才逐渐改变其性质。因此在水泥土中不可避免地会产生强度较大和水稳性较好的水泥石区和强度较低的土块区。两者在空间相互交替，从而形成一种独特的水泥土结构。可见，搅拌越充分，土块被粉碎得越小，水泥分布到土中越均匀，则水泥土结构强度的离散性越小，其宏观的总体强度也最高。

9.3 水泥加固土的工程特性

水泥加固土的主要物理力学特性可通过水泥土的室内配比试验获得。下面先介绍试验方法，然后再介绍由试验得到的水泥土的物理力学特性。

9.3.1 水泥土的室内配合比试验

1. 试验目的

了解加固水泥的品种、掺入量、水灰比、最佳外掺剂对水泥土强度的影响，确定龄期与强度的关系，从而为设计计算和施工工艺提供可靠的参数。

2. 试验设备

试验设备应符合中华人民共和国行业标准《水泥土配合比设计规程》JGJ/T 233—2011 的有关规定。

3. 土样制备

土料应是工程现场所要加固的土，一般分为三种：

（1）风干土样

将现场采取的土样进行风干、碾碎和通过 5mm 筛子的粉状土料，《水泥土配合比设计规程》JGJ/T 233—2011 推荐采用风干土样。

（2）烘干土样

将现场采取的土样进行烘干、碾碎和通过 5mm 筛子的粉状土料。

（3）原状土样

将现场采取的天然软土立即用厚聚氯乙烯塑料袋封装，基本保持天然含水量。

4. 固化剂

（1）水泥品种

可用不同品种、不同强度等级的水泥。水泥出厂期不应超过 3 个月，并应在试验前重新测定其强度等级。

（2）水泥掺入比

可根据要求选用（7、10、12、14、15、18、20）%等，水泥掺入比 a_w 为：

$$a_w = \frac{掺加的水泥重量}{被加固软土的湿重量} \times 100\% \tag{9-1}$$

或

$$水泥掺量 \alpha = \frac{掺加的水泥重量}{被加固土的体积}(kg/m^3) \tag{9-2}$$

目前水泥掺量一般采用 $180 \sim 250kg/m^3$。

5. 外掺剂

为改善水泥土的性能和提高强度，可用木质素磺酸钙、石膏、三乙醇胺、氯化钠、氯化钙和硫酸钠等外掺剂。结合工业废料处理，还可掺入不同比例的粉煤灰。

6. 试件的制作和养护

每批试件宜一次搅拌成型，搅拌方式应采用机械搅拌。按照试验计划，根据配方分别称量土、水泥、水和外掺剂。应先均匀混合风干土和水泥，再洒水搅拌，直至均匀。可将拌合水一次加入，从加水起拌合 10min，也可逐次加水，逐次拌合 1min。从加水起至搅拌均匀，搅拌时间不应少于 10min，并不应超过 20min。

在选定的试模（70.7mm×70.7mm×70.7mm）内装入一半试料，放在振动台上振动 2min 后，装入其余的试样后再振动 2min。最后将试件表面刮平，盖上塑料布防止水分蒸发过快。

振捣成型方法也可采用人工捣实成型。先在试模内壁涂上一层脱模剂（渗透试验除外），然后将水泥土拌合物分两层装入试模，每层装料厚度大致相等。每层按螺旋方向从边缘向中心均匀插捣 15 次，在插捣底层拌合物时捣棒应达到试模底部，插捣上层时捣棒应贯穿该层后插入下一层 5~15mm，插捣时捣棒应保持竖直，插捣后用油灰刀或刮刀沿试模内壁插拔数次。

直剪试验和压缩试验的试件应在振实后的立方体试件中徐徐压入环刀，环刀顶沿应低于试模上沿口 5mm 以上，刮除试模顶部多余的水泥土，抹平后盖上塑料薄膜。

试件成型一天后，编号、拆模，进行不同方法的养护。

7. 试件的养护方法

试件一般放入 20±1℃水中养护，试件间的间隔不应小于 10mm，水面高出试件表面不应小于 20mm。少数试件放在标准养护室内架上养护和普通水中养护，以比较不同养护条件对水泥土强度的影响。

8. 物理力学特性试验

选取不同龄期水泥土进行物理力学特性的试验，从而得到各因素（即水泥掺入比、水泥强度等级、龄期、含水量、有机质含量、外掺剂、养护条件及土性）对水泥土物理力学特性的影响。水泥土物理特性试验项目包括含水量、重度、相对密度和渗透系数；水泥土力学特性试验项目主要是无侧限抗压强度、抗剪强度、抗拉强度和压缩模量等。

9.3.2 水泥土的物理性质

1. 含水量

水泥土在硬凝过程中，由于水泥水化等反应，使部分自由水以结晶水的形式固定下来，故水泥土的含水量略低于原土样的含水量，水泥土含水量比原土样含水量减少

0.5%～7.0%，且随着水泥掺入比的增加而减小。

2. 重度

由于拌入软土中的水泥浆的重度与软土的重度相近，所以水泥土的重度与天然软土的重度相差不大，水泥土的重度仅比天然软土重度增加0.5%～3.0%，所以采用水泥土搅拌法加固厚层软土地基时，其加固部分对于下部未加固部分不致产生过大的附加荷重，也不会产生较大的附加沉降。

3. 相对密度

由于水泥的相对密度为3.1，比一般软土的相对密度2.65～2.75大，故水泥土的相对密度比天然软土的相对密度稍大。水泥土相对密度比天然软土的相对密度增加0.7%～2.5%。

4. 渗透系数

水泥土的渗透系数随水泥掺入比的增大和养护龄期的增长而减小，一般可达10^{-5}～10^{-8}cm/s数量级。对于上海地区的淤泥质黏土，垂直向渗透系数也能达到10^{-8}cm/s数量级，但这层土常局部夹有薄层粉砂，水平向渗透系数往往高于垂直向渗透系数，一般为10^{-4}cm/s数量级。因此，水泥加固淤泥质黏土能减小原天然土层的水平向渗透系数，而对垂直向渗透性的改善，效果不显著。水泥土减小了天然软土的水平向渗透性，这对深基坑施工是有利的，可利用它作为防渗帷幕。

9.3.3 水泥土的力学性质

1. 无侧限抗压强度及其影响因素

水泥土的无侧限抗压强度一般为300～4000kPa，即比天然软土大几十倍至数百倍。表9-1为水泥土90d龄期的无侧限抗压强度试验结果。其变形特征随强度不同而介于脆性体与弹塑体之间，水泥土受力开始阶段，应力与应变关系基本上符合虎克定律。当外力达到极限强度的70%～80%时，试块的应力和应变关系不再继续保持直线关系。当外力达到极限强度时，对于强度大于2000kPa的水泥土很快出现脆性破坏，破坏后残余强度很小，此时的轴向应变约为0.8%～1.2%（如图9-1中的A_{20}、A_{25}试件）；对强度小于2000kPa的水泥土则表现为塑性破坏（如图9-1的A_5、A_{10}和A_{15}试件）。

水泥土的无侧限抗压强度试验

表9-1

天然土的无侧限抗压强度 f_{cu0}(MPa)	水泥掺入比 a_w(%)	水泥土的无侧限抗压强度 f_{cu}(MPa)	龄 期 T(d)	f_{cu}/f_{cu0}
	5	0.266		7.2
	7	0.560		15.1
0.037	10	1.124	90	30.4
	12	1.520		41.1
	15	2.270		61.3

影响水泥土的无侧限抗压特性的因素有：水泥掺入比、水泥强度等级、龄期、含水量、有机质含量、外掺剂、养护条件及土性等。下面根据试验结果来分析影响水泥土抗压强度的一些主要因素。

（1）水泥掺入比a_w对强度的影响

水泥土的强度随着水泥掺入比的增加而增大（图9-2），当a_w<5%时，由于水泥与土的反应过弱，水泥土固化程度低，强度离散性也较大，故在水泥土搅拌法的实际施工中，

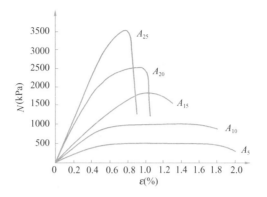

图 9-1 水泥土的应力—应变曲线

A_5、A_{10}、A_{15}、A_{20}、A_{25} 表示水泥掺入比 a_w = (5、10、15、20、25)%

选用的水泥掺入比必须大于 10%。

根据试验和作者收集到的上海地区水泥加固饱和软黏土的无侧限抗压强度试验结果分析，发现当其他条件相同时，某水泥掺入比 a_w 的强度 f_{cuc} 与水泥掺入比 a_w = 12% 的强度 f_{cu12} 的比值 f_{cuc}/f_{cu12} 与水泥掺入比 a_w 的关系有较好的归一化性质。由回归分析得到：f_{cuc}/f_{cu12} 与 a_w 呈幂函数关系，其关系式如下：

$$f_{cuc}/f_{cu12} = 41.582a_w^{1.7695} \tag{9-3}$$

在其他条件相同的前提下两个不同水泥掺入比的水泥土的无侧限抗压强度之比值随水泥掺入比之比的增大而增大。经回归分析得到两者呈幂函数关系，其经验方程式为：

$$f_{cu1}/f_{cu2} = (a_{w1}/a_{w2})^{1.7736} \tag{9-4}$$

式中　f_{cu1}——水泥掺入比为 a_{w1} 的无侧限抗压强度；

　　　f_{cu2}——水泥掺入比为 a_{w2} 的无侧限抗压强度。

（2）龄期对强度的影响

水泥土的强度随着龄期的增长而提高，一般在龄期超过 28d 后仍有明显增长（图 9-3），根据试验和作者收集到的上海地区水泥加固饱和软黏土的无侧限抗压强度试验结果的回归分析，得到在其他条件相同时，不同龄期的水泥土无侧限抗压强度间关系大致呈线性关系，这些关系式如下：

$$f_{cu7} = (0.47 \sim 0.63)f_{cu28} \tag{9-5}$$

$$f_{cu14} = (0.62 \sim 0.80)f_{cu28} \tag{9-6}$$

$$f_{cu60} = (1.15 \sim 1.46)f_{cu28} \tag{9-7}$$

$$f_{cu90} = (1.43 \sim 1.80)f_{cu28} \tag{9-8}$$

$$f_{cu90} = (2.37 \sim 3.73)f_{cu7} \tag{9-9}$$

$$f_{cu90} = (1.73 \sim 2.82)f_{cu14} \tag{9-10}$$

上式 f_{cu7}、f_{cu14}、f_{cu28}、f_{cu60}、f_{cu90} 分别为 7d、14d、28d、60d 和 90d 龄期的水泥土无侧限抗压强度。

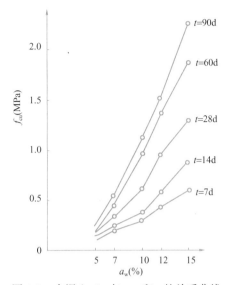

图 9-2　水泥土 f_{cu} 与 a_w 和 t 的关系曲线

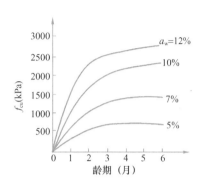

图 9-3　水泥土掺入比、龄期与强度的关系曲线

当龄期超过 3 个月后，水泥土的强度增长才减缓。同样，据电子显微镜观察，水泥和土的硬凝反应约需 3 个月才能充分完成。因此水泥土选用 3 个月龄期强度作为水泥土的标准强度较为适宜。一般情况下，龄期少于 3d 的水泥土强度与标准强度间关系其线性较差，离散性较大。

回归分析还发现在其他条件相同时，某个龄期（T）的无侧限抗压强度 f_{cuT} 与 28d 龄期的无侧限抗压强度 f_{cu28} 的比值 f_{cuT}/f_{cu28} 与龄期 T 的关系具有较好的归一化性质，且大致呈幂函数关系。其关系式如下：

$$f_{cuT}/f_{cu28}=0.2414T^{0.4197} \tag{9-11}$$

在其他条件相同的前提下，两个不同龄期的水泥土的无侧限抗压强度之比随龄期之比的增大而增大。经回归分析得到两者呈幂函数关系，其经验方程式为：

$$f_{cu1}/f_{cu2}=(T_1/T_2)^{0.4182} \tag{9-12}$$

式中　f_{cu1}——龄期为 T_1 的无侧限抗压强度；

　　　　f_{cu2}——龄期为 T_2 的无侧限抗压强度。

综合考虑水泥掺入比与龄期的影响，经回归分析，得到如下经验关系式：

$$f_{cu1}/f_{cu2}=(a_{w1}/a_{w2})^{1.8095} \cdot (T_1/T_2)^{0.4119} \tag{9-13}$$

式中　f_{cu1}——水泥掺入比为 a_{w1} 龄期为 T_1 的无侧限抗压强度；

　　　　f_{cu2}——水泥掺入比为 a_{w2} 龄期为 T_2 的无侧限抗压强度。

（3）水泥强度等级对强度的影响

水泥土的强度随水泥强度等级的提高而增加。水泥强度提高 10MPa，水泥土的强度 f_{cu} 约增大 50%～90%。如要求达到相同强度，水泥强度提高 10MPa，可降低水泥掺入比 2%～3%。

（4）土样含水量对强度的影响

水泥土的无侧限抗压强度 f_{cu} 随着土样含水量的降低而增大，当土的含水量从157%降低至47%时，无侧限抗压强度则从260kPa增加到2320kPa。一般情况下，土样含水量每降低10%，则强度可增加10%～50%。

（5）土样中有机质含量对强度影响

有机质含量少的水泥土强度比有机质含量高的水泥土强度大得多。由于有机质使土体具有较大的水溶性和塑性，较大的膨胀性和低渗透性，并使土具有酸性，这些因素都阻碍水泥水化反应的进行。因此，有机质含量高的软土，单纯用水泥加固的效果较差。

（6）外掺剂对强度的影响

不同的外掺剂对水泥土强度有着不同的影响。如木质素磺酸钙对水泥土强度的增长影响不大，主要起减水作用。石膏、三乙醇胺对水泥土强度有增强作用，而其增强效果对不同土样和不同水泥掺入比又有所不同，所以选择合适的外掺剂可提高水泥土强度和节约水泥用量。

不同的外掺剂对水泥土强度有不同的影响。当水泥掺入比为10%时，掺入2%石膏，28d龄期强度可增加20%左右，60d龄期可增加10%左右，90d龄期已不增加强度；掺入2%氯化钙，28d龄期强度可增加20%左右，90d龄期强度反而减少7%；掺入0.05%三乙醇胺，28d龄期强度可增加45%左右，60d龄期可增加18%左右，90d龄期可增加强度14%。以上三种外掺剂都能提高水泥土的早期强度，但强度增加的百分数随龄期的增长而减小。在90d龄期时，石膏和氯化钙已失去增强作用甚至强度有所降低，而三乙醇胺仍能提高强度。因此，三乙醇胺不仅能大大提高早期强度，而且对后期强度也有一定的增强作用，弥补了单掺无机盐降低后期强度的缺陷。

一般早强剂可选用三乙醇胺、氯化钙、碳酸钠或水玻璃等材料，其掺入量宜分别取水泥重量的0.05%、2%、0.5%和2%；减水剂可选用木质素磺酸钙，其掺入量宜取水泥重量的0.2%；石膏兼有缓凝和早强的双重作用，其掺入量宜取水泥重量的2%。

掺加粉煤灰的水泥土，其强度一般都比不掺粉煤灰的有所增长。不同水泥掺入比的水泥土，当掺入与水泥等量的粉煤灰后，强度均比不掺粉煤灰的提高10%，故在加固软土时掺入粉煤灰，不仅可消耗工业废料，还可稍微提高水泥土的强度。

（7）养护方法

养护方法对水泥土的强度影响主要表现在养护环境的湿度和温度。

国内外试验资料都说明，养护方法对短龄期水泥土强度的影响很大，随着时间的增长，不同养护方法下的水泥土无侧限抗压强度趋于一致，说明养护方法对水泥土后期强度的影响较小。

日本的试验研究也表明，温度对水泥土强度的影响随着时间的增长而减小。不同养护温度下的无侧限抗压强度与20℃（标准养护室温度）的无侧限抗压强度之比值随着时间的增长而逐渐趋近于1。说明温度对水泥土后期强度的影响较小。

环境的湿度和温度对水泥土强度的影响还从试件从养护室取出至开始试验这段时间的长短得到了证实。经过3h的水泥土强度明显高于1h内的强度。这是因为一方面试验室温度高于养护室温度，另一方面试件放在试验室时间长，水分蒸发过快，所以强度提高很快。

2. 抗拉强度

水泥土的抗拉强度 σ_t 随无侧限抗压强度 f_{cu} 的增长而提高。抗压与抗拉这两类强度有密切关系，但严格地讲，不是正比关系。因这两类强度之比还与水泥土的强度等级有关，即抗压强度增长的同时，抗拉强度亦增长，但其增长速率较低，因而抗拉强度与抗压强度之比随抗压强度的增加而减小。这与混凝土的抗拉性质有类似之处。根据笔者试验结果的回归分析，得到水泥土抗拉强度 σ_t 与其无侧限抗压强度 f_{cu} 有幂函数关系：

$$\sigma_t = 0.0787 f_{cu}^{0.8111} \tag{9-14}$$

3. 抗剪强度

水泥土的抗剪强度随抗压强度的增加而提高。水泥土在三轴剪切试验中受剪破坏时，试件有清楚而平整的剪切面，剪切面与最大主应力面夹角约为 $60°$。

从试验中得知，当垂直应力 σ 在 $0.3 \sim 1.0$MPa 范围内时，采用直剪快剪、三轴不排水剪和三轴固结不排水剪三种剪切试验方法求得的抗剪强度 τ 相差不大，最大差值不超过 20%。在 σ 较小的情况下，直剪快剪试验求得的抗剪强度低于其他试验求得的抗剪强度，采用直剪快剪抗剪强度指标进行设计计算的安全度相对较高，由于直剪快剪试验操作简便，因此，对于荷重不大的工程，采用直剪快剪强度指标进行设计计算是适宜的。

根据作者试验结果的回归分析，得到水泥土的黏聚力 c 与其无侧限抗压强度 f_{cu} 大致呈幂函数关系，其关系式如下：

$$c = 0.2813 f_{cu}^{0.7078} \tag{9-15}$$

4. 变形模量

当垂直应力达 50% 无侧限抗压强度时，水泥土的应力与应变的比值，称之为水泥土的变形模量 E_{50}。

根据试验结果的线性回归分析，得到 E_{50} 与 f_{cu} 大致呈正比关系，它们的关系式为：

$$E_{50} = 126 f_{cu} \tag{9-16}$$

5. 压缩系数和压缩模量

水泥土的压缩系数约为 $(2.0 \sim 3.5) \times 10^{-5} (\text{kPa})^{-1}$，其相应的压缩模量 $E_s = 60 \sim 100$MPa。

9.3.4 水泥土的抗冻性能

水泥土试件在自然负温下进行抗冻试验表明，其外观无显著变化，仅少数试块表面出现裂缝，并有局部微膨胀或出现片状剥落及边角脱落，但深度及面积均不大，可见自然冰冻不会造成水泥土深部的结构破坏。

水泥土试块经长期冰冻后的强度与冰冻前的强度相比几乎没有增长。但恢复正温后其强度能继续提高，冻后正常养护 90d 的强度与标准强度非常接近，抗冻系数达 0.9 以上。

在自然温度不低于 $-15℃$ 的条件下，冰冻对水泥土结构损害甚微。在负温时，由于水泥与黏土间的反应减弱，水泥土强度增长缓慢，正温后随着水泥水化等反应的继续深入，水泥土的强度可接近标准强度。因此，只要地温不低于 $-10℃$，就可以进行水泥土搅拌法的冬期施工。

9.4　设计计算

9.4.1　水泥土搅拌桩的设计

1. 对地质勘察的要求

除了一般常规要求外，对下述各点应予以特别重视：

（1）土质分析

有机质含量，可溶盐含量，总烧失量等。

（2）水质分析

地下水的酸碱度（pH）值，硫酸盐含量。

2. 加固形式的选择

搅拌桩可布置成柱状、壁状和块状三种形式。

（1）柱状

每隔一定的距离打设一根搅拌桩，即成为柱状加固形式。适合于单层工业厂房独立柱基础和多层房屋条形基础下的地基加固。

（2）壁状

将相邻搅拌桩部分重叠搭接成为壁状加固形式。适用于深基坑开挖时的边坡加固以及建筑物长高比较大、刚度较小，对不均匀沉降比较敏感的多层砖混结构房屋条形基础下的地基加固。

（3）块状

对上部结构单位面积荷载大，对不均匀下沉控制严格的构筑物地基进行加固时可采用这种布桩形式。它是纵横两个方向的相邻桩搭接而形成的。如在软土地区开挖深基坑时，为防止坑底隆起也可采用块状加固形式。

3. 加固范围的确定

搅拌桩按其强度和刚度是介于刚性桩和柔性桩间的一种桩型，但其承载性能又与刚性桩相近。因此在设计搅拌桩时，可仅在上部结构基础范围内布桩，不必像柔性桩一样在基础以外设置保护桩。

4. 水泥浆配比及搅拌桩施工参数的确定

设计前，应按中华人民共和国行业标准《水泥土配合比设计规程》JGJ/T 233—2011进行处理地基土的室内配比试验。针对现场拟处理地基土层的性质，选择合适的固化剂、外掺剂及其掺量，为设计提供不同龄期、不同配比的强度参数。对竖向承载的水泥土强度宜取90d龄期试块的立方体抗压强度平均值；对承受水平荷载的水泥土强度宜取28d龄期试块的立方体抗压强度平均值，因此，对于承受水平荷载的水泥土应通过添加早强剂使其强度在28d时基本发挥。根据水泥土室内配合比试验求得的最佳配方，进行现场成桩工艺试验，确定水泥用量、搅拌头转数和提升速度、复搅次数和复搅深度、停浆处理方法等施工参数，验证搅拌均匀程度及成桩直径，同时了解下钻及提升的阻力情况、工作效率等。当成桩质量不能满足设计要求时，应调整设计与施工有关参数后，重新进行试验或改变设计。

9.4.2 水泥土搅拌桩的计算

水泥土搅拌桩的计算包括承受竖向荷载的复合地基计算和承受水平荷载的侧向壁状支护计算，这里仅介绍复合地基的计算。承受水平荷载的侧向壁状支护设计计算按基坑工程有关现行规范和标准执行。

1. 单桩竖向承载力

单桩竖向承载力特征值应通过现场单桩载荷试验确定，初步设计时也可按式（9-17）估算，并应同时满足式（9-18）的要求，应使由桩身材料强度确定的单桩承载力大于（或等于）由桩周土和桩端土的抗力所提供的单桩承载力：

$$R_{\mathrm{a}} = u_{\mathrm{p}} \sum_{i=1}^{n} q_{si} l_{pi} + \alpha_{\mathrm{p}} q_{\mathrm{p}} A_{\mathrm{p}} \tag{9-17}$$

$$R_{\mathrm{a}} = \eta f_{\mathrm{cu}} A_{\mathrm{p}} \tag{9-18}$$

式中　f_{cu}——与搅拌桩桩身水泥土配比相同的室内加固土，边长为 70.7mm 的立方体试块在标准养护条件下 90d 龄期的立方体抗压强度平均值（kPa）；

η——桩身强度折减系数，干法可取 0.20～0.30；湿法可取 0.25～0.33；

u_{p}——桩的周长（m）；

n——桩长范围内所划分的土层数；

q_{si}——桩周第 i 层土的侧阻力特征值，对淤泥可取 4～7kPa；对淤泥质土可取 6～12kPa；对软塑状态的黏性土可取 10～15kPa；对可塑状态的黏性土可以取 12～18kPa；

l_{pi}——桩长范围内第 i 层土的厚度（m）；

q_{p}——桩端地基土未经修正的承载力特征值（kPa），可按现行国家标准《建筑地基基础设计规范》GB 50007—2011 的有关规定确定；

α_{p}——桩端地基土承载力发挥系数，应按地区经验取值，可取 0.4～0.6。

式（9-18）中的桩身强度折减系数 η 是一个与工程经验以及拟建工程的性质密切相关的参数。工程经验包括对施工队伍素质、施工质量、室内强度试验与实际加固强度比值以及对实际工程加固效果等情况的掌握。拟建工程性质包括工程地质条件、上部结构对地基的要求以及工程的重要性等。目前在设计中一般取 $\eta = 0.20～0.33$。

式（9-17）中桩端地基土承载力发挥系数 α 取值与施工时桩端施工质量及桩端土质等条件有关。当桩较短且桩端为较硬土层时取高值。如果桩底施工质量不好，水泥土桩没能真正支承在硬土层上，桩端地基承载力不能发挥，且由于机械搅拌破坏了桩端土的天然结构，这时 $\alpha = 0$。反之，当桩底质量可靠时，则通常取 $\alpha = 0.5$。目前上海地区的水泥土搅拌桩均较长且桩端无较好土层，故一般取 $\alpha = 0$。

对式（9-17）和式（9-18）进行分析可以看出，当桩身强度大于式（9-18）所提出的强度值时，相同桩长的承载力相近，而不同桩长的承载力明显不同。此时桩的承载力由地基土抗力控制，增加桩长可提高桩的承载力。当桩身强度低于式（9-18）所给值时，承载力受桩身强度控制。对软土地区的水泥土桩，其桩身强度是有一定限制的，也就是说，水泥土桩从承载力角度，存在一有效桩长，单桩承载力在一定程度上并不随桩长的增加而增大。上海地区桩身水泥土强度一般为 1.5～2.0MPa（$a_w = 12\%$ 左右），根据式（9-17）和式（9-18），$\phi 500$ 直径的单头搅拌桩有效桩长为 7m 左右；双头搅拌桩的有效桩长为 10m 左右。

根据上海地区大量的单桩静载荷试验结果，$\phi 500$ 直径的单头搅拌桩的单桩承载力一般为 100kN 左右，双头搅拌桩的单桩承载力为 250kN 左右。

水泥土搅拌桩桩身强度是保证复合地基工作的必要条件，必须保证其安全度。根据有关标准材料的可靠度设计理论，桩身强度应满足式（9-19）的要求，当复合地基承载力验算需要进行基础埋深的深度修正时，桩身强度应满足式（9-20）的要求：

$$f_{cu} \geqslant 4 \frac{\lambda R_a}{A_p} \tag{9-19}$$

$$f_{cu} \geqslant 4 \frac{\lambda R_a}{A_p} \left[1 + \frac{\gamma_m (d - 0.5)}{f_{spa}} \right] \tag{9-20}$$

式中 γ_m——基础底面以上土的加权平均重度（kN/m^3），地下水位以下取浮重度；

d——基础埋置深度（m）；

f_{spa}——深度修正后的复合地基承载力特征值（kPa）。

2. 复合地基承载力

加固后搅拌桩复合地基承载力特征值应通过现场复合地基载荷试验确定，也可按下式计算：

$$f_{spk} = \lambda m \frac{R_a}{A_p} + \beta (1 - m) f_{sk} \tag{9-21}$$

式中 f_{spk}——复合地基承载力特征值（kPa）；

m——面积置换率；

λ——单桩承载力发挥系数，可按地区经验取值，取 1.0；

R_a——单桩竖向承载力特征值（kN）；

A_p——桩的截面积（m^2）；

β——桩间土承载力发挥系数，当桩端土未经修正的承载力特征值大于桩周土的承载力特征值的平均值时，可取 0.1～0.4，差值大时取低值；当桩端土未经修正的承载力特征值小于或等于桩周土的承载力特征值的平均值时，可取 0.5～0.9，差值大时或填土路堤和柔性面层堆场及设置垫层时取高值；

f_{sk}——处理后桩间土承载力特征值（kPa），可取天然地基承载力特征值。

根据设计要求的单桩竖向承载力特征值 R_a 和复合地基承载力特征值 f_{spk} 计算搅拌桩的置换率 m 和总桩数 n'：

$$m = \frac{f_{spk} - \beta \cdot f_{sk}}{\lambda \dfrac{R_a}{A_p} - \beta \cdot f_{sk}} \tag{9-22}$$

$$n' = \frac{m \cdot A}{A_p} \tag{9-23}$$

式中 A——地基加固的面积（m^2）。

根据求得的总桩数 n' 进行搅拌桩的平面布置。桩的平面布置可为上述的柱状、壁状和块状三种布置形式。布置时要考虑充分发挥桩的摩阻力和便于施工为原则。

桩间土承载力折减系数 β 是反映桩土共同作用的一个参数。如 $\beta=1$ 时，则表示桩与土共同承受荷载，由此得出与柔性桩复合地基相同的计算公式；如 $\beta=0$ 时，则表示桩间土不承受荷载，由此得出与一般刚性桩基相似的计算公式。

对比水泥土和天然土的应力应变关系曲线及复合地基和天然地基的 $p-s$ 曲线，可见，在发生与水泥土极限应力值相对应的应变值时，或在发生与复合地基承载力特征值相对应的沉降值时，天然地基所提供的应力或承载力小于其极限应力或承载力特征值。考虑水泥土桩复合地基的变形协调，引入折减系数 β，它的取值与桩间土和桩端土的性质、搅拌桩的桩身强度和承载力、养护龄期等因素有关。桩间土较好、桩端土较弱、桩身强度较低、养护龄期较短，则 β 值取高值；反之，则 β 值取低值。

确定 β 值还应根据建筑物对沉降要求而有所不同。当建筑物对沉降要求控制较严时，即使桩端是软土，β 值也应取小值，这样较为安全；当建筑物对沉降要求控制较低时，即使桩端为硬土，β 值也可取大值，这样较为经济。

当搅拌桩处理范围以下存在软弱下卧层时，应按现行国家标准《建筑地基基础设计规范》GB 50007—2011 的有关规定进行软弱下卧层承载力验算。

3. 复合地基变形

水泥土搅拌桩复合地基变形 s 的计算，包括搅拌桩群体的压缩变形 s_1 和桩端下未加固土层的压缩变形 s_2 之和：

$$s=s_1+s_2 \tag{9-24}$$

s_1 的计算方法一般有以下三种：

（1）复合模量法

将复合地基加固区增强体连同地基土看作一个整体，采用置换率加权模量作为复合模量，复合模量也可根据试验而定，并以此作为参数用分层总和法求 s_1。

（2）应力修正法

根据桩土模量比求出桩土各自分担的荷载，忽略增强体的存在，用弹性理论求土中应力，用分层总和法求出加固区土体的变形作为 s_1。

（3）桩身压缩量法

假定桩体不会产生刺入变形，通过模量比求出桩承担的荷载，再假定桩侧摩阻力的分布形式，则可通过材料力学中求压杆变形的积分方法求出桩体的压缩量，并以此作为 s_1。

s_2 的计算方法一般有以下三种：

（1）应力扩散法

此法实际上是地基规范中验算下卧层承载力的借用，即将复合地基视为双层地基，通过一应力扩散角简单地求得未加固区顶面应力的数值，再按弹性理论法求得整个下卧层的应力分布，用分层总和法求 s_2。

（2）等效实体法

即地基规范中群桩（刚性桩）沉降计算方法，假设加固体四周受均布摩阻力，上部压力扣除摩阻力后即可得到未加固区顶面应力的数值，即可按弹性理论法求得整个下卧层的应力分布，按分层总和法求 s_2。

（3）Mindlin-Geddes 方法

按模量比将上部荷载分配给桩土，假定桩侧摩阻力的分布形式，按 Mindlin 基本解积分求出桩对未加固区形成的应力分布；按弹性理论法求得土分担的荷载对未加固区的应力，再与前面积分求得的未加固区应力叠加，以此应力按分层总和法求 s_2。

水泥土搅拌桩复合地基变形计算，应符合现行国家标准《建筑地基基础设计规范》GB 50007—2011 的有关规定，地基变形计算深度应大于复合土层的深度。计算采用的附加应力从基础底面起算。计算加固区沉降时可将加固区视为均一化复合土层或分层均一化复合土层。当复合土层的分层与天然地基相同时，各复合土层的压缩模量等于该层天然地基压缩模量的 ζ 倍，ζ 值可按下式确定：

$$\zeta = \frac{f_{spk}}{f_{ak}} \qquad (9\text{-}25)$$

式中　f_{ak}——基础底面下天然地基承载力特征值（kPa）。

复合土层的压缩模量也可按式（9-26）计算：

$$E_{spi} = m E_{pi} + (1-m) E_{si} \qquad (9\text{-}26)$$

式中　E_{spi}——第 i 层复合土体的压缩模量（kPa）；

　　　E_{pi}——第 i 层桩体压缩模量（kPa）；可取桩体水泥土强度的 $100 \sim 200$ 倍，对桩较短或桩体强度较低者可取低值，反之可取高值；

　　　E_{si}——第 i 层桩间土压缩模量（kPa），宜按当地经验取值，如无经验，可取天然地基压缩模量。

4. 复合地基设计

水泥土搅拌桩的布桩形式非常灵活，可以根据上部结构要求及地质条件采用柱状、壁状、格栅状及块状加固形式，如上部结构刚度较大，土质又比较均匀，可以采用柱状加固形式，即按上部结构荷载分布，均匀地布桩；建筑物长高比大，刚度较小，场地土质又不均匀，可以采用壁状加固形式，使长方向轴线上的搅拌桩连接成壁，以增加地基抵抗不均匀变形的刚度；当场地土质不均匀，且表面土质很差，建筑物刚度又很小，对沉降要求很高，则可以采用格栅状加固形式，即将纵横主要轴线上的桩连接成封闭的整体，这样不仅能增加地基刚度，同时可限制格栅中软土的侧向挤出减少总沉降量。

软土地区的建筑物，都是在满足强度要求的条件下以沉降进行控制的，作者认为应采用以下设计思路：

（1）根据地层结构采用适当的方法进行沉降计算，由建筑物对变形的要求确定加固深度，即选择施工桩长。

（2）根据土质条件、固化剂掺量、室内配比试验资料和现场工程经验选择桩身强度和水泥掺入量及有关施工参数。根据上海地区的工程经验，当水泥掺入比为 12% 左右时，桩身强度一般可达 $1.5 \sim 2.0$MPa。

（3）根据桩身强度的大小及桩的断面尺寸，由式（9-18）计算单桩承载力。

（4）根据单桩承载力及土质条件，由式（9-17）计算有效桩长。

（5）根据单桩承载力、有效桩长和上部结构要求达到的复合地基承载力，由式（9-22）计算桩土面积置换率。

（6）根据桩土面积置换率和基础形式进行布桩，桩可只在基础平面范围内布置。

5. 水泥土搅拌桩设计的优化

在水泥土搅拌桩设计中，存在最优置换率、最优桩体刚度及有效桩长。目前，对于有效桩长的研究较多，而对于有效置换率和最优桩体刚度却研究较少，并且研究有效桩长，多是从单桩分析入手，没有考虑群桩效应以及桩与土之间的相互作用，这与实际情况不符。

作者认为，复合地基是地基而不是桩基础，必须把桩与土作为一个复合体来考虑，所以，置换率与桩长的关系十分密切。在复合地基的优化设计中应注意以下几个控制指标：①最优置换率；②有效桩长；③界限桩体刚度。设计中若超过这几个指标相应的值，对复合地基的受力与变形状态已无明显改善，因而是不经济的。复合地基置换率也不能太低，否则加固效果也不明显。对水泥土搅拌桩尤其是第三个指标应严格控制，若桩体刚度过大，反而会引起下卧层沉降增大乃至桩尖刺入。

对于深厚软土的地基处理，采用水泥土桩复合地基进行加固时，建议采用以下设计思路：以沉降计算来确定加固深度；计算单桩和复合地基承载力时桩长取有效桩长；有效桩长应以桩身强度来控制；桩身强度以土质条件和固化剂掺量来控制。

水泥土搅拌桩固化剂宜选用强度等级为 32.5 级及以上的水泥。单、双轴水泥土搅拌桩水泥掺量不应小于 12%，三轴水泥土搅拌桩水泥掺量不应小于 20%，块状加固时水泥掺量不应小于 7%。湿法的水泥浆水胶比应保证施工时的可喷性，宜取 0.5～0.6。固化剂也可以采用新型的不同土体固化剂，如 GS 土体硬化剂，GS 土体硬化剂是以钢渣、粉煤灰为主要原料，经过与其他成分复合产生叠加效应，在常温下能够通过直接搅拌与地基土颗粒胶结，从而增强土体强度，降低土体渗透性能。它可以在水泥土搅拌法中直接完全替代常规水泥，而且加固效果远远高于常规水泥土。低碳环保、高效、经济、性价比高。

搅拌桩的长度，应根据上部结构对地基承载力和变形的要求确定，并应穿透软弱土层到达地基承载力相对较高的土层；当设置的搅拌桩同时为提高地基抗滑稳定性时，其桩长应超过危险滑弧以下不少于 2.0m；一般情况下，干法的加固深度不宜大于 15m，湿法加固深度不宜超过 20m。

桩长超过 10m 时，可采用固化剂变掺量设计。在全长桩身水泥总掺量不变的前提下，桩身上部 1/3 桩长范围内，可适当增加水泥掺量及搅拌次数。

水泥土搅拌桩复合地基宜在基础和桩之间设置褥垫层，基础下褥垫层厚度可取 200～300mm。褥垫层材料可选用中砂、粗砂、级配砂石等，最大粒径不宜大于 20mm。褥垫层的夯填度不应大于 0.9。

9.5 施工工艺

9.5.1 水泥浆搅拌法

1. 搅拌机械设备及性能

国内目前的搅拌机有中心管喷浆方式和叶片喷浆方式。后者是使水泥浆从叶片上若干个小孔喷出，使水泥浆与土体混合较均匀，对大直径叶片和连续搅拌是合适的，但因喷浆孔小易被浆液堵塞，它只能使用纯水泥浆而不能采用其他固化剂，且加工制造较为复杂。中心管输浆方式中的水泥浆是从两根搅拌轴间的另一中心管输出，这对于叶片直径在 1m 以下时，并不影响搅拌均匀度，而且它可适用多种固化剂，除纯水泥浆外，还可用水泥砂浆，甚至掺入工业废料等粗粒固化剂。

搅拌头翼片的枚数、宽度、与搅拌轴的垂直夹角、搅拌头的回转数、提升速度应相互匹配，以确保加固深度范围内土体的任何一点均能经过 20 次以上的搅拌。

搅拌桩施工时，搅拌次数越多，则拌合越为均匀，水泥土强度也越高，但施工效率就降低。试验证明，当加固范围内土体任一点的水泥土每遍经过 20 次的拌合，其强度即可达到较高值。每遍搅拌次数 N 由下式计算：

$$N = \frac{h \cos\beta \sum Z}{V} n \tag{9-27}$$

式中　h——搅拌叶片的宽度（m）；

β——搅拌叶片与搅拌轴的垂直夹角（°）；

$\sum Z$——搅拌叶片的总枚数；

n——搅拌头的回转数（rev/min）；

V——搅拌头的提升速度（m/min）。

水泥土搅拌桩施工前，应根据设计进行工艺性试桩，数量不得少于 3 根，多轴搅拌施工不得少于 3 组。应对工艺试桩的质量进行检验，确定施工参数。

制桩质量的优劣直接关系到地基处理的效果。其中的关键是注浆量、水泥浆与软土搅拌的均匀程度。因此，施工中应严格控制喷浆提升速度 V，可按下式计算：

$$V = \frac{\gamma_d Q}{F \gamma \alpha_w (1 + \alpha_c)} \tag{9-28}$$

式中　γ_d、γ——分别为水泥浆和土的重度（kN/m³）；

Q——灰浆泵的排量（m³/min）；

α_c——水泥浆水胶比；

F——搅拌桩截面积（m²）。

2. 施工工艺

水泥土搅拌湿法施工应符合下列要求：

（1）施工前，应确定灰浆泵输浆量、灰浆经输浆管到达搅拌机喷浆口的时间和起吊设备提升速度等施工参数，并根据初步设计要求，通过工艺性成桩试验确定施工工艺。

（2）施工中所使用的水泥应过筛，制备好的浆液不得离析，泵送浆应连续进行。拌制水泥浆液的罐数、水泥和外掺剂用量以及泵送浆液的时间应记录；喷浆量及搅拌深度应采用经国家计量部门认证的监测仪器进行自动记录。

（3）搅拌机喷浆提升的速度和次数应符合施工工艺要求，并设专人进行记录。

（4）当水泥浆液到达出浆口后，应喷浆搅拌 30s，在水泥浆与桩端土充分搅拌后，再开始提升搅拌头。

（5）搅拌机预搅下沉时，不宜冲水，当遇到硬土层下沉太慢时，可适量冲水。

（6）施工过程中，如因故停浆，应将搅拌头下沉至停浆点以下 0.5m 处，待恢复供浆时，再喷浆搅拌提升。若停机超过三小时，宜先拆卸输浆管路，并妥加清洗。

（7）壁状加固时，相邻桩的施工时间间隔不宜超过 12h。

3. 施工注意事项

（1）根据实际施工经验，水泥土搅拌法在施工到顶端 0.3～0.5m 范围时，因上覆压力较小，搅拌质量较差。因此，其场地整平标高应比设计确定的基底标高再高出 0.3～0.5m，桩制作时仍施工到地面，待开挖基坑时，再将上部 0.3～0.5m 的桩身质量较差的桩段挖去。而对于基础埋深较大时，取下限；反之，则取上限。

（2）搅拌桩的垂直度偏差不得超过 1%，桩位布置偏差不得大于 50mm，成桩直径和桩长不得小于设计值。

（3）施工前应确定搅拌机械的灰浆泵输浆量、灰浆经输浆管到达搅拌机喷浆口的时间和起吊设备提升速度等施工参数；并根据设计要求通过成桩试验，确定搅拌桩的配比等各项参数和施工工艺。宜用流量泵控制输浆速度，使注浆泵出口压力保持在 0.4～0.6MPa，并应使搅拌提升速度与输浆速度同步。

（4）根据现场实践表明，当水泥土搅拌桩作为承重桩进行基坑开挖时，桩顶和桩身已有一定的强度，若用机械开挖基坑，往往容易碰撞损坏桩顶，因此基底标高以上 0.3m 宜采用人工开挖，以保护桩头质量。这点对保证处理效果尤为重要，应引起足够的重视。

4. 施工中常见的问题和处理方法

施工中常见的问题和处理方法见表 9-2。

施工中常见的问题和处理方法

表 9-2

常见问题	发生原因	处理方法
预搅下沉困难，电流值高，电机跳闸	①电压偏低 ②土质硬，阻力太大 ③遇大石块、树根等障碍物	①调高电压 ②适量冲水或浆液下沉 ③挖除障碍物
搅拌机下不到预定深度，但电流不高	土质黏性大，搅拌机自重不够	增加搅拌机自重或开动加压装置
喷浆未到设计桩顶面（或底部桩端）标高，集料斗浆液已排空	①投料不准确 ②灰浆泵磨损漏浆 ③灰浆泵输浆量偏大	①重新标定投料量 ②检修灰浆泵 ③重新标定灰浆输浆量
喷浆到设计位置集料斗中剩浆液过多	①拌浆加水过量 ②输浆管路部分阻塞	①重新标定拌浆用水量 ②清洗输浆管路
输浆管堵塞爆裂	①输浆管内有水泥结块 ②喷浆口球阀间隙太小	①拆洗输浆管 ②使喷浆口球阀间隙适当
搅拌钻头和混合土同步旋转	①灰浆浓度过大 ②搅拌叶片角度不适宜	①重新标定浆液水灰比 ②调整叶片角度或更换钻头

9.5.2 粉体喷射搅拌法

1. 粉体喷射搅拌法的特点

粉体喷射搅拌法是利用压缩空气通过固化材料供给机的特殊装置，携带着粉体固化材料，经过高压软管和搅拌轴输送到搅拌叶片的喷嘴喷出。借助搅拌叶片旋转，在叶片的背后面产生空隙，安装在叶片背后面的喷嘴将压缩空气连同粉体固化材料一起喷出。喷出的混合气体在空隙中压力急剧降低，促使固化材料就地黏附在旋转产生空隙的土中，旋转到半周，另一搅拌叶片把土与粉体固化材料搅拌混合在一起。与此同时，这只叶片背后的喷嘴将混合气体喷出。这样周而复始地搅拌、喷射、提升（有的搅拌机安装二层搅拌叶片，使土与粉体搅拌混合的更均匀）。与固化材料分离后的空气传递到搅拌轴的四周，上升到地面释放掉。如果不让分离的空气释放出将影响减压效果，因此，搅拌轴外形一般多呈四方、六方或带棱角形状。

粉体喷射搅拌法加固地基具有如下的特点：

（1）使用的固化材料（干燥状态）可更多地吸收软土地基中的水分，对加固含水量高的软土、极软土以及泥炭土地基效果更为显著。

（2）固化材料被全面地喷射到靠搅拌叶片旋转过程中产生的空隙中，同时又靠土的水分把它黏附到空隙内部，随着搅拌叶片的搅拌使固化剂均匀地分布在土中，不会产生不均匀的散乱现象，有利于提高地基土的加固强度。

（3）与高压喷射注浆和水泥浆搅拌法相比，输入地基土中的固化材料要少得多，无浆液排出，无地面隆起现象。

（4）粉体喷射搅拌法施工可以加固成群桩，也可以交替搭接加固成壁状、格栅状或块状。

2. 施工工具和设备

粉体喷射搅拌机械一般由搅拌主机、粉体固化材料供给机、空气压缩机、搅拌翼和动力部分等组成。粉体喷射搅拌法搅拌时钻头每转一圈的提升（或下沉）量宜为 $10\sim15$mm。粉体材料及掺合量应使用粉体材料，除水泥以外，还有石灰、石膏及矿渣等，也可使用粉煤灰等作为掺加料。使用水泥粉体材料时，宜选用 42.5 级普通硅酸盐水泥，其掺合量常为 $180\sim240$kg/m^3；若选用矿渣水泥、火山灰水泥或其他种水泥时，使用前须在施工场地内钻取不同层次的地基土，在室内做各种配合比试验。

3. 施工工序

水泥土搅拌干法施工应符合下列要求：

（1）喷粉施工前，应检查搅拌机械、供粉泵、送气（粉）管路、接头和阀门的密封性、可靠性，送气（粉）管路的长度不宜大于 60m；并根据初步设计要求，通过工艺性成桩试验确定施工工艺。

（2）施工机械必须配置经国家计量部门确认的具有能瞬时检测并记录出粉体计量装置及搅拌深度自动记录仪。

（3）搅拌头每旋转一周，提升高度不得超过 16mm。

（4）搅拌头的直径应定期复核检查，其磨耗量不得大于 10mm。

（5）当搅拌头到达设计桩底以上 1.5m 时，应开启喷粉机提前进行喷粉作业。当搅拌头提升至地面下 500mm 时，喷粉机应停止喷粉，在施工中孔口应设喷灰防护装置。

（6）重复搅拌。为保证粉体搅拌均匀，须再次将搅拌头下沉到设计深度。提升搅拌时，其速度控制在 0.5～0.8m/min。

（7）成桩过程中，因故停止喷粉，应将搅拌头下沉至停灰面以下 1m 处，待恢复喷粉时，再喷粉搅拌提升。

4. 施工中须注意的事项

（1）桩体施工中，若发现钻机不正常的振动、晃动、倾斜、移位等现象，应立即停钻检查。必要时应提钻重打。

（2）施工中应随时注意喷粉机、空压机的运转情况；压力表的显示变化；送灰情况。当送灰过程中出现压力连续上升，发送器负载过大，送灰管或阀门在轴具提升中途堵塞等异常情况，应立即判明原因，停止提升，原地搅拌。为保证成桩质量，必要时应予复打。堵管的原因除漏气外，主要是水泥结块。施工时不允许用已结块的水泥，并要求管道系统保持干燥状态。

（3）在送灰过程中如发现压力突然下降、灰罐加不上压力等异常情况，应停止提升，原地搅拌，及时判明原因。若由于灰罐内水泥粉体已喷完或容器、管道漏气所致，应将钻具下沉到一定深度后，重新加灰复打，以保证成桩质量。有经验的施工监理人员往往从高压送粉胶管的颤动情况来判明送粉的正常与否。检查故障时，应尽可能不停止送风。

（4）设计上要求搭接的桩体，须连续施工，一般相邻桩的施工间隔时间不超过 8h。若因停电、机械故障而超过允许时间，应征得设计部门同意，采取适宜的补救措施。

（5）喷粉时灰罐内的气压比管道内的气压高 0.02～0.05MPa 以确保正常送粉。

（6）在地基土天然含水量小于 30% 土层中喷粉成桩时，应采用地面注水搅拌工艺。

（7）在预（复）搅下沉时，也可采用喷浆（粉）的施工工艺，确保全桩长上下至少再重复搅拌一次。

（8）对地基土进行干法咬合加固时，如复搅困难，可采用慢速搅拌，保证搅拌的均匀性。

9.6 质量检验

水泥土搅拌桩的质量控制应贯穿在施工的全过程，并应坚持全程的施工监理。施工过程中必须随时检查施工记录和计量记录，并对照规定的施工工艺对每根桩进行质量评定。检查重点是：水泥用量、桩长、搅拌头转数和提升速度、复搅次数和复搅深度、停浆处理方法等。

水泥土搅拌桩的施工质量检验可采用以下方法：

1. 浅部开挖

成桩 7d 后，采用浅部开挖桩头进行检查，开挖深度宜超过停浆（灰）面下 0.5m，检查搅拌的均匀性，量测成桩直径，检查数量不少于总桩数的 5%。

2. 取芯检验

成桩 28d 后，采用钻孔方法连续取水泥土搅拌桩桩芯，可直观地检验桩体强度和搅拌的均匀性。检验数量为施工总桩数的 0.5%，且不少于 6 点。取芯通常用 $\phi106$ 岩芯管，取出后可当场检查桩芯的连续性、均匀性和硬度，并加工成试块进行无侧限抗压强度试验。但由于桩的不均匀性，在取样过程中水泥土很易产生破碎，取出的试件做强度试验很难保证其真实性。使用本方法取桩芯时应有良好的取芯设备和技术，确保桩芯的完整性和原状强度。在钻芯取样的同时，可在不同深度进行标准贯入检验，通过标贯值判定桩身质量及搅拌均匀性。

3. 截取桩段作抗压强度试验

在桩体上部不同深度现场挖取 500mm 桩段，上下截面用水泥砂浆整平，装入压力架后千斤顶加压，即可测得桩身抗压强度及桩身变形模量。

作者认为这是值得推荐的检测方法，它可避免桩横断面方向强度不均匀的影响；测试数据直接可靠；可积累室内强度与现场强度之间关系的经验；试验设备简单易行。但该法的缺点是挖桩深度不能过大，一般为 1～2m。

4. 静载荷试验

对承受竖向荷载的水泥土搅拌桩，静载荷试验是最可靠的质量检验方法。

对于单桩复合地基载荷试验，载荷板的大小应根据设计置换率来确定，即载荷板面积应为一根桩所承担的处理面积。试验标高应与基础底面设计标高相同。对单桩静载荷试验，载荷板的大小应与桩身截面积相同。

载荷试验应在 28d 龄期后进行，检验点数每个场地不得少于 3 点。

水泥土搅拌桩地基竣工验收检验：竖向承载水泥土搅拌桩地基竣工验收时，承载力检验应在成桩 28d 后采用复合地基载荷试验。检验数量为桩总数的 1%，且每项单体工程不应少于 3 点。

基槽开挖后，应检验桩位、桩数与桩顶质量，如不符合设计要求，应采取有效补强措施。

思考题与习题

1. 试比较水泥土搅拌桩采用湿法施工和干法施工的优缺点。

2. 试述影响水泥土搅拌桩的强度因素。

3. 阐述"水泥掺入比"和"水泥掺量"的概念。

4. 在水泥土搅拌桩中可掺入哪些外加剂，这些外加剂的作用是什么？

5. 阐述水泥土搅拌桩承载力计算公式中"桩身强度折减系数"的含义及取值依据。

6. 阐述水泥土搅拌桩复合地基承载力计算公式中"桩间土承载力折减系数"的含义及取值依据。

7. 阐述水泥土搅拌桩"有效桩长"的概念及确定方法。

8. 试述对水泥加固土应进行哪些室内外试验以及如何进行这些试验。

9. 某高速公路地基为淤泥质黏土，$E_s = 2MPa$，厚度为 20m，承载力特征值为 80kPa。路堤总高度为 5m，总荷载为 100kPa，路堤底部宽度为 20m。由于工期限制，没有充足的堆载预压时间，因此采用水泥土搅拌桩法进行地基处理，并要求达到工后沉降小于 200mm 的要求。经现场试验，当水泥掺入比 $a_w = 12\%$ 时，$\phi500mm$ 的单头搅拌桩有效桩长为 7m，单桩承载力特征值为 100kN。试对水泥土搅拌桩方案进行设计。

10. 沿海某软土地基拟建一幢六层住宅楼，天然地基土承载力特征值为 70kPa，厚度 10m，采用搅拌桩处理。桩周土的平均摩擦力 $\overline{q}_s = 15kPa$，桩端天然地基土承载力特征值 $q_p = 60kPa$，桩端天然地基土的承载力发挥系数取 0.5，桩间土承载力发挥系数取 0.85，水泥搅拌桩试块的无侧限抗压强度平均值取 1.5MPa，桩身强度折减系数取 0.3。试对水泥土搅拌桩方案进行设计。

11. 某工程采用水泥土搅拌法加固，桩径为 600mm，水泥掺入量为 15%，土的湿重度为 17.5kN/m³，试计算该工程的水泥用量 kg/m 和水泥掺量 kg/m³。

10 高压喷射注浆法

10.1 概　　述

高压喷射注浆法（High Pressure Jet Grouting）在 20 世纪 60 年代末期创始于日本，它是利用钻机把带有喷嘴的注浆管钻进至土层的预定位置后，以高压设备使浆液或水成为 20～40MPa 的高压射流从喷嘴中喷射出来，冲击破坏土体，同时钻杆以一定速度渐渐向上提升，将浆液与土粒强制搅拌混合，浆液凝固后，在土中形成一个固结体。其适用于处理淤泥、淤泥质土、黏性土（流塑、软塑和可塑）、粉土、砂土、黄土、素填土、碎石土等地基。当土中含有较多的大直径块石、大量植物根茎和高含量的有机质，以及地下水流速较大的工程，应根据现场试验结果确定其适应性。

我国于 1975 年首先在铁道部门进行单管法的试验和应用，1977 年冶金部建筑研究总院在宝钢工程中首次应用三重管法喷射注浆获得成功，1986 年该院又开发成功高压喷射注浆的新工艺——干喷法，并取得国家专利。

高压喷射注浆法所形成的固结体形状与喷射流移动方向有关。一般分为旋转喷射（简称旋喷）、定向喷射（简称定喷）和摆动喷射（简称摆喷）三种形式（图 10-1）。

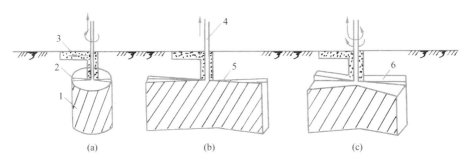

图 10-1　高压喷射注浆的三种形式

（a）旋喷；（b）定喷；（c）摆喷

1—桩；2—射流；3—冒浆；4—喷射注浆；5—板；6—墙

旋喷法施工时，喷嘴一面喷射一面旋转并提升，固结体呈圆柱状。主要用于加固地基、提高地基的抗剪强度、改善土的变形性质，也可组成闭合的帷幕，用于截阻地下水流和治理流砂。旋喷法施工后，在地基中形成的圆柱体，称为旋喷桩。

定喷法施工时，喷嘴一面喷射一面提升，喷射的方向固定不变，固结体形如板状或壁状。

摆喷法施工时喷嘴一面喷射一面提升，喷射的方向呈较小角度来回摆动，固结体形如较厚墙状。

定喷及摆喷两种方法通常用于基坑防渗、改善地基土的水流性质和稳定边坡等工程。

10.1.1 高压喷射注浆法的工艺类型

当前，高压喷射注浆法的基本工艺类型有：单管法、二重管法、三重管法和多重管法四种方法。

1. 单管法

单管旋喷注浆法是利用钻机把安装在注浆管（单管）底部侧面的特殊喷嘴，置入土层预定深度后，用高压泥浆泵等装置，以 20MPa 左右的压力，把浆液从喷嘴中喷射出去冲击破坏土体，使浆液与从土体上崩落下来的土搅拌混合，经过一定时间凝固，便在土中形成一定形状的固结体，如图 10-2 所示。这种方法日本称为 CCP 工法。

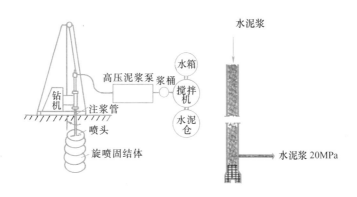

图 10-2　单管法高压喷射注浆示意图

2. 二重管法

使用双通道的二重注浆管。当二重注浆管钻进到土层的预定深度后，通过在管底部侧面的一个同轴双重喷嘴，同时喷射出高压浆液和空气两种介质的喷射流冲击破坏土体。即以高压泥浆泵等高压发生装置喷射出 20MPa 左右压力的浆液，从内喷嘴中高速喷出，并用 0.7MPa 左右压力把压缩空气，从外喷嘴中喷出。在高压浆液和它外圈环绕气流的共同作用下，破坏土体的能量显著增大，最后在土中形成较大的固结体。固结体的范围明显增加（图 10-3）。这种方法日本称为 JSG 工法。

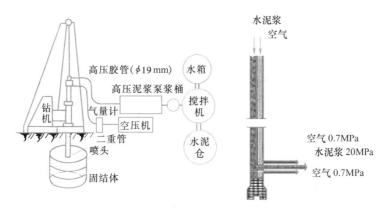

图 10-3　二重管法高压喷射注浆示意图

3. 三重管法

使用分别输送水、气、浆三种介质的三重注浆管。在以高压泵等高压发生装置产生 20～30MPa 的高压水喷射流的周围，环绕一股 0.5～0.7MPa 的圆筒状气流，进行高压水喷射流和气流同轴喷射冲切土体，形成较大的空隙，再另由泥浆泵注入压力为 0.5～3MPa 的浆液填充，喷嘴作旋转和提升运动，最后便在土中凝固为较大的固结体（图 10-4）。这种方法日本称为 CJP 工法。

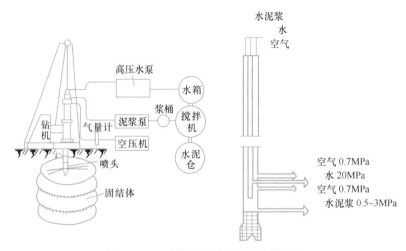

图 10-4　三重管法高压喷射注浆示意图

4. 多重管法

这种方法首先需要在地面钻一个导孔，然后置入多重管，用逐渐向下运动的旋转超高压力水射流（压力约 40MPa），切削破坏四周的土体，经高压水冲击下来的土和石成为泥浆后，立即用真空泵从多重管中抽出。如此反复地冲和抽，便在地层中形成一个较大的空间。装在喷嘴附近的超声波传感器及时测出空间的直径和形状，最后根据工程要求选用浆液、砂浆、砾石等材料进行填充。于是在地层中形成一个大直径的柱状固结体，在砂性土中最大直径可达 4m（图 10-5）。这种方法日本称为 SSS-MAN 工法。

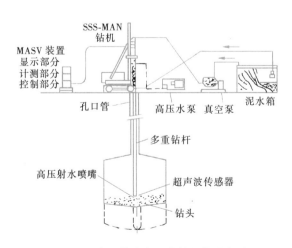

图 10-5　多重管法高压喷射注浆示意图

上述几种方法由于喷射流的结构和喷射的介质不同，有效处理长度也不同，以三管法最长，双管法次之，单管法最短。结合工程特点，旋喷形式可采用单管法、双管法和三管法。定喷和摆喷注浆常用双管法和三管法。

近年来，国内常用的多重管高压喷射注浆法有：

（1）超高压喷射注浆（Ultra-high Pressure Jet Grouting）

超高压喷射注浆是采用超高压水和压缩空气先行切削土体，然后采用超高压水泥浆液和压缩空气接力切削，并使水泥浆液与土体拌合形成水泥土加固体的方法。根据超高压水和超高压水泥浆液喷射压力、喷射流量和施工设备的不同，超高压喷射注浆包括 RJP 型喷射注浆和 SGY 型喷射注浆。

RJP 型喷射注浆（RJP-Type Jet Grouting）是采用不低于 40MPa 水泥浆液喷射压力、不低于 20MPa 水喷射压力和不低于 1.05MPa 压缩空气压力进行喷射注浆的工艺，该工艺成桩直径可达 3000mm，成桩深度可达 70m。

SGY 型喷射注浆（SGY-Type Jet Grouting）是采用不低于 25MPa 水泥浆液喷射压力、不低于 35MPa 水喷射压力和不低于 0.5MPa 压缩空气压力进行喷射注浆的工艺，该工艺成桩直径可达 1600mm，成桩深度可达 50m。

（2）全方位高压喷射注浆（Omnibearing High-pressure Jet Grouting）

全方位高压喷射注浆（简称 MJS，图 10-6）是一种可进行水平、倾斜、垂直方向施工的高压喷射注浆方法。全方位高压喷射注浆钻杆采用多孔管的构造形式，具有强制排浆和地内压力监控功能，通过调整强制排浆量控制地内压力。喷射压力不低于 40MPa，成桩直径 2000～2600mm，垂直成桩深度可达 70m，水平成桩长度可达 60m。

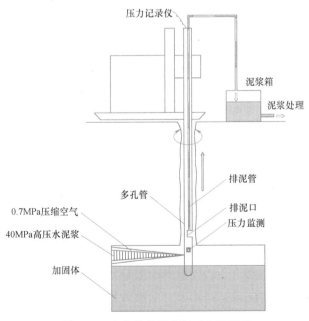

图 10-6　全方位高压喷射工艺原理图

10.1.2　高压喷射注浆法的特征

1. 适用范围较广

由于固结体的质量明显提高，它既可用于工程新建之前，又可用于竣工后的托换工程，可以不损坏建筑物的上部结构，且能使既有建筑物在托换施工时保持使用功能正常。

2. 施工简便

施工时只需在土层中钻一个孔径为 50mm 或 300mm 的小孔，便可在土中喷射成直径为 0.4～4.0m 的固结体，因而施工时能贴近既有建筑物，成型灵活，既可在钻孔的全长形成柱形固结体，也可仅做其中一段。

3. 可控制固结体形状

在施工中可调整旋喷速度和提升速度、增减喷射压力或更换喷嘴孔径改变流量，使固结体形成工程设计所需要的形状。

4. 可垂直、倾斜和水平喷射

通常是在地面上进行垂直喷射注浆，但在隧道、矿山井巷工程、地下铁道等建设中，亦可采用倾斜和水平喷射注浆。

5. 耐久性较好

由于能得到稳定的加固效果并有较好的耐久性，所以可用于永久性工程。

6. 料源广阔

浆液以水泥为主体。在地下水流速快或含有腐蚀性元素、土的含水量大或固结体强度要求高的情况下，则可在水泥中掺入适量的外加剂，以达到速凝、高强、抗冻、耐蚀和浆液不沉淀等效果。

7. 设备简单

高压喷射注浆全套设备结构紧凑、体积小、机动性强，占地少，能在狭窄和低矮的空间施工。

10.1.3 高压喷射注浆法的适用范围

1. 土质条件适用范围

由于高压喷射注浆使用的压力大，因而喷射流的能量大、速度快。当它连续和集中地作用在土体上，压应力和冲蚀等多种因素便在很小的区域内产生效应，对从粒径很小的细粒土到含有颗粒直径较大的卵石碎石土，均有巨大的冲击和搅动作用，使注入的浆液和土拌合凝固为新的固结体。实践表明，本法对淤泥、淤泥质土、黏性土、粉性土、砂土、素填土等地基都有良好的处理效果。

对于硬黏性土、含有较多的块石或大量植物根茎的地基，因喷射流可能受到阻挡或削弱，冲击破碎力急剧下降，切削范围小，处理效果较差；对于含有较多有机质的土层，则会影响水泥固结体的化学稳定性，其加固质量也差，故应根据室内外试验结果确定其适用性。

高压喷射注浆处理深度较大，上海地下工程中高压喷射注浆处理深度目前已达 70 m。

对地下水流速过大，浆液无法在注浆管周围凝固的情况，对无填充物的岩熔地段，永冻土以及对水泥有严重腐蚀的地基，均不宜采用高压喷射注浆法。

2. 工程使用范围

高压喷射注浆法可用于既有建筑和新建建筑地基加固、深基坑、地铁等工程的土层加固或防水。

（1）增加地基强度

① 提高地基承载力，整治既有建筑物沉降和不均匀沉降的托换工程。

② 减少建筑物沉降，加固持力层或软弱下卧层。

③ 加强盾构法和顶管法的后座，形成反力后座基础。

（2）挡土围堰及地下工程建设

① 保护邻近构筑物（图 10-7）。

② 保护地下工程建设（图 10-8）。

③ 防止基坑底部隆起（图 10-9）。

（3）增大土的摩擦力和黏聚力

① 防止小型坍方滑坡（图 10-10）。

② 锚固基础。

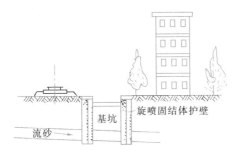

图 10-7 保护邻近建筑物

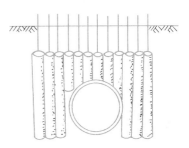

图 10-8 地下管道或涵洞护拱

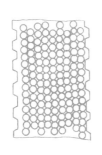

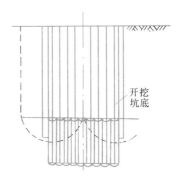

图 10-9 防止基坑底部隆起

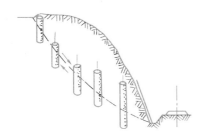

图 10-10 防止小型坍方滑坡

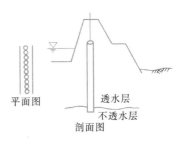

图 10-11 坝基防渗

（4）减少振动、防止液化

① 减少设备基础振动。

② 防止砂土地基液化。

（5）降低土的含水量

① 整治路基翻浆冒泥。

② 防止地基冻胀。

（6）防渗帷幕

① 河堤水池的防漏及坝基防渗（图10-11）。

② 帷幕井筒（图10-12）。

③ 防止盾构和地下管道漏水漏气（图10-13）。

④ 地下连续墙补缺（图10-14）。

⑤ 防止涌砂冒水（图10-15）。

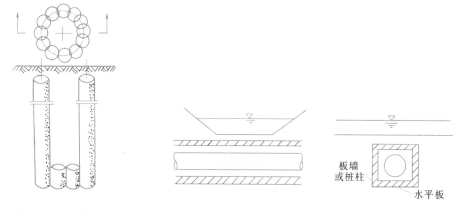

图10-12　帷幕井筒　　　　　　图10-13　防止盾构和地下管道漏水漏气

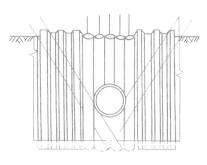

图10-14　地下连续墙补缺

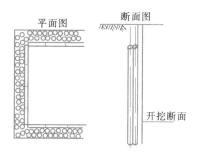

图10-15　防止涌砂冒水

10.2　加　固　机　理

10.2.1　高压水喷射流性质

高压水喷射流是通过高压发生设备，使它获得巨大能量后，从一定形状的喷嘴，用一种特定的流体运动方式，以很高的速度连续喷射出来的、能量高度集中的一股液流。

在高压高速的条件下，喷射流具有很大的功率，即在单位时间内从喷嘴中射出的喷射流具有很大的能量，其功率与速度和喷射流的压力的关系如表10-1所示。

喷射流的速度与功率 表 10-1

喷嘴压力 p_a(MPa)	喷嘴出口孔径 d_0(mm)	流速系数 φ	流量系数 μ	射流速度 v_0(m/s)	喷射功率 N(kW)
10	3.00	0.963	0.946	136	8.5
20	3.00	0.963	0.946	192	24.1
30	3.00	0.963	0.946	243	44.4
40	3.00	0.963	0.946	280	68.3
50	3.00	0.963	0.946	313	95.4

注：流量系数和流速系数为收敛圆锥 $13°24'$ 角喷嘴的水力试验值。

从表 10-1 可见，虽喷嘴的出口孔径只有 3mm，由于喷射压力为 10MPa、20MPa、30MPa、40MPa 和 50MPa，它们是以 136m/s、192m/s、243m/s、280m/s 和 313m/s 的速度连续不断地从喷嘴中喷射出来，携带了 8.5kW、24kW、44 kW、68kW 和 95kW 的巨大能量。

10.2.2 高压喷射流的种类和构造

高压喷射注浆所用的喷射流共有四种：

（1）单管喷射流为单一的高压水泥浆喷射流；

（2）二重管喷射流为高压浆液喷射流与其外部环绕的压缩空气喷射流，组成为复合式高压喷射流；

（3）三重管喷射流由高压水喷射流与其外部环绕的压缩空气喷射流组成，亦为复合式高压喷射流；

（4）多重管喷射流为高压水喷射流。

以上四种喷射流破坏土体的效果不同，但其构造可划分为单液高压喷射流和水（浆）、气同轴喷射流两种类型。

（1）单液高压喷射流的构造

单管旋喷注浆使用高压喷射水泥浆流和多重管的高压水喷射流，它们的射流构造可用高压水连续喷射流在空气中的模式（图 10-16）予以说明。高压喷射流可由三个区域所组成，即保持出口压力 p_0 的初期区域 A、紊流发达的主要区域 B 和喷射水变成不连续喷流的终期区域 C 等三部分。

在初期区域中，喷嘴出口处速度分布是均匀的，轴向动压是常数，保持速度均匀的部分向前面越来越小，当达到某一位

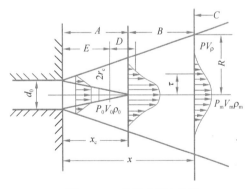

图 10-16　高压喷射流构造

置后，断面上的流速分布不再均匀。速度分布保持均匀的这一部分称为喷射核（即 E 区段），喷射核末端扩散宽度稍有增加，轴向动压有所减小的过渡部分称为迁移区（即 D 区段）。初期区域的长度是喷射流的一个重要参数，可据此判断破碎土体和搅拌效果。

在初期区域后为主要区域，在这一区域内，轴向动压陡然减弱，喷射扩散宽度和距离平方根成正比，扩散率为常数，喷射流的混合搅拌在这一部分内进行。

在主要区域后为终期区域，到此喷射流能量衰减很大，末端呈雾化状态，这一区域的喷射能量较小。

喷射加固的有效喷射长度为初期区域长度和主要区域长度之和，若有效喷射长度越长，则搅拌土的距离越大，喷射加固体的直径也越大。

（2）水（浆）、气同轴喷射流的构造

二重管旋喷注浆的浆、气同轴喷射流，与三重管旋喷注浆的水、气同轴喷射流除喷射介质不同外，都是在喷射流的外围同轴喷射圆筒状气流，它们的构造基本相同。现以水、气同轴喷射流为代表，分析其构造。

在初期区域 A 内，水喷流的速度保持喷嘴出口的速度，但由于水喷射与空气流相冲撞及喷嘴内部表面不够光滑，以至从喷嘴喷射出的水流较紊乱，再加以空气和水流的相互作用，在高压喷射水流中形成气泡，喷射流受到干扰，在初期区域的末端，气泡与水喷流的宽度一样。

在迁移区域 D 内，高压水喷射流与空气开始混合，出现较多的气泡。

在主要区域 B 内，高压水喷射流衰减，内部含有大量气泡，气泡逐渐分裂破坏，成为不连续的细水滴状，同轴喷射流的宽度迅速扩大。

10.2.3 加固地基的机理

1. 高压喷射流对土体的破坏作用

破坏土体的结构强度的最主要因素是喷射动压，为了取得更大的破坏力，需要增加平均流速，也就是需要增加旋喷压力，一般要求高压脉冲泵的工作压力在 20MPa 以上，这样就使射流像刚体一样，冲击破坏土体，使土与浆液搅拌混合，凝固成圆柱状的固结体。

喷射流在终期区域，能量衰减很大，不能直接冲击土体使土颗粒剥落，但能对有效射程的边界土产生挤压力，对四周土有压密作用，并使部分浆液进入土粒之间的空隙里，使固结体与四周土紧密相依，不产生脱离现象。

2. 水（浆）、气同轴喷射流对土的破坏作用

单射流虽然具有巨大的能量，但由于压力在土中急剧衰减，因此破坏土的有效射程较短，致使旋喷固结体的直径较小。

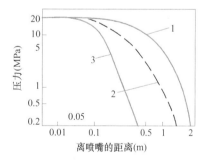

图 10-17 喷射流轴上动水压力与距离的关系
1—高压喷射流在空中单独喷射；
2—水、气同轴喷射流在水中喷射；
3—高压喷射流在水中单独喷射

当在喷嘴出口的高压水喷流的周围加上圆筒状空气射流，进行水、气同轴喷射时，空气流使水或浆的高压喷射流从破坏的土体上将土粒迅速吹散，使高压喷射流的喷射破坏条件得到改善，阻力大大减少，能量消耗降低，因而增大了高压喷射流的破坏能力，形成的旋喷固结体的直径较大，图 10-17 为不同类喷射流中动水压力与距离的关系，表明高速空气具有防止高速水射流动压急剧衰减的作用。

旋喷时，喷射最终固结状况如图 10-18 所示；定喷时，形成一个板状固结体，如图 10-19 所示。

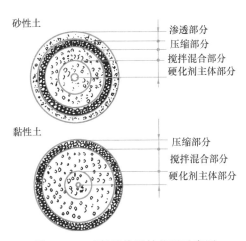

图 10-18　喷射最终固结状况示意图

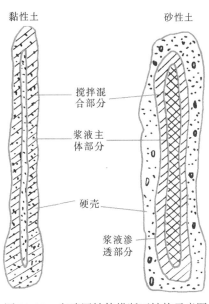

图 10-19　定喷固结体横断面结构示意图

3. 水泥与土的固结机理

水泥与水拌合后，首先产生铝酸三钙水化物和氢氧化钙，它们可溶于水中，但溶解度不高，很快就达到饱和，这种化学反应连续不断地进行，就析出一种胶质物体。这种胶质物体有一部分混在水中悬浮，后来就包围在水泥微粒的表面，形成一层胶凝薄膜。所生成的硅酸二钙水化物几乎不溶于水，只能以无定形体的胶质包围在水泥微粒的表层，另一部分渗入水中。由水泥各种成分所生成的胶凝膜，逐渐发展起来成为胶凝体，此时表现为水泥的初凝状态，开始有胶黏的性质。此后，水泥各成分在不缺水、不干涸的情况下，继续不断地按上述水化程序发展、增强和扩大，从而产生下列现象：①胶凝体增大并吸收水分，使凝固加速，结合更密；②由于微晶（结晶核）的产生进而生出结晶体，结晶体与胶凝体相互包围渗透并达到一种稳定状态，这就是硬化的开始；③水化作用继续深入到水泥微粒内部，使未水化部分再参加以上的化学反应，直到完全没有水分以及胶质凝固和结晶充盈为止。但无论水化时间持续多久，很难将水泥微粒内核全部水化完了，所以水化过程是一个长久的过程。

10.2.4　加固土的基本性状

1. 直径或长度

旋喷固结体的直径大小与土的种类和密实程度有较密切的关系。对黏性土地基加固，单管旋喷注浆加固体直径一般为 0.3～0.8m；三重管旋喷注浆加固体直径可达 0.7～1.8m；二重管旋喷注浆加固体直径介于以上二者之间。多重管旋喷直径为 2.0～4.0m。旋喷桩的设计直径见表 10-2。定喷和摆喷的有效长度约为旋喷桩直径的 1.0～1.5 倍。

2. 固结体形状

按喷嘴的运动规律不同而形成均匀圆柱状、非均匀圆柱状、圆盘状、板墙状、扇形壁状等，同时因土质和工艺不同而有所差异。在均质土中，旋喷的圆柱体比较匀称；而在非匀质土或有裂隙土中，旋喷的圆柱体不匀称，甚至在圆柱体旁长出翼片。由于喷射流脉动和提升速度不均匀，固结体的表面不平整，可能出现许多乳状突出；三重管旋喷固结体受气流影响，在粉质砂土中外表格外粗糙；在深度大时，如不采取相应措施，旋喷固结体可能上粗下细似胡萝卜的形状。

旋喷桩的设计直径（m） 表 10-2

土质	方法	单管法	二重管法	三重管法
黏性土	0＜N＜5	0.5～0.8	0.8～1.2	1.2～1.8
	6＜N＜10	0.4～0.7	0.7～1.1	1.0～1.6
	10＜N＜20	0.3～0.6	0.6～0.9	0.7～1.2
砂性土	0＜N＜10	0.6～1.0	1.0～1.4	1.5～2.0
	10＜N＜20	0.5～0.9	0.9～1.3	1.2～1.8
	21＜N＜30	0.4～0.8	0.8～1.2	0.9～1.5

注：N 为标准贯入击数。

3. 重量

固结体内部土粒少并含有一定数量的气泡，因此，固结体的重量较轻，轻于或接近于原状土的密度。黏性土固结体比原状土轻约 10%，但砂类土固结体也可能比原状土重 10%。

4. 渗透系数

固结体内虽有一定的孔隙，但这些孔隙并不贯通，而且固结体有一层较致密的硬壳，其渗透系数达 10^{-5}mm/s 或更小，故具有一定的防渗性能。

5. 强度

土体经过喷射后，土粒重新排列，水泥等浆液含量大。由于一般外侧土颗粒直径大、数量多，浆液成分也多，因此在横断面上中心强度低，外侧强度高，与土交接的边缘处有一圈坚硬的外壳。

影响固结体强度的主要因素是土质和浆材，有时使用同一浆材配方，软黏土的固结强度成倍地小于砂土固结强度。一般在黏性土和黄土中的固结体，其抗压强度可达 5～10MPa，砂类土和砂砾层中的固结体其抗压强度可达 8～20MPa，固结体的抗拉强度一般为抗压强度的 1/10～1/5。

6. 单桩承载力

旋喷柱状固结体有较高的强度，外形凸凹不平，因此有较大的承载力，固结体直径越大，承载力越高。

固结土的基本性状见表 10-3。

高压喷射注浆固结体性质一览表 表 10-3

固结体性质	喷注种类	单管法	二重管法	三重管法
单桩垂直极限荷载(kN)		500～600	1000～1200	2000
单桩水平极限荷载(kN)		30～40		

固结体性质 ＼ 喷注种类		单管法	二重管法	三重管法
最大抗压强度（MPa）		砂类土 10～20,黏性土 5～10,黄土 5～10,砂砾 8～20		
平均抗剪强度/平均抗压强度		1/10～1/5		
弹性模量（MPa）		$K \times 10^3$		
干密度（kg/m³）		砂类土 1600～2000,黏性土 1400～1500,黄土 1300～1500		
渗透系数（mm/s）		砂类土 $10^{-5} \sim 10^{-4}$,黏性土 $10^{-6} \sim 10^{-5}$,砂砾 $10^{-6} \sim 10^{-5}$		
c（MPa）		砂类土 0.4～0.5,黏性土 0.7～1.0		
φ（°）		砂类土 30～40,黏性土 20～30		
N（击数）		砂类土 30～50,黏性土 20～30		
弹性波速（km/s）	P 波	砂类土 2～3,黏性土 1.5～2.0		
	S 波	砂类土 1.0～1.5,黏性土 0.8～1.0		
化学稳定性能		较好		

10.3 设 计 计 算

10.3.1 室内配方与现场喷射试验

为了解喷射注浆固结体的性质和浆液的合理配方，必须取现场各层土样，在室内按不同的含水量和配合比进行试验，优选出最合理的浆液配方。

对规模较大及性质较重要的工程，设计完成之后，要在现场进行试验，查明喷射固结体的直径和强度，验证设计的可靠性和安全度。

10.3.2 固结体强度和尺寸

固结体强度主要取决于下列因素：①土质；②喷射材料及水灰比；③注浆管的类型和提升速度；④单位时间的注浆量。固结体强度设计规定按 28d 强度计算。试验证明，在黏性土中，由于水泥水化物与黏土矿物继续发生作用，故 28d 后的强度将会继续增长，这种强度的增长作为安全储备。注浆材料为水泥时，固结体抗压强度的初步设定可参考表 10-4。对于大型的或重要的工程，应通过现场喷射试验后采样测试来确定固结体的强度和渗透性等性质。

初步设计时，旋喷桩的设计直径可参照表 10-2 根据施工方法和土性选取。但对有特殊要求、工程复杂、风险大的加固工程应根据具体情况进行现场试验或实验性施工，验证加固的可靠性。

固结体抗压强度 表 10-4

土质	固结体抗压强度（MPa）		
	单管法	二重管法	三重管法
砂性土	3～7	4～10	5～15
黏性土	1.5～5	1.5～5	1～5

10.3.3 承载力计算

用旋喷桩处理的地基，应按复合地基设计。旋喷桩复合地基承载力特征值应通过现场复合地基载荷试验确定，也可按下式计算或结合当地情况与其土质相似工程的经验确定：

$$f_{spk} = \lambda m \frac{R_a}{A_p} + \beta(1-m)f_{sk} \tag{10-1}$$

式中 f_{spk} —— 复合地基承载力特征值（kPa）；

     λ —— 单桩承载力发挥系数，可按地区经验取值，可取 1.0；

     m —— 面积置换率；

     R_a —— 单桩竖向承载力特征值（kN）；

     A_p —— 桩的截面积（m^2）；

     β —— 桩间土承载力发挥系数，可根据试验或类似土质条件工程经验确定，当无试验资料或经验时，可取 0～0.5，承载力较低时取低值；

     f_{sk} —— 处理后桩间土承载力特征值（kPa），宜按当地经验取值，如无经验时，可取天然地基承载力特征值。

单桩竖向承载力特征值可通过现场单桩载荷试验确定。也可按式（10-2）和式（10-3）估算，取其中较小值：

$$R_a = \eta f_{cu} A_p \tag{10-2}$$

$$R_a = u_p \sum_{i=1}^{n} q_{si} l_{pi} + \alpha_p q_p A_p \tag{10-3}$$

式中 f_{cu} —— 与旋喷桩桩身水泥土配比相同的室内加固土试块（边长为 70.7 mm 的立方体）在标准养护条件下 28d 龄期的立方体抗压强度平均值（kPa）；

     η —— 桩身强度折减系数，可取 0.33；

     u_p —— 桩的周长（m）；

     n —— 桩长范围内所划分的土层数；

     l_{pi} —— 桩周第 i 层土的厚度（m）；

     q_{si} —— 桩周第 i 层土的侧阻力特征值（kPa），可按现行国家标准《建筑地基基础设计规范》GB 50007—2011 有关规定或地区经验确定；

     q_p —— 桩端地基土未经修正的承载力特征值（kPa），可按现行国家标准《建筑地基基础设计规范》GB 50007—2011 有关规定或地区经验确定；

     α_p —— 桩端地基土承载力发挥系数，应按地区经验值确定，可取 0.4～0.6。

旋喷桩桩身强度是保证复合地基工作的必要条件，必须保证其安全度。根据有关标准材料的可靠度设计理论，桩身强度应满足式（10-4）的要求，当复合地基承载力验算需要进行基础埋深的深度修正时，桩身强度应满足式（10-5）的要求。

$$f_{cu} \geqslant 4 \frac{\lambda R_a}{A_p} \tag{10-4}$$

$$f_{cu} \geqslant 4 \frac{\lambda R_a}{A_p} \left[1 + \frac{\gamma_m(d-0.5)}{f_{spa}} \right] \tag{10-5}$$

式中 γ_m —— 基础底面以上土的加权平均重度（kN/m^3），地下水位以下取浮重度；

     d —— 基础埋置深度（m）；

     f_{spa} —— 深度修正后的复合地基承载力特征值（kPa）。

当旋喷桩处理范围以下存在软弱下卧层时，应按现行国家标准《建筑地基基础设计规范》GB50007—2017 的有关规定进行软弱下卧层承载力验算。

10.3.4　地基变形计算

旋喷桩复合地基的变形计算应为桩长范围内复合土层以及下卧层地基变形值之和，计算方法与水泥土搅拌法相同。其中桩体的压缩模量可根据载荷试验或地区经验确定。

旋喷桩复合地基宜在基础和桩顶之间设置褥垫层。褥垫层厚度宜为 150～300mm，褥垫层材料可选用中砂、粗砂、级配砂石等，褥垫层最大粒径不宜大于 20mm。褥垫层的夯填度不应大于 0.9。

10.3.5　防渗堵水设计

防渗堵水工程设计时，最好按双排或三排布孔形成帷幕（图 10-20）。孔距应为 $1.73R_0$（R_0 为旋喷设计半径）、排距为 $1.5R_0$ 最经济。

若想增加每一排旋喷桩的交圈厚度，可适当缩小孔距，按下式计算孔距：

$$e = 2\sqrt{R_0^2 - \left(\frac{L}{2}\right)^2} \tag{10-6}$$

式中　e——旋喷桩的交圈厚度（m）；

　　　R_0——旋喷桩的半径（m）；

　　　L——旋喷桩孔位的间距（m）。

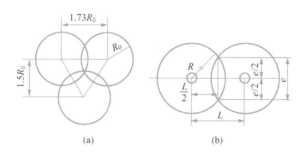

图 10-20　布孔孔距和旋喷注浆固结体交联图

（a）双排桩布置；（b）单排桩布置

定喷和摆喷是一种常用的防渗堵水的方法，由于喷射出的板墙薄而长，不但成本较旋喷低，而且整体连续性亦高。

相邻孔定喷连接形式见图 10-21，其中：（a）单喷嘴单墙首尾连接；（b）双喷嘴单墙前后对接；（c）双喷嘴单墙折线连接；（d）双喷嘴双墙折线连接；（e）双喷嘴夹角单墙连

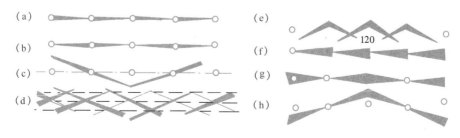

图 10-21　定喷帷幕形式示意图

接；（f）单喷嘴扇形单墙首尾连接；（g）双喷嘴扇形单墙前后对接；（h）双喷嘴扇形单墙折线连接。

摆喷连接形式也可按图 10-22 方式进行布置。

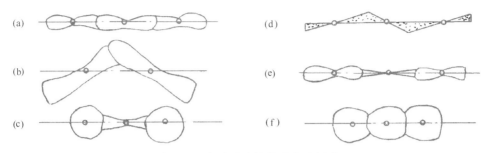

图 10-22　摆喷防渗帷幕形式示意图

(a) 直摆型（摆喷）；(b) 折摆型；(c) 柱墙型；(d) 微摆型；(e) 摆定型；(f) 柱列型

10.3.6　浆量计算

浆量计算有两种方法，即体积法和喷量法，取其大者作为设计喷射浆量。

1. 体积法

$$Q = \frac{\pi}{4} D_c^2 K_1 h_1 (1+\beta) + \frac{\pi}{4} D_0^2 K_2 h_2 \tag{10-7}$$

2. 喷量法

以单位时间喷射的浆量及喷射持续时间，计算出浆量，计算公式为：

$$Q = \frac{H}{v} q (1+\beta) \tag{10-8}$$

式中　Q——需要用的浆量（m^3）；

D_c——旋喷体直径（m）；

D_0——注浆管直径（m）；

K_1——填充率（0.75～0.9）；

h_1——旋喷长度（m）；

K_2——未旋喷范围土的填充率（0.5～0.75）；

h_2——未旋喷长度（m）；

β——损失系数（0.1～0.2）；

v——提升速度（m/min）；

H——喷射长度（m）；

q——单位时间喷浆量（m^3/min）。

根据计算所需的喷浆量和设计的水胶比，即可确定水泥的使用数量。

10.3.7　浆液材料与配方

根据喷射工艺要求，浆液应具备以下特性：

1. 有良好的可喷性

目前，国内基本上采用以水泥浆为主剂，掺入少量外加剂的喷射方法，水胶比一般采用 0.8～1.2 就能保证较好的喷射效果。浆液的可喷性可用流动度或黏度来评定。

2. 有足够的稳定性

浆液的稳定性好坏直接影响到固结体质量。以水泥浆液为例，其稳定性好系指浆液在初凝前析水率小，水泥的沉降速度慢，分散性好以及浆液混合后经高压喷射而不改变其物理化学性质。掺入少量外加剂能明显地提高浆液的稳定性。常用的外加剂有：膨润土、纯碱、三乙醇胺等。浆液的稳定性可用浆液的析水率来评定。

3. 气泡少

若浆液带有大量气泡，则固结体硬化后就会有许多气孔，从而降低喷射固结体的密度，导致固结体强度及抗渗性能降低。

为了尽量减少浆液气泡，应选择非加气型的外加剂，不能采用起泡剂，比较理想的外加剂是代号为NNO的外加剂。

4. 调剂浆液的胶凝时间

胶凝时间是指从浆液开始配制起，到土体混合后逐渐失去其流动性为止的这段时间。

胶凝时间由浆液的配方、外加剂的掺量、水灰比和外界温度而定。一般从几分钟到几小时，可根据施工工艺及注浆设备来选择合适的胶凝时间。

5. 有良好的力学性能

影响抗压强度的因素很多，如材料的品种、浆液的浓度、配比和外加剂等，以上已提及，此处不再重复。

6. 无毒、无臭

浆液对环境不污染及对人体无害，凝胶体为不溶和非易燃、易爆物。浆液对注浆设备、管路无腐蚀性并容易清洗。

7. 结石率高

固化后的固结体有一定黏结性，能牢固地与土粒相黏结。要求固结体耐久性好，能长期耐酸、碱、盐及生物细菌等腐蚀，并且不受温度、湿度的变化而变化。

水泥最为便宜且取材容易，是喷射注浆的基本浆材。国内只有少数工程中应用过丙凝和尿醛树脂等作为浆材。水泥系浆液的水胶比可按注浆管类型区别，即：单管法和二重管法一般采用1.0～1.2；三重管法和多重管法一般采用1.0或更小。

目前国内用得比较多的外加剂及配方列于表10-5。

国内较常用外加剂的喷射浆液配方表　　　　　　　　表10-5

序号	外加剂成分及百分比（%）	浆液特性
1	氯化钙 2～4	促凝、早强、可灌性好
2	铝酸钠 2	促凝、强度增长慢、稠密大
3	水玻璃 2	初凝快、终凝时间长、成本低
4	三乙醇胺 0.03～0.05 食盐 1	有早强作用
5	三乙醇胺 0.03～0.05 食盐 1、氯化钙 2～3	促凝、早强、可喷性好
6	氯化钙（或水玻璃）2、"NNO"0.5	促凝、早强、强度高、浆液稳定性好
7	氯化钠 1、亚硝酸钠 0.5、三乙醇胺 0.03～0.05	防腐蚀、早强、后期强度高
8	粉煤灰 25	调节强度、节约水泥
9	粉煤灰 25、氯化钙 2	促凝、节约水泥
10	粉煤灰 25、氯化钙 2、三乙醇胺 0.03	促凝、早强、节约水泥

序号	外加剂成分及百分比（%）	浆液特性
11	粉煤灰 25、硫酸钠 1、三乙醇胺 0.03	早强、抗冻性好
12	矿渣 25	提高固结体强度、节约水泥
13	矿渣 25、氯化钙 2	促凝、早强、节约水泥

10.4 施工方法

10.4.1 施工机具与参数

施工机具主要由钻机和高压发生设备两大部分组成。由于喷射种类不同，所使用的机器设备和数量均不同。高压旋喷注桩的施工参数应根据土质条件、加固要求通过试验或根据工程经验确定，加固土体每立方的水泥掺入量不宜少于 300kg。旋喷注浆的压力大，处理地基的效果好。根据国内实际工程中应用实例，单管法、双管法及三管法的高压水泥浆液流或高压水射流的压力应大于 20MPa，流量大于 30L/min，气流的压力以空气压缩机的最大压力为限，通常在 0.7MPa 左右，提升速度可取 0.1～0.2m/min，旋转速度宜取 20r/min。表 10-6 列出建议的旋喷桩的施工参数，供参考。

近年来旋喷注浆技术得到了很大的发展，利用超高压水泵（泵压大于 50MPa）和超高压水泥浆泵（水泥浆压力大于 35MPa），辅以低压空气，大大提高了旋喷桩的处理能力。在软土中的切割直径可超过 2.0m，注浆体的强度可达 5.0MPa，有效加固深度可达 60m。所以对于重要的工程以及对变形要求严格的工程，应选择较强设备能力进行施工，以保证工程质量。

喷嘴是直接明显影响喷射质量的主要因素之一。喷嘴通常有圆柱形、收敛圆锥形和流线形三种。为了保证喷嘴内高压喷射流的巨大能量较集中地在一定距离内有效破坏土体，一般都用收敛圆锥形的喷嘴。流线形喷嘴的射流特性最好，喷射流的压力脉冲经过流线形状的喷嘴，不存在反射波，因而使喷嘴具有聚能的效能。但这种喷嘴极难加工，在实际工作中很少采用。

旋喷桩的施工参数一览表 　　　　表 10-6

旋喷施工方法			单管法	双管法	三管法
适用土质			砂土、黏性土、黄土、杂填土、小粒径砂砾		
浆液材料及配方			以水泥为主材，加入不同的外加剂后具有速凝、早强、抗腐蚀、防冻等特性，常用水胶比 1.0，也可适用化学材料		
旋喷施工参数	水	压力（MPa）			25
		流量（L/min）	—	—	80～120
		喷嘴孔径（mm）及个数	—	—	2～3(1～2)
	空气	压力（MPa）		0.7	0.7
		流量（m³/min）	—	1～2	1～2
		喷嘴间隙（mm）及个数	—	1～2(1～2)	1～2(1～2)

旋喷施工方法			单管法	双管法	三管法
旋喷施工参数	浆液	压力（MPa）	25	25	25
		流量（L/min）	80～120	80～120	80～150
		喷嘴孔径（mm）及个数	2～3(2)	2～3(1～2)	10～2(1～2)
		灌浆管外径（mm）	φ42 或 φ45	φ42,φ50,φ75	φ75 或 φ90
		提升速度（mm/min）	150～250	70～200	50～200
		旋转速度（r/min）	16～20	5～16	5～16

当喷射压力、喷射泵量和喷嘴个数已选定时，喷嘴直径 d_0 可按下式求出：

$$d_0 = 0.69 \sqrt{\frac{Q}{n\mu\varphi\sqrt{1000p/\rho}}} \qquad (10\text{-}9)$$

式中 d_0 —— 喷嘴出口直径（mm），常用的喷嘴直径为 2.0～3.2mm；

Q —— 喷射泵量（L/min）；

n —— 喷嘴个数；

μ —— 流量系数，圆锥形喷嘴 $\mu \approx 0.95$；

φ —— 流速系数，良好的圆锥形喷嘴 $\varphi \approx 0.97$；

p —— 喷嘴入口压力（MPa）；

ρ —— 喷射液体密度（kg/m³）。

10.4.2 施工工艺

旋喷桩施工应符合下列规定：

1. 施工前，应根据现场环境和地下埋设物的位置等情况，复核旋喷桩的设计孔位。

2. 旋喷桩的施工工艺及参数应根据土质条件、加固要求，通过试验或根据工程经验确定。单管法、双管法高压水泥浆和三管法高压水的压力应大于 20MPa，流量应大于 30L/min，气流压力宜大于 0.7MPa，提升速度宜为 0.1～0.2m/min。

3. 旋喷桩施工前，应根据设计进行工艺性试桩，数量不得少于 3 根。应对工艺试桩的质量进行检验，确定施工参数。

4. 旋喷注浆，宜采用强度等级为 42.5 级的普通硅酸盐水泥，可根据需要加入适量的外加剂及掺合料。外加剂和掺合料的用量，应通过试验确定。水泥浆液的水胶比宜为 0.8～1.2。

5. 旋喷桩的施工工序为：机具就位、贯入喷射管、喷射注浆、拔管和冲洗等。

6. 喷射孔与高压注浆泵的距离不宜大于 50m。钻孔的位置与设计位置的偏差不得大于 50mm。垂直度偏差不得大于 1%。

7. 当喷射注浆管贯入土中，喷嘴达到设计标高时，即可喷射注浆。在喷射注浆参数达到规定值后，随即按旋喷的工艺要求，提升喷射管，由下而上旋转喷射注浆。喷射管分段提升的搭接长度不得小于 100mm。

8. 对需要局部扩大加固范围或提高强度的部位，可采用复喷措施。

9. 在旋喷注浆过程中出现压力骤然下降、上升或冒浆异常时，应查明原因并及时采取措施。

10. 旋喷注浆完毕，应迅速拔出喷射管。为防止浆液凝固收缩影响桩顶高程，必要时可在原孔位采用冒浆回灌或第二次注浆等措施。

11. 施工中应做好废泥浆处理，及时将废泥浆运出或在现场短期堆放后作土方运出。

12. 施工中应严格按照施工参数和材料用量施工，用浆量和提升速度应采用自动记录装置，并如实做好各项施工记录。

10.4.3 施工注意事项

1. 钻机或旋喷机就位时机座要平稳，立轴或转盘要与孔位对正，倾角与设计误差一般不得大于 0.5°。

2. 喷射注浆前要检查高压设备和管路系统。设备的压力和排量必须满足设计要求。管路系统的密封圈必须良好，各通道和喷嘴内不得有杂物。

3. 喷射注浆作业后，由于浆液析水作用，一般均有不同程度收缩，使固结体顶部出现凹穴，所以应及时用水胶比为 0.6 的水泥浆进行补灌。并要预防其他钻孔排出的泥土或杂物进入。

4. 为了加大固结体尺寸，或为了对深层硬土避免固结体尺寸减小，可以采用提高喷射压力、泵量或降低回转与提升速度等措施，也可以采用复喷工艺：第一次喷射（初喷）时，不注水泥浆液；初喷完毕后，将注浆管边送水边下降至初喷开始的孔深，再抽送水泥浆，自下而上进行第二次喷射（复喷）。

5. 在喷射注浆过程中，应观察冒浆的情况，及时了解土层情况，喷射注浆的大致效果和喷射参数是否合理。采用单管或二重管喷射注浆时，冒浆量小于注浆量 20% 为正常现象；超过 20% 或完全不冒浆时，应查明原因并采取相应的措施。若系地层中有较大空隙引起的不冒浆，可在浆液中掺加适量速凝剂或增大注浆量；如冒浆过大，可减少注浆量或加快提升和回转速度，也可缩小喷嘴直径，提高喷射压力。采用三重管喷射注浆时，冒浆量则应大于高压水的喷射量，但其超过量应小于注浆量的 20%。

6. 对冒浆应妥善处理，及时清除沉淀的泥渣。在砂层中用单管或二重管注浆旋喷时，可以利用冒浆进行补灌已施工过的桩孔。但在黏土层、淤泥层旋喷或用三重管注浆旋喷时，因冒浆中掺入黏土或清水，故不宜利用冒浆回灌。

7. 在软弱地层旋喷时，固结体强度低。可以在旋喷后用砂浆泵注入 M15 砂浆来提高固结体的强度。

8. 在湿陷性地层进行高压喷射注浆成孔时，如用清水或普通泥浆作冲洗液，会加剧沉降，此时宜用空气洗孔。

9. 在砂层尤其是干砂层中旋喷时，喷头的外径不宜大于注浆管，否则易夹钻。

10.5 质量检验

高压喷射注浆可根据工程要求和当地经验采用开挖检查、取芯（常规取芯或软取芯）、标准贯入试验、载荷试验或围井注水试验等方法进行检验，并结合工程测试、观测资料及实际效果综合评价加固效果。

检验点应布置在下列部位：

1. 有代表性的桩位；

2. 施工中出现异常情况的部位；

3. 地基情况复杂，可能对高压喷射注浆质量产生影响的部位。

成桩质量检验点的数量不少于施工孔数的2%，并不应少于6点。

竖向承载旋喷桩地基竣工验收时，承载力检验应采用复合地基载荷试验和单桩载荷试验。载荷试验必须在桩身强度满足试验条件时，并宜在成桩28d后进行。检验数量不得少于总桩数的1%，且每项单体工程不应少于3点。

思考题与习题

1. 阐述高压喷射注浆法的工艺类型。

2. 试述高压喷射注浆法的土质条件适用范围和工程使用范围。

3. 阐述高压射流破坏土体形成水泥土加固体的机理。

4. 试对高压喷射注浆法绘出喷射最终固结状况的示意图。

5. 阐述影响高压喷射加固体强度的因素。

6. 阐述影响高压喷射加固体几何形状的因素。

7. 试比较高压喷射注浆法和水泥土搅拌法的优缺点。

11 土工合成材料

11.1 概　　述

土工合成材料（Geosynthetics）是各种由聚合物制成的土工产品的总称，是由煤、石油、天然气等原材料制成的高分子聚合物通过纺丝和后处理制成纤维，再加工而成应用于岩土工程领域的建筑材料。常见的这类纤维有：聚酰胺纤维（PA，如尼龙、锦纶）、聚酯纤维（如涤纶）、聚丙烯纤维（PP，如腈纶）、聚乙烯纤维（PE，如维纶）以及聚氯乙烯纤维（PVC，如氯纶）等。

国际上土工合成材料的使用约始于 1957 年，直到 20 世纪 70 年代无纺织物的推广，土工合成材料才以迅猛的速度发展，从而在岩土工程学科中形成一个重要的分支。我国对土工合成材料的应用始于 20 世纪 70 年代末，20 世纪 80 年代中期才在我国水利和土建领域内逐渐推广。当前已有《土工合成材料应用技术规范》GB 50290—2014，这将有助于土工合成材料进一步地推广和发展。

11.2　土工合成材料的分类

土工合成材料的分类，至今还没有统一的规则。早期人们分成土工织物和土工膜两类，分别代表透水和不透水合成材料。随后，在工程中透水和不透水材料联合应用不断增多。为了适应需要，复合材料、特种合成材料产品大量涌现，两大类的分法难以互含和概括。按照中国土工合成材料工程协会推荐，土工合成材料产品分类如图 11-1 所示，共分为四大类、18 种产品。

下面介绍各种产品的特点（图 11-2）。

1. 织造（有纺）土工织物（Woven Geotextile）

它是由纤维纱或长丝按一定方向排列机织的土工织物，与通常的棉毛织品相似。其特点是孔径均匀，沿经纬线方向的强度大，而斜交方向强度低，拉断的延伸率较低。

2. 非织造（无纺）土工织物（Nonwoven Geotextile）

它是由短纤维或长丝按随机或定向排列机织的，与通常的毛毯相似。无纺型土工织物亦有称作为"无纺布"，制造时是先将聚合物原料经过熔融挤压、喷丝、直接铺平成网，然后使网丝联结制成土工织物，联结的方法热压、针刺和化学黏结等不同处理方法，如：

（1）热压处理法

将纤维加热的同时施加压力，使之部分融化，从而黏结在一起。

（2）针刺机械处理法

用特制的带有刺状的针，经上下往返穿刺纤维薄层，使纤维彼此缠绕起来。这种成型的土工织物较厚，通常为 2～5mm。这类土工织物的土工纤维抗拉强度各项一致；与有纺

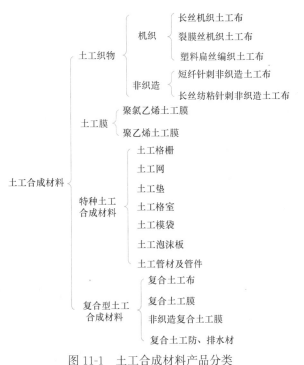

图 11-1　土工合成材料产品分类

型相比，抗拉强度略低，延伸率较大，孔径不很均匀。

（3）化学黏结处理法

制造时在纤维薄层中加入某些化学物质，使之黏结在一起。

国外在使用土工织物中，无纺型土工织物约占使用总量的 50%～80%。

3. 土工膜（Geomembrane）

土工膜是以聚氯乙烯、聚乙烯、氯化聚乙烯或异丁橡胶等为原料制成的透水性极低的膜或薄片。可以是工厂预制或现场制成，分为不加筋的和加筋的两大类。预制不加筋膜采用挤出、压研等方法制造，厚度常为 0.25～4mm，加筋的可达 10mm。膜的幅度 1.5～10m。加筋土工膜是组合产品，加筋有利于提高膜的强度和保护膜不受外界机械破坏。

4. 土工格栅（Geogrid）

土工格栅由聚乙烯或聚丙烯通过打孔、单向或双向拉伸扩孔制成，孔格尺寸为 10～100mm 的圆形、椭圆形、方形、长方形或正三角形格栅。

5. 土工带（Geobelt）

土工带是经挤压拉伸或加筋制成的条带抗拉材料。

6. 土工格室（Geocell）

土工格室是由土工格栅、土工织物或土工膜、条带构成的蜂窝状或网格状三维结构材料。

7. 土工网（Geonet）

土工网是由两组平行的压制条带或细丝按一定角度交叉（一般为 60°～90°），并在交点处靠热黏结而成的平面制品。条带宽常为 1～5mm，透孔尺寸从几毫米至几厘米。

8. 土工模袋（Geofabriform）

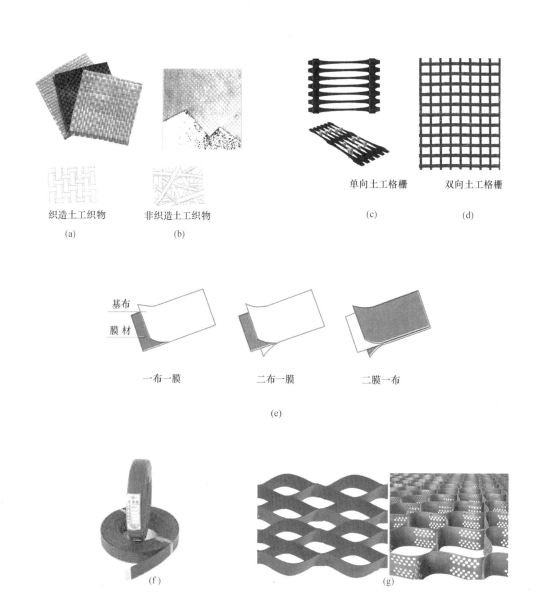

图 11-2 土工合成材料

(a) 织造土工织物；(b) 非织造土工织物；(c) 单向土工格栅；(d) 双向土工格栅；
(e) 复合土工膜；(f) 土工带；(g) 土工格室

土工垫具有突出的三维结构，是由半刚性单丝纤维熔接而成。土工垫通常由黑色聚乙烯制成，其厚度为 15～20mm。

9. 土工网垫（Geosynthetic Fiber Mattress）

土工网垫是以热塑性树脂为原料制成的三维结构。其底部为基础层，上覆起泡膨松网包，包内填沃土和草籽，供植物生长。

10. 土工塑料排水带（Strip Geodrain）

土工塑料排水带是一种复合型的土工合成材料，由芯板和透水滤布两部分组成。芯板多为成型的硬塑料板，具有瓦楞形或多十字形，主要原料为聚乙烯或聚丙烯。透水滤布多为薄型无纺织物，主要原料为涤纶或丙纶。滤布包在芯板外面，在芯板与滤布间，形成纵向排水沟槽。

11. 土工织物膨润土垫（Geosynthetic Clay Liner）

简称 GCL，是由土工织物或土工膜间包有膨润土或其他低透水性材料，以针刺、缝接或化学剂黏结而成的一种防水材料。

12. 聚苯乙烯板块（Expanded Polystyrene Sheet）

亦称泡沫苯乙烯，简称 EPS，是由聚苯乙烯加入发泡剂膨胀，经模塑或挤压制成的轻型板块。

13. 玻纤网（Glass Grid）

玻纤网是以玻璃纤维为原料，通过纺织加工，并经表面后处理而成的网状制品。

14. 土工复合材料（Geocomposite）

土工复合材料由两种或两种以上的土工织物、土工膜或其他材料黏合而成的产品。可以满足工程的特定要求。例如无纺型土工织物与土工膜相组合，既能挡水，又能排除积水，既可以弥补土工膜表面摩阻不足，又可以保护膜不受外界机械破坏。

11.3 土工合成材料的特性指标

土工合成材料的特性指标主要包括：物理特性、力学特性、水理特性、耐久性和环境影响等。

11.3.1 物理特性

1. 相对密度

指原材料的相对密度（未掺入其他原料）。丙烯为 0.91；聚乙烯为 0.92~0.95；聚酯为 1.22~1.38；聚乙烯醇为 1.26~1.32；尼龙为 1.05~1.14。

2. 单位面积质量

指 $1m^2$ 土工织物的质量，由称量法确定。常用土工织物的单位面积质量为 100~1200g/m^2。由于材料质量不完全均匀，通常要求测试试样不少于 10 块，采用其算术平均值。单位面积质量的大小影响织物的强度和平面导水能力。

3. 厚度

指压力为 2kPa 时其底面到顶面的垂直距离，由厚度测定仪测定。要求试样不少于 10 块，再取其平均值。土工织物表面蓬松，一般厚度为 0.1~5mm，最厚可达十几毫米；土工膜一般为 0.25~0.75mm，最厚可达 2~4mm；土工格栅的厚度随部位的不同而异，其肋厚一般为 0.5~5mm。厚度对其水力学性质如孔隙率和渗透性有显著影响。

11.3.2 力学特性

1. 压缩性

土工织物厚度（t）随法向压力（p）变化的性质为该材料的压缩性。可用 $t \sim p$ 关系曲线表示。厚度与渗透性有关，故也可求得不同法向压力下的渗透系数。

2. 抗拉强度

是指试样受拉伸至断裂时单位宽度所受的力（N/m）。试样的延伸率是指拉伸时长度增量 ΔL 与原长度 L 的比值，以"％"表示。试验采用拉伸仪。根据拉伸试样的宽度，可分为窄条拉伸试验（宽度 50mm、长度 100mm）和宽条拉伸试验（宽度 200mm、长度 100mm），拉伸速率对窄条为 $10\pm2mm/min$，对宽条为 $50\pm5mm/min$。由拉伸试验所得的拉应力－伸长率曲线，可求得材料三种拉伸模量（初始模量、偏移模量和割线模量）。

常用的无纺型土工织物的抗拉强度为 $10\sim30kN/m$，高强度的为 $30\sim100kN/m$；最常用的编织型土工织物为 $20\sim50kN/m$，高强度的为 $50\sim100kN/m$，特高强度的编织物（包括带状物）为 $100\sim1000kN/m$；一般的土工格栅为 $30\sim200kN/m$，高强度的为 $200\sim400kN/m$。

3. 撕裂强度

反映了土工合成材料的抗撕裂的能力，可采用梯形（试样）法、舌形（试样）法和落锤法等进行测试，最常用的测试方法为梯形法。试样数要求不少于 5 个，求其平均值。撕裂强度是评价材料的指标之一，一般不直接应用于设计。

4. 握持拉伸强度

施工时握住土工合成材料往往仅限于数点，施力未及全幅度，为模拟此种受力状态，进行握持拉伸试验。它也是一种抗拉强度，它反应土工合成材料分散集中的能力。试验方法与条带拉伸试验类似。

5. 顶破强度

顶破面强度反映了土工合成材料抵抗垂直于其平面的法向压力的能力，与刺破试验相比，顶破试验的压力作用面积相对较大。顶破时土工合成材料呈双向拉伸破坏。目前有三种测定顶破强度的方法：① 液压顶破试验；②圆球顶破试验；③CBR 顶破试验。

6. 刺破强度

刺破强度反应土工合成材料抵抗带有棱角的块石或树干刺破的能力。试验方法与圆球顶破试验相似，只是以金属杆代替圆球。

7. 穿透强度

反映具有尖角的石块或锐利物掉落在土工合成材料上时，土工合成材料抵御掉落物穿透作用的能力，可采用落锤穿透试验进行测定。

8. 摩擦系数

该指标是核算加筋土体稳定性的重要数据，它反映了土工合成材料与土接触界面上的摩擦强度。可采用直接剪切摩擦试验或抗拔摩擦试验进行测定。

11.3.3 水理性特性

1. 孔隙率

孔隙率是指土工织物中的孔隙体积与织物的总体积之比，以"％"表示。孔隙率的大小影响土工织物的渗透性和压缩性。根据织物的单位面积质量 m、厚度 t 和材料相对密度 G，由下式计算：

$$n=1-\frac{m}{G \cdot \rho_{w} \cdot t}$$ (11-1)

2. 开孔面积率（POA）

开孔面积率指土工织物平面的总开孔面积与织物总面积的比值，以"％"表示。一般产品的 $POA=4\%\sim8\%$，最大可达 30％以上。POA 的大小影响织物的透水性和淤堵性。

3. 等效孔径（EOS）

土工织物有不同大小的开孔，孔径尺寸以符号"O_e"表示。无纺型土工织物为 0.05～0.5mm；编织型为 0.1～1.0mm；土工垫为 5～10m；土工格栅及土工网为 5～100mm。等效孔径 O_e 表示织物的最大表观孔径（AOS），即它容许通过土粒的最大粒径。各国采用的 O_e 标准不同，我国采用 $O_e = O_{95}$，即织物中有 95% 的孔径比 O_{95} 为小。等效孔径 EOS 和表观孔径 AOS 含义相同，差别在于前者是以毫米表示孔径，而后者是用等效孔径最接近的美国标准筛的筛号表示。

等效孔径是用土工织物作滤层时选料的重要指标。

4. 垂直渗透系数

指垂直于织物平面方向上的渗透系数（以 cm/s 表示）。测定方法类似于土工试验土的渗透系数测定方法。

由于透过织物的水流流态常是紊流，故设计中常改用透水率（ψ）表示：

$$\psi = \frac{k_v}{t} = \frac{q}{\Delta h \cdot A} \tag{11-2}$$

即在单位水头 Δh 作用下，流过单位面积的渗流量 q，透水率 ψ 与材料厚度 t 相乘即得渗透系数 k_v。无纺型土工织物渗透性变化约为：$\psi = 0.02 \sim 2.2 s^{-1}$，$k_v = 8 \times 10^{-4} \sim 2.3 \times 10^{-1}$ cm/s。

k_v 是土工织物用作反滤或排水层时的重要设计指标。

5. 水平渗透系数

土工合成材料用作排水材料时，水在聚合物内部沿平面方向流动，在土工合成材料内部孔隙中输导水流的性能可用土工合成材料平面的水平渗透系数或导水率（为土工合成材料平面渗透系数与聚合物厚度的乘积）来表示。通过改变加载和水力梯度可测出承受不同压力及水力条件下土工合成材料平面的导流特性。

设计中常改用导水率 θ 指标来表示：

$$\theta = k_h \cdot t = \frac{q \cdot l}{\Delta h \cdot b} \tag{11-3}$$

式中 θ——导水率（cm^2/s）；

l——沿水流方向的试样长度（cm）；

b——试样宽度（cm）。

通常土工织物的水平渗透系数为 $8 \times 10^{-4} \sim 5 \times 10^{-1}$ cm/s；无纺型土工织物的水平渗透系数为 $4 \times 10^{-3} \sim 5 \times 10^{-1}$ cm/s；土工膜的水平渗透系数为 $i \times 10^{-11} \sim i \times 10^{-10}$ cm/s。

大部分编织与热黏型无纺土工织物导水性甚小；针刺无纺型土工织物为 $10^{-2} \sim 10^{-1}$ cm^2/s；土工网为 $10 \sim 10^2$ cm^2/s；土工塑料排水带为 $10 \sim 10^3$ cm^2/s。

11.3.4 耐久性和环境影响

耐久性和环境影响是反映材料在长期应用和不同环境条件中工作的性状变化。

1. 抗老化

是指高分子材料在加工、贮存和使用过程中，由于受内外因素的影响，使其性能逐渐变坏的现象，老化是不可逆的化学变化。主要表现在：①外观变化：发黏、变硬、变脆等；②物理化学变化：相对密度、导热性、熔点、耐热性和耐寒性等；③力学性能的变化：抗拉强度、剪切强度、弯曲强度、伸长率以及弹性等；④电性能变化：绝缘电阻、介电常数等。产生老化的外界因素可分为物理、化学和生物因素，主要有：太阳光、氧、臭氧、热、水分、工业有害气体、机械应力和高能辐射的影响以及微生物的破坏等，而其中最重要的是太阳光中紫外线辐射的影响。试验表明，埋在土中的土工合成材料，其老化速度比曝晒在大气下的老化速度慢得多。

高分子聚合材料中，聚丙烯、聚酰胺老化最快；聚乙烯、聚氯乙烯次之；聚酯、聚丙烯腈最慢。浅色材料较深色的老化快，薄的较厚的快。

2. 徐变性

指材料在长期恒载下持续伸长的现象。高分子聚合物一般都有明显的徐变性。工程中的土工合成材料皆置于土内，受到侧限压力，徐变量要比无侧限时小得多。徐变性的大小影响着材料的强度取值。

11.4 土工合成材料的主要功能

土工合成材料的功能是多方面的，可以归纳为以下六项基本作用：反滤作用、排水作用、加筋作用、隔离作用、防渗作用和防护作用。不同材料的功能不尽相同，一种材料也往往兼有多种功能。土工合成材料在实际工程中的应用是几种作用的组合，其中有的是主要的，有的是次要的。例如：对松砂或软土地基上的铁路路基，其隔离作用是主要的，而反滤和加筋作用是次要的；而对软土地基上的公路路基，则加筋作用是主要的，而隔离作用和反滤作用是次要的。

11.4.1 土工合成材料的工程应用

1. 反滤作用

在有渗流的情况下，利用一定规格的土工合成材料铺设在被保护的土上，可起到与一般砂砾反滤层同样的作用，容许水流通过而又阻止土颗粒移动，从而防止发生流土、管涌和阻塞。

多数土工合成材料在单向渗流的作用下，初期在紧贴土工合成材料的土体中，发生细颗粒逐渐向滤层移动，同时还有部分细颗粒通过土工合成材料被带走，遗留下较粗的颗粒。从而与滤层相邻一定厚度的土层逐渐自然形成一个反滤带和一个骨架网，阻止土颗粒的继续流失，最后趋于稳定平衡。亦即土工合成材料与其相邻接触部分的土层共同形成了一个完整的反滤系统。将土工合成材料铺放在上游面块石护坡下面，可起反滤作用和隔离作用，见图 11-3；同样也可铺放在下游排水体（褥垫排水或棱体排水）周围起反滤作用，以防止管涌，见图 11-4（a）；也可铺

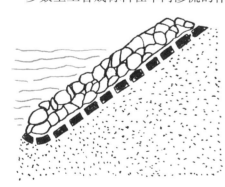

图 11-3　土工合成材料用于护坡工程

放在均匀土坝的坝体内，起竖向排水作用，这样可有效地降低均质坝的坝体浸润线，提高下游坝体的稳定性，渗流水沿土工合成材料进入水平排水体，最后排至坝体外，见图 11-4（b）。具有这种排水作用的土工合成材料，要求在纵向（即土工合成材料本身的

平面方向）有较大的渗透系数。

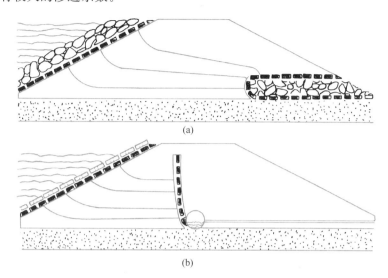

图 11-4　土工合成材料用于土坝工程

(a) 用于自滤；(b) 用于排水

具有相同孔径尺寸的无纺土工合成材料和砂的渗透性大致相同。但土工合成材料的孔隙率比砂高得多，土工合成材料的密度约为砂的 1/10，因而当土工合成材料与砂具有相同的反滤特征时，则所需土工合成材料质量要比砂的少 90%。此外，土工合成材料滤层的厚度为砂砾反滤层的 1/1000～1/100，其所以能如此，是因为土工合成材料的结构特征保证了它的连续性。为此，在具有相同反滤特征条件下，土工合成材料的质量仅为砂层的 1/10000～1/1000。

2. 排水作用

一定厚度的土工织物具有良好的三维透水性，利用这一种特性除了可作透水反滤层外，还可使水经过土工合成材料的平面迅速沿水平方向排走，构成水平排水层。此外，它还可与其他排水材料（如砾石、排水管等）共同构成排水系统。

图 11-5 (a) 为土工合成材料与其他排水材料（塑料排水带）共同构成排水系统，加速填筑土体的排水固结过程。

图 11-5 (b) 为挡土墙在填土之前，将土工合成材料置于挡土墙后再填土，这样既可以将水排出，又不会把土颗粒带走。

图 11-5 (c) 为降低均质坝坝体内浸润线，可在坝体内用土工合成材料作排水体。

图 11-5 (d) 为土工合成材料用于建造无集水管的排水盲沟。铺设时在先开挖好的槽内铺设土工合成材料，然后回填砾石，再将土工合成材料包裹好，最后再在其上回填砂土。

图 11-5 (e) 为防止细砂和土粒进入排水管道而引起堵塞，将土工合成材料包裹管道，然后埋于地下。

3. 隔离作用

修筑道路时，路基、路床材料和一般材料都混合在一起，这虽然是局部现象，但使原设计的强度、排水、过滤的功能减弱。为了防止这种现象的发生，可将土工合成材料设置在两种不同特性的材料间，不使其混杂，但又能保持统一的作用。在铁路工程中，铺设土

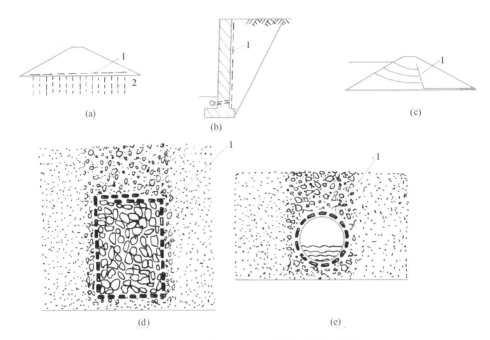

图 11-5　土工合成材料用于排水的典型实例

（a）排水体；（b）挡土墙排水；（c）坝体排水；（d）排水盲沟；（e）排水管道防堵塞

1—土工合成材料；2—塑料排水板

工合成材料后借以保持轨道的稳定，减少养护费用，如图 11-6 所示。在道路工程中可起渗透膜的功能防止软弱土层侵入路基的碎石，不然会引起翻浆冒泥，最后使路基、路床设计厚度减小，导致道路破坏；用于地基加固方面，可将新筑基础和原有地基层分开，能增强地基承载力，有利于排水和加速土体固结；用于材料的储存和堆放，可避免材料的损失和劣化，对于废料还可有助于防止污染。用作隔离的土工合成材料，其渗透性应大于所隔离土的渗透性；在承受动荷载作用时，土工合成材料还应有足够的耐磨性。当被隔离材料或土层间无水流作用时，也可用不透水土工膜。

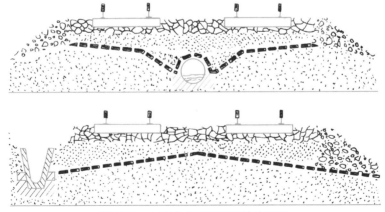

图 11-6　土工合成材料用于铁路工程

4. 防渗作用

土工膜和复合土工合成材料可以防止液体的渗漏、气体的挥发、保护环境或建筑物的安全。它们可用于防止各类大型液体容器或水池的渗漏和蒸发、土石坝和库区的防渗、渠道防渗、隧道和涵管周围防渗、屋顶防漏、修建施工围堰等（图 11-7）。

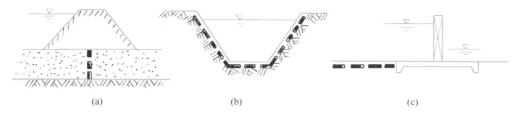

图 11-7　防渗工程

（a）土坝的垂直防渗；（b）渠道防渗；（c）水闸上游护坦及护坡防渗

5. 防护作用

土工合成材料对土体或水面可以起防护作用，如防止河岸或海岸被冲刷、防止土体的冻害、防止路面反射裂缝、防止水面蒸发或空气中的灰尘污染水面等（图 11-8）。

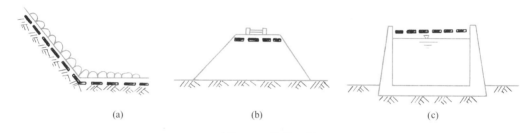

图 11-8　防护工程

（a）防止河岸或海岸冲刷；（b）防止路面反射裂缝；（c）防止水面蒸发

6. 加筋作用

当土工合成材料用作土体加筋时，其基本作用是给土体提供抗拉强度。其应用范围有：加固土坡、堤坝、地基及挡土墙。

（1）用于加固土坡和堤坝

土工合成材料在路堤工程（图 11-9）中有几种用途包括：

① 可使边坡变陡，节省占地面积；

② 防止滑动圆弧通过路堤和地基土；

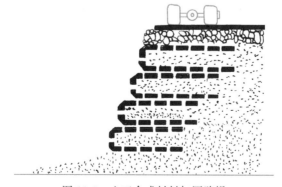

图 11-9　土工合成材料加固路堤

③ 防止路堤下因发生承载力不足而破坏；

④ 跨越可能的沉陷区等。

（2）用于加固地基

由于土工合成材料有较高的强度和韧性等力学性能，且能紧贴于地表面，使其上部施加的荷载能均匀分布在地层中。当地基可能产生冲切破坏时，铺设的土工合成材料将阻止破坏面的出现，从而提高地基承载力。

在软土地基上加荷后，由于软土地基的塑性流动，铺垫土周围的地基即向侧面隆起。如将土工合成材料铺设在软土地基的表面，由于其承受拉力和土的摩擦作用而增大侧向限制，阻止侧向挤出，从而减小变形和增大地基的稳定性。在沼泽地、泥炭土和软黏土上建造临时道路是土工合成材料最重要的用途之一。

某炼油厂采用在土工合成材料加筋垫层和排水联合处理的软土地基上建造 2 万 m^3 钢油罐（图 11-10）。也可以采用土工合成材料局部加筋垫层的方法（图 11-11），防止可能产生局部地基土破坏的情况。

图 11-10　用土工合成材料加固油罐地基　　　　图 11-11　用土工合成材料局部加固地基

（3）用于加筋土挡墙

在挡土结构的土体中，每隔一定垂直距离铺设加固作用的土工合成材料时，该土工合成材料可对路基起到加筋作用。作为短期或临时性的挡墙，可只用土工合成材料包裹着土、砂来填筑（图 11-12）。但这种包裹式土工合成材料墙面的形状常常是畸形的，外观难看。为此，有时采用砖面的土工合成材料加筋土挡墙，可取得令人满意的外观效果。对于长期使用的挡墙，往往采用混凝土面板（图 11-13）。

土工合成材料作为拉筋时一般要求有一定的刚度，新发展的土工格栅能很好地与土相结合。与金属材料相比，土工合成材料不会因腐蚀而失效，所以它能在桥台、挡墙、海岸和码头等支挡建筑物的应用中获得成功。

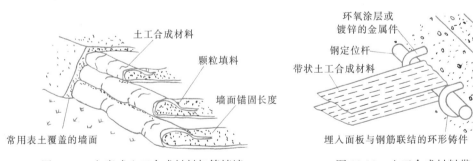

图 11-12　包裹式土工合成材料加筋挡墙　　　图 11-13　土工合成材料带与挡
墙混凝土面板连接

11.4.2　常见土工合成材料产品的用途

几种常见的土工合成材料的主要用途可列举如下：

1. 非织造型土工织物（无纺织物）

这种材料的最主要用途是作为排水反滤层，以代替天然粒状滤层的作用。在这种情况下，无纺织物有时还可起一定的隔离作用。至于加筋加固作用则只有当加固要求不高的情况下，无纺织物能附带地起一些作用。

当无纺织物用作排水反滤层时，材料的选择至关重要，这个问题也是土工合成材料使用中的一个难点，目前研究得还很不够。应当指出，反滤所要保护的土可能多种多样，它所针对的水流状况也有不同，比如堤坝背水坡排水设施所针对的是单向渗流；堤坡与岸坡的护坡反滤层所面临的是双向水流，甚至还有波浪掏蚀的真空作用；而汛期在堤防背水侧透水地基中出现的管涌，则是压力很高、水量很大的挟沙紊流，等等。它们的滤层选择原则应当有所不同。但这方面还缺乏理论研究和实践经验。

2. 织造型土工织物（有纺织物）

这种织物应用很广，最主要的是做成各种土工合成材料产品或土工合成材料系统（Geo-system），如编织袋、防汛袋、土工模袋、土工管（枕）、软体排和褥垫等。同时，它也可直接用作隔离层或作为加筋材料（当要求不很高时）。

3. 土工膜或复合土工膜

它主要用防渗、防漏或需要密封的部位，因此在水利工程和环保工程中应用广泛。由于土工膜的厚度很薄，容易损坏，因此在其两侧往往设有保护层或垫层（支持层），以保证其完整性，用作保护层的材料有无纺织物或有纺织物等。若将这些材料在工厂生产时就黏合在一起，则就成为复合土工膜，根据使用要求有一布一膜、二布一膜、三布二膜等不同品种。

4. 土工加筋带或土工格栅

这种材料用于土的加筋和加固。土工格栅因其具有很高的强度和很低延伸率，以及与土之间高摩擦力和咬合力，常用于加筋要求很高的场合。

土工加筋带可以直接用来加筋土体（如挡墙背后填土的加筋），也可按一定间隔缝于土工织物上，增强织物的强度，以便制成各种比较牢固的土工合成材料系统。

5. 排水带和排水软管

排水带用于土体的排水，或促进土体的固结，它在公路、水闸和房屋地基中应用广泛。排水软管则用于各种排水工程中。

6. 土工模袋

这种土工合成材料制品用于岸坡和堤坡的护坡，它代替了混凝土的浇筑模板，故称模袋。

7. 聚苯乙烯板块

应用于软土地基中地基承载力不足、沉降量过大、地基不均匀沉降、需要快速施工的路堤、人造山体、挡墙填充等填筑工程以及地下管道保护的换填工程。

11.5 设 计 计 算

在实际工程中应用的土工合成材料，不论作用的主次，都是以上四种作用的综合。虽然隔离作用不一定要伴随过滤作用，但过滤作用经常伴随隔离作用。因而设计时，应根据不同工程应用的对象，综合考虑对土工合成材料作用的要求进行选料。

11.5.1 作为滤层时的设计

一般在反滤层设计时，既要求有足够的透水性；又要求能有效地防止土颗粒被带走。通常采用无纺和有纺土工合成材料，而对土工合成材料作为滤层，同样必须满足这两种基本要求。

实际上对土工合成材料作为反滤层的效果，受到材料的特性、保护土的性质和地下水条件的相互作用的影响。所以在设计土工合成材料为滤层时，应根据反滤层所处的环境条件，把土工合成材料和所保护土体的物理力学性质结合起来考虑。

对任何一个土工合成材料反滤层，在使用初期渗流开始时，土工合成材料背面的土颗粒逐渐与之贴近，其中细颗粒小于土工合成材料孔隙的，必然穿过土工合成材料被排出。而土颗粒大于土工合成材料孔隙的就紧贴靠近土工合成材料。自动调整为过渡滤层，直至无土粒能通过土工合成材料边界时为止。此时靠近土工合成材料的土体的透水性增大，而土工合成材料的透水性就会减小，最后土工合成材料和邻近土体共同构成了反滤层。这一过程往往需要几个月的时间才能完成。

对级配不良的土料，因其本身不能成为粒料，所以"排水和挡土"得依靠土工合成材料。当渗流量很大时就有大量细颗粒通过土工合成材料排出，有可能在土工合成材料表面形成泥皮，出现局部堵塞。当土工合成材料滤层所接触的土料，其黏粒含量超过 50% 的黏性土时，宜在土工合成材料与被保护的土层间铺设 0.15m 厚的砂垫层，以免土工合成材料的孔隙被堵塞。

土工合成材料作为滤层设计时的两个主要因素是土工合成材料的有效孔径和透水性能。在土工合成材料作滤层设计时，目前尚未有统一的设计标准。按符合一定标准和级配的砂砾料构成的传统反滤层，目前广泛采用的滤料要求为：

防止管涌 $\qquad d_{15f} < 5d_{85b}$

保证透水性 $\qquad d_{15f} > 5d_{15b}$

保证均匀性 $\qquad d_{50} < 25d_{50b}$（对级配不良的滤层）

$\qquad\qquad\qquad$ 或 $d_{50f} < d_{50b}$（对级配均匀的滤层）

式中 d_{15f}——表示相应于颗粒分布曲线上百分数 p 为 15% 时的颗粒粒径（mm），角标 f 表示滤土层；

$\qquad d_{85b}$——表示相应于颗粒粒径分布曲线上百分数 p 为 85% 时的颗粒粒径（mm），角标 b 表示被保护土。

11.5.2 加筋土垫层设计

加筋土垫层由分层铺设的土工合成材料与地基土构成。

1. 加固机理

用于换填垫层的土工合成材料，在垫层中主要起加筋作用，以提高地基土的抗拉和抗剪强度、防止垫层被拉断裂和剪切破坏、保持垫层的完整性、提高垫层的抗弯刚度。因此利用土工合成材料加筋的垫层有效地改变了天然地基的性状，增大了压力扩散角，降低了下卧天然地基表面的压力，约束了地基侧向变形，调整了地基不均匀变形，增大地基的稳定性并提高地基的承载力。由于土工合成材料的上述特点，将其用于软弱黏性土、泥炭、沼泽地区修建道路、堆场等取得了较好的成效，同时在部分建筑、构筑物的加筋垫层中应用，也取得了一定的效果。

根据理论分析、室内试验以及工程实测的结果证明，采用土工合成材料加筋土垫层的加固机理为：

（1）扩散应力

加筋垫层刚度较大，增大了压力扩散角，有利于上部荷载扩散，降低了垫层底面压力。

（2）调整不均匀沉降

由于加筋垫层的作用，加大了压缩层范围内地基的整体刚度，均化传递到下卧土层上的压力，有利于调整基础的不均匀沉降。

（3）增大地基稳定性

由于加筋土垫层的约束，整体上限制了地基土的剪切、侧向挤出和隆起。

2. 加筋土垫层设计

加筋土垫层应满足换填垫层的设计要求。土工合成材料加筋垫层一般用于 z/b 较小的薄垫层。对土工带加筋垫层，设置一层土工筋带时，θ 宜取 26°；设置两层及以上土工筋带时，θ 宜取 35°。加筋土垫层所选用的土工合成材料应进行材料强度验算：

$$T_p < T_a \tag{11-4}$$

式中　T_a——土工合成材料在允许延伸率下的抗拉强度（kN/m）；

　　　T_p——相应于作用的标准组合时，单位宽度的土工合成材料的最大拉力（kN/m）。

加筋土垫层的加筋体设置应符合下列规定：

（1）一层加筋时，可设置在垫层的中部；

（2）多层加筋时，首层筋材距垫层顶面的距离宜取 0.3 倍垫层厚度，筋材层间距宜取 0.3～0.5 倍的垫层厚度，且不应小于 200mm；

（3）加筋线密度宜为 0.15～0.35。无经验时，单层加筋宜取高值，多层加筋宜取低值。垫层的边缘应有足够的锚固长度。

加筋土垫层底筋可采用土工织物、土工格栅或土工格室等。加筋土垫层的设计应包括：稳定性验算、确定加筋构造、验算加筋土垫层地基的承载力和沉降。

稳定性验算应包括垫层筋材被切断及不被切断的地基稳定、沿筋材顶面滑动、沿薄软土底面滑动以及筋材下薄层软土被挤出。验算方法及稳定安全系数应符合国家现行《地基基础设计规范》GB 50007—2011 的有关规定，此处不再赘述。

研究表明，使用加筋垫层，可使垫层厚度比仅采用砂石换填时减少 60%。采用加筋垫层可以降低工程造价，施工更方便。

以下介绍国外对加筋土垫层在地基加固和路堤加固方面的设计计算方法。

（1）地基加固

在软弱路基基底与填土间铺以土工合成材料是常用的浅层处理方法之一。若土工合成材料为多层，则应在层间填以中、粗砂以增加摩擦力。当地基可能产生冲切破坏时，铺设的土工合成材料将阻止破坏面的出现，从而提高承载力。当很软的地基可能产生很大变形时，铺设的土工合成材料由于其承受拉力和与土的摩擦作用而增大侧向限制，阻止土的侧向挤出，从而减小变形，特别是侧向变形，增强地基的稳定性。

如将具有一定刚度和抗拉力的土工合成材料铺设在软土地基表面上，再在其上填筑粗颗粒土（砂土或砾土），在作用荷载的正下方产生沉降，其周边地基产生侧向变形和部分隆起，如图 11-14 所示的土工合成材料则受拉，而作用在土工合成材料与地基土间的抗剪阻力就能相对的约束地基的位移；同时，作用在土工合成材料上的拉力，也能起到支承荷载的作用。设计时其地基极限承载力 p_{s+c} 的公式如下：

$$p_{s+c} = \alpha c N_c b + 2p \sin\theta + \beta \frac{p}{r} N_q b \tag{11-5}$$

式中　α、β——基础的形状系数，一般取 $\alpha = 1.0$，$\beta = 0.5$；

　　　　c——土的黏聚力（kPa）；

　　　　b——基础宽度（m）；

　N_c、N_q——与内摩擦角有关的承载力系数，一般 $N_c = 5.3$，$N_q = 1.4$；

　　　　p——土工合成材料的抗拉强度（N/m）；

　　　　θ——基础边缘土工合成材料的倾斜角，一般为 $10° \sim 17°$；

　　　　r——假象圆的半径，一般取 3m，或为软土层厚度的一半，但不能大于 5m。

上式右边第一项是没有土工合成材料时，原天然地基的极限承载力。第二项是在荷载作用下，由于地基的沉降使土工合成材料发生变形而承受拉力的效果。第三项是土工合成材料阻止隆起而产生的平衡镇压作用的效果（是以假设近似半径为 r 的圆求得，图 11-14 中的 q 是塑性流动时地基的反力）。实际上，第二和第三项均为由于铺设土工合成材料而提高的地基承载力。

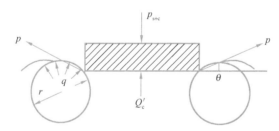

图 11-14　土工合成材料加固地基的承载力计算假设简图

（2）路堤加固

土工合成材料用作增加填土稳定性时，其铺垫方式有两种：一种是铺设在路基底与填土间；另一种是在堤身内填土间铺设。分析计算时常采用瑞典法和荷兰法两种计算方法。

瑞典法的计算模型是假定土工合成材料的拉应力总是保持在原来铺设方向。由于土工合成材料产生拉力 S，这就增加了两个稳定力矩（图 11-15）。

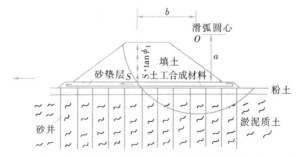

图 11-15　土工合成材料加固软土地基路堤的稳定分析（瑞典法）

首先按常规方法找出最危险圆弧滑动的参数以及相应的最小安全系数 K_{min}。然后再加入有土工合成材料这一因素。当仍按原最危险圆弧滑动时，要撕裂土工合成材料就要克服土工合成材料的总抗拉强度 S，以及在填土内沿垂直方向开裂而产生的抗力 $S \cdot \tan\varphi_1$（φ_1 为填土的内摩擦角）。如以 O 为力矩中心，则前者的力臂为 a，后者的力臂为 b，则：

原最小安全系数

$$K_{min} = \frac{M_{抗}}{M_{滑}}$$ (11-6)

增加土工合成材料后安全系数

$$K' = \frac{M_{抗} + M_{土工合成材料}}{M_{滑}}$$ (11-7)

故所增加的安全系数为

$$\Delta K = \frac{S(a + b \cdot \tan\varphi_1)}{M_{滑}}$$ (11-8)

当已知土工合成材料的强度 S 时，便可求得 ΔK。相反，当已知要求增加的 ΔK 时，便可求得所需土工合成材料的抗拉强度 S，以便选用土工合成材料现成厂商生产的商品。

荷兰法的计算模型是假定土工合成材料在和滑弧切割处形成一个与滑弧相适应的扭曲，且土工合成材料的抗拉强度 S（每米宽）可认为是直接切于滑弧（图 11-16）。绕滑动圆心的力矩，其臂长即等于滑弧半径 R，此时抗滑稳定安全系数为：

$$K = \frac{\sum(c_i l_i + Q_i \cos\alpha_i \cdot \tan\varphi_i) + S}{\sum Q_i \cdot \sin\alpha_i}$$ (11-9)

式中　Q_i——某一分条的重力（kN）；

c_i——填土的黏聚力（kPa）；

l_i——某分条滑弧的长度（m）；

α_i——某分条与滑动面的倾斜角（°）；

φ_i——土的内摩擦角（°）。

故所增加安全系数：

$$\Delta K = \frac{S \cdot R}{M_{滑}}$$ (11-10)

通过上式，即可确定所需要的 K 值，从而可推算 S 值，再用以选择土工合成材料产品的规格型号。

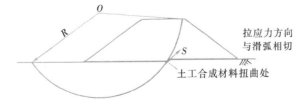

图 11-16　土工合成材料加固软土地基路堤的稳定分析（荷兰法）

值得注意的是：除了应验算滑弧穿过土工合成材料的稳定性外，还应验算在土工合成材料范围以外路堤有无整体滑动的可能，对以上两种计算均满足时才可认为是稳定的。

土工合成材料作为路堤底面垫层作用的机理，除了提高地基承载力和增加地基稳定性外，其中一个主要作用就是减少堤底的差异沉降。通常土工合成材料可与砂垫层（0.5～1.0m 厚）共同作为一层，这一层具有与路堤本身和软土地基不同的刚度，通过这一垫层将堤身荷载传递到软土地基中去，它既是软土固结时的排水面，又是路堤的柔性筏基。地基变形显得均匀，路基中心最终沉降量比不铺土工合成材料要小，施工速度可加快，且能较快地达到所需固结度，提高地基承载力。另外，路堤的侧向变形将由于设置土工合成材料而得以减小。

11.5.3 加筋土边坡设计

传统的边坡稳定性分析是分别求出由滑动土体的重量对滑动圆心产生的总滑动力矩 M_D 和由于滑动面上土体抗剪强度对滑动圆心产生的总抗滑力矩 M_R，然后求出安全系数，即 $F_s = \dfrac{M_D}{M_R}$。对于加筋土边坡，因筋材中的拉力而产生附加的抗滑力矩 ΔM_R，加筋后的总抗滑力矩变为 $M_R + \Delta M_R$，稳定安全系数得到相应提高。加筋土边坡的设计不但要保证土坡的整体稳定（外部稳定），而且要求保证边坡的内部稳定，即筋材具有足够的抗拉强度，不会再发生断裂；筋材与周围土体具有足够的摩阻力，不会发生拔出。

加筋土边坡设计步骤如下：

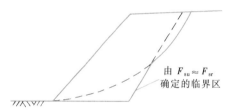

由 $F_{su} \approx F_{sr}$ 确定的临界区

图 11-17 有待加筋的临界区范围

（1）先按未加筋土边坡进行稳定性分析，求得其最小安全系数 F_{su}，并与设计要求的安全系数 F_{sr} 比较，当 $F_{su} < F_{sr}$ 时，应采取加筋处理。

（2）将上述未加筋土坡的稳定分析所有 $F_{su} \approx F_{sr}$ 的滑动面绘在同一幅中，得到各滑动面的外包线即为需要加筋的临界范围（图 11-17）。

（3）加筋土边坡稳定安全系数计算：

$$F_{su} = \frac{M_R + \Delta M_R}{M_D} = \frac{M_R + \sum D T_i}{M_D} \qquad (11\text{-}11)$$

需要指出的是考虑筋材拉力的方向有所不同，有的认为坡内铺设的水平筋材在可能的滑动面处产生折曲，转向与圆弧相切。此外，有的认为原来铺设的筋材在即将滑坡时仍保持水平方向不变。按照后者计算得到的安全系数比前者要小，即不考虑筋材的折曲可能偏于安全。计算求得的加筋土边坡稳定安全系数须大于等于设计要求的安全系数，即 $F_{su} \geqslant F_{sr}$。

（4）所需筋材总拉力 $\sum T_i$ 应按下式计算（图 11-18）：

$$\sum T_i = \frac{F_{su} M_D - M_R}{D} \qquad (11\text{-}12)$$

（5）确定了最危险滑动面的位置，即可据以布置筋材。筋材通常采用等间距布置。填土高度低于 8m，筋材最大间距应不大于 2m，且不少于 2 层；填土高度大于 8m，最大间距不大于 2.5m。间距不宜过大，间距过大不利于复合土体的形成，筋材之间的土体宜发生局部破坏，也不利于筋材强度的充分发挥。假设各层筋材发挥的拉力都相同，且共 N 层，每层的拉力 T_r 为：

$$T_r = \frac{\sum T_i}{N} \tag{11-13}$$

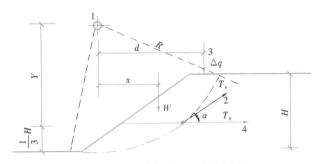

图 11-18   确定加筋力的滑弧计算

1—滑动圆心；2—延伸性筋材拉力；3—超载；4—非延伸性筋材拉力

（6）筋材的强度验算和抗拔稳定性验算应满足设计要求。

选用筋材的容许抗拉强度 T_a 应满足：

$$T_a \geqslant T_r \tag{11-14}$$

筋材锚定长度 L_e 应提供足够的抗拔力，防止筋材拔出：

$$L_e = \frac{F_{sr} T_r}{2(c_d + \sigma_v \tan\varphi_d)} \tag{11-15}$$

式中　c_d、φ_d——筋材与填土界面的黏聚力（kPa）和界面摩擦角（°）；

σ_v——筋材上的覆盖压力（kPa）。

确定筋材的铺设长度后，按式（11-11）重新验算土坡的稳定性，计算中 T_i 应取容许抗拉强度 T_a 和抗拔强度 T_p 二者中的小值。抗拔强度 T_p 的计算：

$$T_p = \frac{2(c_d + \sigma_v \tan\varphi_d) L_e}{F_{sr}} \tag{11-16}$$

（7）坡面应植草或采取其他有效的防护措施，并应设置排水措施。坡内亦应设置有效的截水措施。

11.6　施 工 技 术

11.6.1　施工方法要点

（1）铺设土工合成材料时应注意均匀和平整；在斜坡上施工时应保持一定的松紧度；在护岸工程上铺设时，上坡段土工合成材料应搭接在下坡段土工合成材料之上。

（2）对土工合成材料的局部地方，不要加过重的局部应力。如果用块石保护土工合成材料，施工时应将块石轻轻铺放，不得在高处抛掷。块石的下落高度大于1m时，土工合成材料很可能被击破。有棱角的重块石在3m高度下落便可能损坏土工合成材料。如块石下落的情况不可避免时，应在土工合成材料上先铺一层砂子保护。

（3）土工合成材料用于反滤层作用时，要求保证连续性，不使出现扭曲、折皱和重叠。

（4）在存放和铺设过程中，应尽量避免长时间的曝晒而使材料劣化。

（5）土工合成材料铺设顺序应先纵向后横向，且应把土工合成材料张拉平整、绷紧，严禁有折皱；土工合成材料的端部要先铺填，中间后填，端部锚固必须精心施工。

（6）第一层铺垫厚度应在 0.5m 以下，但不要使推土机的刮土板损坏所铺填的土工合成材料。当土工合成材料受到损坏时，应予立即修补。

（7）当土工合成材料用作软土地基上的堤坝和路堤的加筋加固时，基底必须加以清理，亦即须清除树根、植物及草根，基底面要求平整，尤其是水面以下的基底面，要先抛一层砂，将凹凸不平的基底面予以平整，再由潜水员下水检查其平整度。如果铺在凹凸不平基底面上的土工合成材料呈"波浪形"，当荷载作用时引起沉降，此时土工合成材料不易张拉，也就难以发挥其抗拉强度。

11.6.2　接缝连接方法

土工合成材料是按一定规格的面积和长度在工厂进行定型生产，因此这些材料运到现场后必须进行连接。连接时可采用搭接、缝合、胶结或 U 形钉钉住等方法。

采用搭接法时，搭接必须保持足够的长度，一般在 0.3～1.0m 间。坚固和水平的路基一般为 0.3m；软的和不平的路基则需 1m。在搭接处应尽量避免受力，以防土工合成材料移动。搭接法施工简便，但用料较多。若设计时土工织物上铺有一层砂土，最好不采用搭接法，因砂土极易挤入两层织物间而将织物抬起。

缝合法是指用移动式缝合机，将尼龙或涤纶线面对面缝合，可缝成单道线，也可缝成双道线，一般采用对面缝。缝合处的强度一般可达纤维强度的 80%，缝合法节省材料，但施工费时。

胶结法是指使用合适的胶结剂将两块土工合成材料胶结在一起，最少的搭接长度为 100m，黏结在一起的接头应停放 2h，以便增强接缝处强度。施工时可将胶粘剂很好地加于下层的土工合成材料，该土工合成材料放在一个坚固的木板上，用刮刀把胶结剂刮匀，再放上第二块土工合成材料与其搭接，最后在其上进行滚碾，使两层紧密地压在一起，这种连接可使接缝处强度与土工合成材料的原强度相同。

采用 U 形钉连接时，U 形钉应能防锈，但其强度低于缝合法或胶结法。

思考题与习题

1. 阐述土工合成材料的分类。

2. 阐述土工合成材料的几种主要功能以及这些作用主要体现在何种类型的工程中。

3. 阐述一些常用土工合成材料的工程特性及适用范围。

4. 阐述加筋土垫层提高地基承载力、减小地基不均匀变形的机理。

5. 阐述土工合成材料施工中接缝连接方法。

6. 某淤泥质土地基上拟建一防波堤，防波堤高度为 8m，堤面坡度为 1∶3。淤泥质土的不排水抗剪强度为 12kPa，承载力不能满足修建要求。拟采用加筋土垫层来提高地基承载力，保证堤坝修筑过程中的地基稳定。堤坝堆石体的内摩擦角为 35°，重度 22kN/m³。试选择合适的加筋材料并完成该加筋土垫层的设计。

12 加筋土挡墙

12.1 概　述

加筋土挡墙（Reinforced Earth Retaining Wall）系由填土、在填土中布置一定量的带状筋体（或称拉筋）以及直立的墙面板三部分组成一个整体的复合结构。这种结构内部存在着墙面土压力、拉筋的拉力及填料与拉筋间的摩擦力等相互作用的内力平衡，保证了这个复合结构的内部稳定性。同时，加筋土挡墙这一复合结构还要能抵抗拉筋尾部后面填土所产生的侧压力，即加筋土挡墙的外稳定性，从而使整个复合结构稳定。

现今加筋土技术已广泛用于路基、桥梁、驳岸、码头、贮煤仓、槽道和堆料场等。

加筋土挡墙的优点：

（1）充分利用材料性能，在土体中放置筋材，构成了土-筋材的复合体，依靠筋材限制土的侧向位移，改善土的力学性能，提高土的强度和稳定性。构件全部预制，实现了工厂化生产，不但保证了质量，且降低了原材料消耗。

（2）它可做成很高的垂直填土挡墙，大大节省了占地面积，减少土方量，这对城市道路以及土地稀缺的地区而言，有着巨大的经济意义。

（3）由于构件较轻，施工简便，除需配备压实机械外，不需配备其他机械，施工易于掌握，并且施工迅速，质量易于控制，施工时无噪声。

（4）适应性好，加筋土挡墙系由各构件相互拼装而成，具有柔性结构的性能，可承受较大的地基变形。在强大的冲击力作用下，能利用本身的柔性变形消除大部分能量，因此，特别适合于用作高速公路的隔离带。

（5）面板形式可根据需要进行选择，拼装完成后造型美观，适合于城市道路的支挡工程，亦可采用表面植草，达到绿化的目的。

（6）工程造价较低。加筋土挡墙面板薄，基础尺寸小。当挡墙的高度超过 5m 时，与重力式墙相比可降低造价 20%～60%，且墙越高节省投资越多。

（7）加筋土挡墙这一复合结构的整体性较好，且属于柔性结构，具有良好的抗震性能。

加筋土挡墙也有一定的缺点。例如，采用金属筋材时，需要考虑金属的防锈蚀措施；采用聚合材料筋材时，需要考虑聚合材料会在紫外线照射下发生老化和材料蠕变性能对挡墙稳定性的影响。

12.2　加　固　机　理

12.2.1　加筋土基本原理

20 世纪 60 年代，法国工程师 Henri Vidal 用三轴试验证明，在砂土中加入少量纤维后，土体的抗剪强度可提高 4 倍多。他认为在土样试件上施加竖向压力时，一定会产生侧向膨胀，若将不能产生侧向膨胀（与土相比）的拉筋埋入试件中，由于拉筋与土之间摩擦，就会阻止试件产生侧向膨胀，犹如在试件上施加一个侧压力增量。当垂直压力增加时，筋-土截面上的摩阻力也逐渐增加，只有当筋材被拔出或拉断时，筋材才失去作用。

加筋土土体的基本应力状态可由图 12-1 来表示。图 12-1（a）为未加筋的土体单元，在竖向荷载 σ_v 作用下，土体单元产生竖向压缩和侧向变形，随着竖向荷载逐渐增大，在压缩变形增大的同时，侧向变形也越来越大，直至破坏，其相应的圆为图 12-1（c）中的 A 圆。假如土体单元中设置了水平向拉筋，如图 12-1（b）所示，通过拉筋与土颗粒间的摩擦作用，将引起侧向变形的拉力传递给拉筋，使土体的侧向变形受到约束。在相同额定竖向应力作用下，侧向变形 $\delta_h \approx 0$。加筋后的土体就好像在土体单元的侧向加了一个侧压力增量，其相应的摩尔圆为 B 圆。若要使加筋土体在相同的 σ_v 作用下达到破坏，则需减小侧压力，C 圆为加筋土单元减小侧压力所达到破坏的应力圆。试验证明，加筋土的内摩擦角 φ 与未加筋土体相似，所不同的是增加了 Δc 值，这意味着筋材为无黏性土提供了一个表观（视）黏聚力 Δc。

在三轴试验中，加筋土单元与未加筋土体的应力—应变关系如图 12-2 所示。当应变较小（即 ε_v 小于 10%）时，拉筋对土的应力—应变关系基本上无影响。当应变达到某一界限（即 ε_v 大于 10%）时，拉筋对土的应力—应变关系的影响逐渐显著，强度随土的应变增大而增大。说明土的加筋只有当应变达到某一程度时，加筋对土体的侧限作用才得以发挥。随着应变的增大，加筋土内摩擦角 φ 基本不变，但黏聚力 Δc 则随应变的增大而增大。

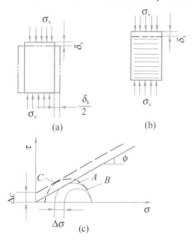

图 12-1　加筋土单元体分析

（a）未加筋土变形；（b）加筋土变形；（c）加筋土强度

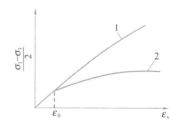

图 12-2　加筋土应力—应变关系

1—加筋土；2—未加筋土

12.2.2　加筋土挡墙破坏机理

加筋土挡墙的稳定性取决于加筋土挡墙的内部和外部的稳定性。图 12-3 和图 12-4 为加筋土挡墙的内部和外部可能产生的几种破坏形式。

从加筋土挡墙内部结构分析（图 12-5a）可知，由于土压力的作用，土体中产生一个破裂面，破裂面的滑动楔体达到极限状态。在土中埋设拉筋后，趋于滑动的楔体，通过土与拉筋间的摩擦作用有将拉筋拔出的倾向。因此，这部分的水平分力 τ 的方向指向墙外。滑动楔体后面的土体则由于拉筋和土体间的摩擦作用把拉筋锚固在土中，从而阻止拉筋被拔出，这一部分的水平力指向土体。两个水平方向分力的交点就是拉筋的最大应力点。将

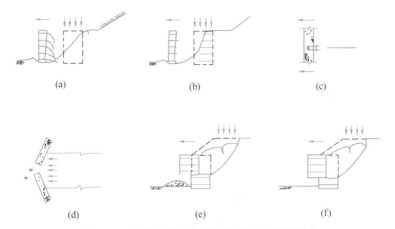

图 12-3　加筋土挡墙内部可能产生的破坏形式

（a）拉筋拔出破坏；（b）拉筋断裂；（c）面板与拉筋间接头破坏；
（d）面板断裂；（e）贯穿回填土破坏；（f）沿拉筋表面破坏

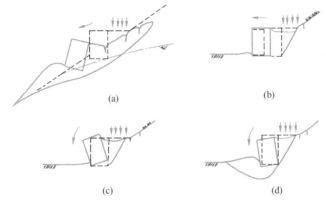

图 12-4　加筋土挡墙外部可能产生的破坏形式

（a）土坡整体失稳；（b）滑动破坏；（c）倾覆破坏；（d）承载力破坏

每根拉筋的最大应力点连接成一曲线，该曲线就把加筋土挡墙分成两个区域，将各拉筋最大应力点连线左边的土体称为主动区，右边的土体称为被动区（或锚固区）。

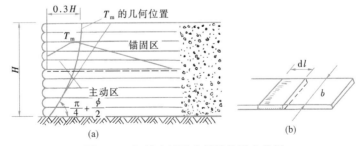

图 12-5　加筋土挡墙内部结构受力分析

（a）加筋土挡土墙受力；（b）拉筋受力

图 12-5（b）中每根拉筋水平方向的分力为：

$$\tau = \frac{\mathrm{d}T}{\mathrm{d}l} \cdot \frac{1}{2b} \tag{12-1}$$

式中　T——拉筋的拉力（kN）；

　　　l——拉筋的长度（m）；

　　　b——拉筋的宽度（m）。

通过大量的室内模型试验和野外实测资料分析，对于刚性筋材（如金属条带和钢筋混凝土网格），破坏面为折线，破坏面与墙上部距离接近于 $0.3H$；对于柔性筋材（如土工格栅和土工织物），破坏面与库仑或朗肯主动破坏面一致。当然加筋土两个区域分界线的形式，还要受到以下几个因素的影响：①结构的几何形状；②作用在结构上的外力；③地基的变形；④土与拉筋间的摩擦力。

当拉筋的抗拉强度足以承受土与拉筋间的摩擦传递给拉筋的拉力，并且在锚固区内能足以抵抗拉筋被拔出的抗力时，加筋土体才能保持稳定。

<h2 style="text-align:center">12.3　设　计　计　算</h2>

12.3.1　加筋土挡墙的型式

加筋土挡墙一般修建在填方地段，如在挖方地段使用则需增大土方数量。它可应用于道路工程中路肩式和路堤式挡墙（图 12-6）。

根据拉筋不同设置的方法，可分单面加筋土挡墙（图 12-6）、双面加筋土挡墙（图 12-7）以及台阶式加筋土挡墙（图 12-8）。

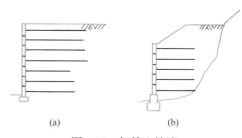

图 12-6　加筋土挡墙

（a）路肩式挡墙；（b）路堤式挡墙

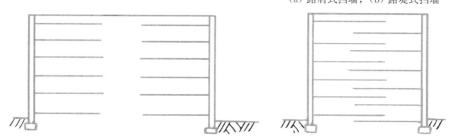

图 12-7　双面加筋土挡墙

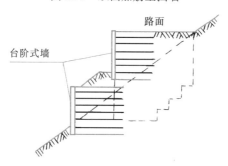

图 12-8　台阶式加筋土挡墙

12.3.2　加筋土挡墙的荷载

加筋土挡墙设计的荷载类型应按表 12-1 采用。

荷载类型	编号	荷载名称	荷载类型	编号	荷载名称
永久荷载	1	加筋体重力	基本可变荷载	5	汽车
	2	加筋体上填土重力		6	平板挂车或履带车
	3	加筋体外土的侧压力		7	车辆荷载引起的侧压力
	4	水的浮力		8	地震作用

结构计算时，应根据可能同时出现的作用荷载，选择荷载组合。加筋土挡墙可选择下列荷载组合。

组合Ⅰ：基本可变荷载（平板挂车或履带车除外）的一种或几种与永久荷载的一种或几种相组合；

组合Ⅱ：平板挂车或履带车与结构重力、土的重力及侧土压力中的一种或几种相组合；

组合Ⅲ：在进行施工阶段验算时，根据可能出现的施工荷载（如结构重力、脚手架、材料机具、人群）进行组合。构件吊装时，构件重力应乘以动力系数 1.2 或 0.85，并可视构件具体情况作适当增减；

组合Ⅳ：结构重力、土的重力及土侧压力的一种或几种与地震作用相组合。

12.3.3 加筋土挡墙材料和构件

1. 面板

国内面板一般采用混凝土预制构件，其强度等级不应低于 C18，厚度不应小于 80mm。面板设计应满足坚固、美观、运输方便和易于安装等要求。

面板通常可选用十字形、槽形、六角形、L 形、矩形和 Z 形等，一般尺寸见表 12-2。面板上的拉筋节点，可采用预埋拉环、钢板锚头或预留穿筋孔等形式。钢拉环应采用直径不小于 10mm 的 HPB300 级钢筋，钢板锚头应采用厚度不小于 3mm 的钢板，露于混凝土外部的钢拉环和钢板锚头应做防锈处理，土工聚合物与钢拉环的接触面应做隔离处理。

面板类型及尺寸表 表 12-2

类型	简图	高度（mm）	宽度（mm）	厚度（mm）
十字形		500～1500	500～1500	80～250
槽 形		300～750	1000～2000	140～200
六角形		600～1200	700～1800	80～250
L 形		300～500	1000～2000	80～120
矩 形		500～1000	1000～2000	80～250
Z 形		300～750	1000～2000	80～250

注：1. L 形面板下缘宽度一般采用 200～250mm；

2. 槽形面板的底板和翼缘厚度不小于 50mm。

面板四周应设企口和相互连接装置。当采用插销连接装置时，插销直径不应小于 10mm。

混凝土面板要求耐腐蚀，且本身是刚性的，但在各个砌块间具有充分的空隙，也有在接缝间安装树脂软木（或在施工时采用临时楔块，墙体完工后，抽掉楔块留下空隙）以适应必要的变形。

面板一般情况下应排列成错接式。由于各面板间的空隙都能排水，故排水性能良好。但内侧必须设置反滤层，以防填土的流失。反滤层可使用砂夹砾石或土工聚合物。

2. 拉筋

拉筋应采用抗拉强度高、延伸率小、耐腐蚀和有柔韧性的材料，同时要求加工、接长和面板的连接简单。如镀锌扁钢带（厚度≥3mm，宽度≥30mm）、钢筋混凝土带（宽100～250mm，厚60～100mm，强度等级不小于C18，钢筋直径不小于8mm）、聚丙烯土工聚合物（宽度大于18mm，厚度大于0.8mm）等。

钢带和钢筋混凝土带的接长以及与面板的连接，可采用焊接或螺栓结合，节点应做防锈处理。

加筋土挡墙内拉筋一般应水平布设并垂直于面板，当一个节点有两条以上拉筋时，应扇状分开。当相邻墙面的内夹角小于90°时，宜将不能垂直布设的拉筋逐渐斜放，必要时在角隅处增设加强拉筋。

3. 填土

加筋土挡墙内填土一般应具有易压实、能与拉筋产生足够的摩擦力、满足化学和电化学标准以及水稳性好等要求。国外有的资料指出一般要求填土的塑性指数小于6，内摩擦角大于34°，小于15μm 的细颗粒重量少于15%。为此，应优先采用有一定级配的砾类土或砂类土；也可采用碎石土、黄土、中低液限黏性土及满足要求的工业废渣；高液限黏性土及其他特殊土应在采取可靠技术措施后采用；而对于腐殖质土、冻结土、白垩土及硅藻土等应禁止使用。

对浸水地区的加筋土挡墙应采用渗水性良好的土作填土；而季节性冰冻地区，宜采用非冻胀性土作填土，否则应在墙面板内侧设置不小于0.5m 的砂砾防冻层。

填土的选择尚应考虑拉筋材料对填土的化学和电化学标准要求。当拉筋为钢带时，填土的 pH 值应控制在5～10 范围内；当拉筋为聚丙烯土工带时，填土不宜含有二阶以上铜、锰、铁离子及氯化钙、碳酸钠、硫化物等化学物质。

加筋土挡墙内填土压实度应满足表12-3所规定的值。

加筋土挡墙内填土压实度要求　　　　　　　　　　　　　　　　　表 12-3

填土范围	路槽底面以下深度（m）	压实度(%)	
		高速、一级公路	二、三、四级公路
距面板 1.0m 以外	0～0.80	≥95	≥93
	＞0.80	≥90	＞90
距面板 1.0m 以内	全部墙高	≥90	≥90

注：1. 表列压实度的确定系按现行《公路土工试验规程》JTGE40 重型击实试验标准，对于三、四级公路允许采用轻型击实试验。

2. 特殊干旱或特殊潮湿地区，表内压实度值可减少2%～3%；

3. 加筋体上填土按现行的《公路路基设计规范》执行。

12.3.4 加筋土挡墙构造设计

1. 加筋土挡墙的平面线型可采用直线、折线和曲线。相邻墙面的内夹角不宜小于70°。

2. 加筋土挡墙的剖面形式一般应采用矩形（图12-9a），受地形、地质条件限制时，也可采用图12-9（b）和图12-9（c）的形式。断面尺寸由计算确定，底部拉筋长度不应小于3m，同时不小于$0.4H$。

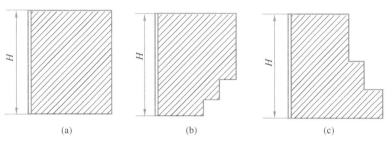

图12-9　加筋土挡墙的剖面形式

3. 加筋土挡墙墙面板下部应设宽度不小于0.3m、厚度不小于0.2m的混凝土基础，但属下列情况之一者可不设：①面板筑于石砌圬工或混凝土之上；②地基为基岩。挡墙面板基础底面的埋置深度，对于一般土质地基不应小于0.6m。

4. 对设置在斜坡上的加筋土结构，应在墙脚设置宽度不小于1m的护脚，以防止前沿土体在加筋土体水平推力作用下剪切破坏，导致加筋土结构丧失稳定性，如图12-10所示。

5. 加筋土挡墙应根据地形、地质、墙高等条件设置沉降缝。其间距是：土质地基为10～30m，岩石地基可适当增大。沉降缝宽度一般为10～20mm，可采用沥青板、软木板或沥青麻絮等填塞。

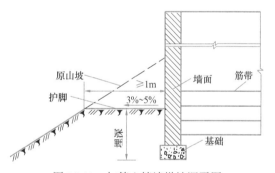

图12-10　加筋土挡墙纵坡调平图

6. 墙顶一般均需设置帽石，可以预制也可以就地浇筑，帽石的分段应与墙体的沉降缝在同一位置处。

12.3.5 加筋土结构计算

加筋土挡墙设计一般从加筋土挡墙的内部稳定性和外部稳定性两方面考虑。

1. 加筋土挡墙的内部稳定性计算

加筋土挡墙的内部稳定性是指阻止由于拉筋被拉断或与土间摩擦力不足（即在锚固区内拉筋的锚固长度不足，使土体发生滑动），以致加筋土挡墙整体结构遭到破坏。因此，在设计时必须考虑拉筋的强度和锚固长度（也称拉筋的有效长度）。但拉筋的拉力计算理论，国内外尚未取得统一，现有的计算理论多达十几种，目前比较有代表性的理论，可归纳成两类：整体结构理论（复合材料）和锚固结构理论。与此相应的计算理论，前者有正应力分布法（包括均匀分布、梯形分布和梅氏分布）、弹性分布法、能量法和有限元解；后者有朗金法、斯氏法、库仑合力法、库仑力矩法和滑裂楔体法等，不同的计算理论其计

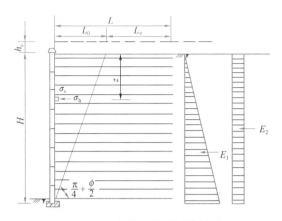

图 12-11　加筋土挡墙计算简图

算结果有所差异。以下仅介绍按朗金理论的计算方法。

（1）土压力计算

如图 12-11 所示，土体中产生一个与平面的夹角为 $\theta = \dfrac{\pi}{4} + \dfrac{\varphi}{2}$ 的破裂面，土的自重应力和主动土压力随土体的深度增加而增大。

土的自重应力：
$$\sigma_{\mathrm{v}} = \gamma \cdot z \tag{12-2}$$

土的主动土压力：
$$\sigma_{\mathrm{h}} = K_{\mathrm{a}} \cdot \gamma \cdot z \tag{12-3}$$

式中　γ——加筋体填土的重度（kN/m^3）；

K_{a}——土的主动土压力系数，$K_{\mathrm{a}} = \tan^2 \left(45^\circ - \dfrac{\varphi}{2} \right)$。

当加筋土结构上面存在超载（如车辆荷载等），可把超载换算成等代土层厚度 h_{e} 进行计算。h_{e} 的计算方法可按相应的现行规范进行。

因而土的自重引起的土侧压力为：
$$E_1 = \frac{1}{2} \cdot \gamma \cdot H^2 \cdot K_{\mathrm{a}} \cdot B \tag{12-4}$$

而车辆荷载等引起的土侧压力为：
$$E_2 = \gamma \cdot h_{\mathrm{e}} \cdot H \cdot K_{\mathrm{a}} \cdot B \tag{12-5}$$

故总的水平土压力为：
$$E = E_1 + E_2 = \frac{1}{2} \cdot \gamma \cdot H(H + 2h_{\mathrm{e}}) \cdot K_{\mathrm{a}} \cdot B \tag{12-6}$$

（2）拉筋所受拉力计算

当土体的主动土压力充分作用时，每根拉筋除了通过摩擦阻止部分填土水平位移外，还能拉紧一定范围内的面板，使得在土体中的拉筋能和主动土压力保持平衡。因此，每根拉筋所受到的拉力随深度的增加而增大，因此最下一根拉筋的拉力最大。

1）每层筋材均应进行验算。第 i 层单位墙长筋材承受的水平拉力 T_i 可按下式计算：
$$T_i = \left[(\sigma_{\mathrm{v}i} + \sum \Delta \sigma_{\mathrm{v}i}) K_i + \Delta \sigma_{\mathrm{h}i} \right] s_{\mathrm{v}i} / A_{\mathrm{r}} \tag{12-7}$$

式中　$\sigma_{\mathrm{v}i}$——筋材层所受的土的垂直自重压力（kPa）；

$\sum \Delta \sigma_{vi}$——超载引起的垂直附加压力（kPa）；

$\Delta \sigma_{hi}$——水平附加荷载（kPa）；

A_r——筋材面积覆盖率，$A_r = 1/s_{hi}$；对于筋材满铺的情况取 1；

s_{hi}——筋材水平间距（m）；

s_{vi}——筋材垂直间距（m）；

K_i——土的主动土压力系数。

2）对于柔性筋材（图 12-12a）：

$$K_i = K_a \tag{12-8}$$

对于刚性筋材（图 12-12b）：

$$K_i = K_0 - [(K_0 - K_a) \cdot z_i]/6, 0 < z \leqslant 6m$$
$$K_i = K_a, z > 6m \tag{12-9}$$

式中　K_0——静止土压力系数；

　　　K_a——主动土压力系数。

3）T_i 应满足下式要求：

$$T_a/T_i \geqslant 1 \tag{12-10}$$

式中　T_a——筋材设计容许抗拉力（kN），参见表 12-4 和表 12-5。

4）当 T_a/T_i 的值小于 1 时，应调整筋材间距或改用具有更高强度的筋材。

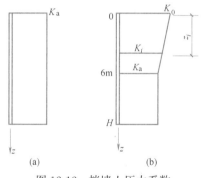

图 12-12　挡墙土压力系数

（a）柔性筋墙；（b）刚性筋墙

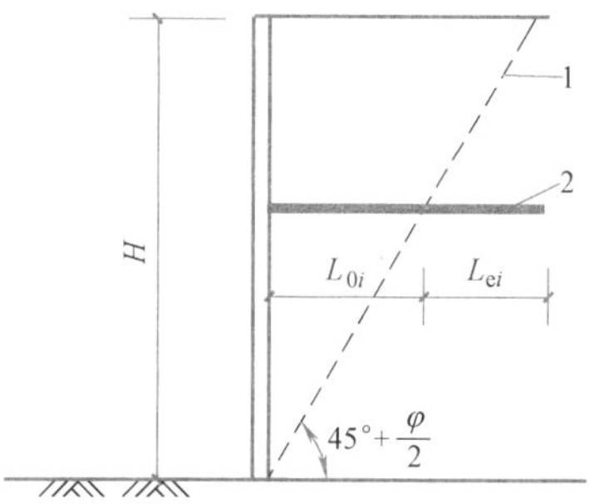

图 12-13　筋材长度

1—破裂面；2—第 i 层筋材

扁钢和钢筋的容许应力　表 12-4

材料名称	容许应力$[\sigma_L]$ （MPa）
扁钢（3 号钢）	135
HPB300 级钢筋	135

混凝土的容许应力　表 12-5

混凝土强度等级	C13	C18	C23	C28
轴心受压应力$[\sigma_a]$（MPa）	5.50	7.00	9.00	10.50
拉应力（主拉应力）$[\sigma_L]$（MPa）	0.35	0.45	0.55	0.60
弯曲拉应力$[\sigma_{wL}]$（MPa）	0.55	0.70	0.30	0.90

（3）筋材抗拔稳定性验算

1）筋材抗拔力 T_{pi} 应根据填土破裂面以外筋材有效长度 L_e 与周围土体产生的摩擦力（图 12-13）按下式计算：

$$T_{pi} = 2\sigma_{vi} \cdot B \cdot L_{ei} \cdot f \tag{12-11}$$

式中　σ_{vi}——筋材上的有效法向应力（kPa）；

　　　f——筋材与土的摩擦系数，应由试验测定，也可按表 12-6 选取；

L_{ei}——筋材有效长度（m），按破裂面以外的筋材长度确定；

B——筋材宽度（m）。

填土的设计参数　　　　表 12-6

填料类型	重度(kNm⁻³)	计算内摩擦角(°)	似摩擦系数
中低液限黏性土	18～21	25～40	0.25～0.4
砂性土	18～21	25	0.35～0.45
砾碎石类土	19～22	35～40	0.4～0.5

2）筋材抗拔稳定性安全系数应符合下式要求，安全系数应为：

$$F_s = T_{pi}/T_i \qquad (12\text{-}12)$$

3）安全系数参见表 12-7。当式（12-12）不能满足时，应加长筋材，重新进行验算。

4）确定筋材长度 L_i 应按下式计算：

$$L_i = L_{oi} + L_{ei} + L_{wi} \qquad (12\text{-}13)$$

式中　L_{oi}——第 i 层筋材滑动面以内长度（m）；

L_{wi}——第 i 层筋材端部包裹土体所需长度，或筋材与墙面连接所需长度（m）。

为施工方便计，自上而下筋材宜取同等长度，也可分段采用不同长度。

稳定性安全系数　　　　表 12-7

荷载组合	筋材抗拔安全系数 F_s	稳定系数		
		基底滑移 K_c	倾覆 K_0	整体滑动 K_s
组合 I	2.0	1.3	1.5	1.25
组合 II	1.7	1.3	1.3	1.25
组合 III	1.6	1.2	1.2	1.25
组合 IV	1.2	1.1	1.2	1.10

拉筋的长度一般通过以上计算确定，但根据不同的结构形式，还需要满足构造的要求，如图 12-14 所示。

通常用于挡土墙、桥台和水坝中的拉筋长度 $L \geqslant 0.7H$；在承受反坡填土荷载的加筋土实体以及双面交错式面板加筋土结构物，其底部长度 $L \geqslant 0.6H$；用于筑在斜坡上的挡土墙中的拉筋，在确保外部稳定的条件下，基底的拉筋长度可缩短到 $L \geqslant 0.5H$，但顶部的拉筋长度仍应满足 $L \geqslant 0.7H$。

另外，拉筋长度的实际采用值，通常可按以下情况决定：

① 墙高小于 3.0m 时，可设计为等长拉筋；

② 墙高大于 3.0m 时，可考虑变换拉筋长度，但一般同等长度拉筋变换的高度不应小于 2.0m，如图 12-15 所示；

③ 相邻拉筋的变换长度不得小于 0.5m。

2. 加筋土挡墙的外部稳定性计算

加筋土挡墙的外部稳定性是指包括考虑挡墙地基承载力、基底抗滑稳定性、抗倾覆稳定性和整体抗滑稳定性等的验算。验算时可将拉筋末端的连线与墙面板间视为整体结构，其他与一般重力式挡土墙的计算方法相同。

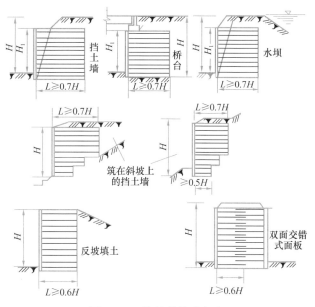

图 12-14　拉筋的构造长度

将加筋土结构物（图 12-16）视为一个整体，再将其后面作用的主动土压力用以验算加筋土结构物底部的抗滑稳定性，基底摩擦系数 μ 可按表 12-8 取值，稳定性系数参见表 12-7。

基底摩擦系数 μ　　　　　　表 12-8

地基土分类	μ
软塑黏土	0.25
硬塑黏土	0.30
黏质粉土、粉质黏土、半干硬的黏土	0.30～0.40
砂类土、碎石类土、软质岩石、硬质岩石	0.40

由于加筋土结构是柔性结构，它能承受很大的沉降而不致对加筋土结构产生危害。图 12-17 为法国 Sete 的立体交叉道路的加筋土挡墙，采用钢筋混凝土镶板作为面板，结果在 15m 长度内差异沉降大约为 0.14m，而并不影响工程运行，可见加筋土结构物能容许较大的差异沉降但一般应控制在 1% 范围内。

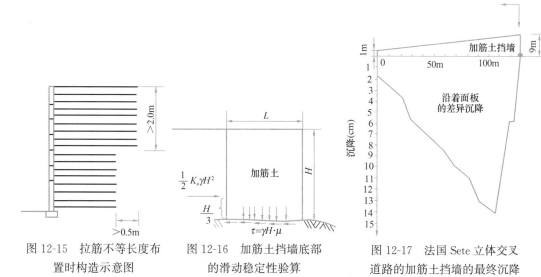

图 12-15　拉筋不等长度布置时构造示意图

图 12-16　加筋土挡墙底部的滑动稳定性验算

图 12-17　法国 Sete 立体交叉道路的加筋土挡墙的最终沉降

12.4 施工技术

加筋土的工程的施工工艺流程如图12-18所示。

12.4.1 基础施工

进行基础开挖时，基槽（坑）底面尺寸一般大于基础外缘0.3m。对未风化的岩石应将岩面凿成水平台阶，台阶宽度不宜小于0.5m，台阶长度除满足面板安装需要外，高宽比不宜大于1：2。基槽（坑）底土质为碎石土、砂性土或黏性土等时，均应整平夯实。对风化岩石和特殊土地基，应按有关规定处理。在地基上浇筑或放置预制基础，基础一定要做得平整，使得面板能够直立。

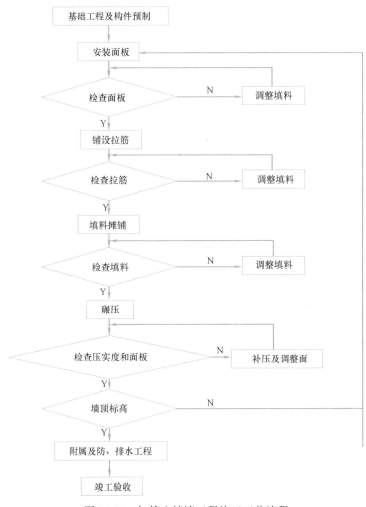

图12-18 加筋土挡墙工程施工工艺流程

12.4.2 面板安装

混凝土面板可在预制厂或工地附近场地预制后，运到施工场地安装。安装时应防止插销孔破裂、变形以及角隅碰坏。在拼装最低一层面板时，必须把半尺寸的和全尺寸的面板相间地、平衡地安装在基础上。面板安装可用人工或机械吊装就位，安装时单块面板倾斜度一般可内倾 1/200～1/100 作为填料压实时面板外倾的预留度。为防止在填土时面板向内、外倾斜，在面板外侧可用斜撑撑住，保持面板的垂直度，直到面板稳定后方可将斜撑拆除。为防止相邻面板错位，宜用夹木螺栓或斜撑固定。水平及倾斜的误差应逐层调整，不得将误差累积后再进行总调整。

12.4.3 拉筋铺设

安装拉筋时，应把拉筋垂直墙面平放在已经压密的填土上，如填土与拉筋间不密贴而产生空隙，应用砂垫平以防止拉筋断裂。钢筋混凝土带或钢带与面板拉环的连接，以及每节钢筋混凝土带间的钢筋连接或钢带接长，可采用焊接、扣环连接或螺栓连接；聚丙烯土工聚合物带与面板的连接，一般可将聚合物带的一端从面板预埋拉环或预留孔中穿过、折回与另一端对齐。聚合物带可采用单孔穿过、上下穿过或左右环合并穿过，并绑扎以防抽动（图 12-19），无论何种方法均因避免土工聚合物带在环（孔）上绕成死结。

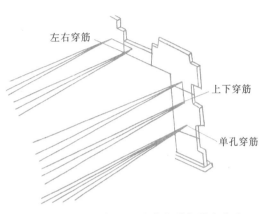

图 12-19　聚丙烯土工聚合物带拉筋穿孔法

12.4.4 填土的铺筑和压实

加筋土填料应根据拉筋竖向间距进行分层铺垫和压实，每层的填土厚度应根据上、下两层拉筋的间距和碾压机具统筹考虑后决定。钢筋混凝土拉筋顶面以上填土，一次铺筑厚度不小于 200mm。当用机械铺筑时，铺筑机械距面板不应小于 1.5m，在距面板 1.5m 范围内应用人工铺筑。铺筑填土时为了防止面板受到土压力后向外倾斜，铺筑应从远离面板的拉筋端部开始逐步向面板方向进行，机械运行方向应与拉筋垂直，并不得在未覆盖填土的拉筋上行驶或停车。

碾压前应进行压实试验，根据碾压机械和填土性质确定填土分层铺筑厚度、碾压遍数以指导施工。每层填土铺填完毕应及时碾压，碾压时一般应先轻后重，并不得使用羊足碾。压实作业应先从拉筋中部开始，并平行墙面板方向逐步驶向尾部，而后再向面板方向进行碾压（严禁平行拉筋方向碾压）。用黏土作填土时，雨期施工应采取排水和遮盖措施。加筋土填料的压实度可按表 12-3 中的规定要求进行。

12.4.5 施工注意事项

（1）加筋土挡土墙基坑开挖时，应做好基坑及地面排水，确保施工范围内无积水。严禁积水浸泡基底。

（2）墙面板在运输、吊装及存放过程中应有可靠的防止面板断裂、保护企口不受损坏的措施。

（3）墙面板安装时，应按不同填料和拉筋预设仰斜坡，板面应适当后倾，确保填土后墙面板垂直度符合设计要求，不得前倾。

（4）拉筋进场后应妥善保管，尤其是复合土工带、土工格栅、编织土工袋等土工合成材料，严禁暴晒。施工过程中，应随铺设随填筑，尽量减少拉筋在阳光下直接暴晒的时间。

（5）帽石分段应与墙身一致。

（6）组合式墙面板钢筋骨架形式、钢筋连接方式应符合有关规定。墙面板预埋拉筋连接件形式、与钢筋连接方式、外露宽度应符合设计要求。

（7）包裹式加筋挡土墙整体式护墙钢筋骨架形式、钢筋连接方式以及与包裹墙体锚杆连接方式应按有关规定检验。

（8）包裹式加筋挡土墙整体护墙、组合式墙面板、帽石的混凝土强度等级应符合设计要求。

（9）墙后反滤层袋装砂卵砾石层、透水土工布、反滤层最低处隔水层的设置位置、构造尺寸及厚度应符合设计要求。

（10）拉筋应铺设在平整压实的填料上。严禁施工机械在未覆盖填料的筋材上行走。

（11）金属拉筋及拉筋与组合式墙面板、锚杆与护墙预埋钢筋的连接应符合设计要求，并应按设计要求做好防锈、防腐蚀处理。

（12）加筋土体内的泄水管孔径、埋设位置、管身小孔形式应符合设计要求，其向外排水坡不应小于4%，管身和进水口应用透水土工布包裹，并应与护墙身泄水孔连同，确保排水通畅。

（13）加筋土挡土墙墙后的填料类别、质量应符合设计要求，土工合成材料作为拉筋的墙后填料不应采用中、强膨胀土和块石类土，不宜采用弱膨胀土。

（14）填料应分层填筑、碾压，填料的碾压顺序应从筋带中部压向筋带尾部，再由中部压向面板，全面静压后再振动碾压。填料未压实前碾压机械不应作90°转向操作。压实机械与面板距离不应小于2m，在此范围内应采用小型夯实机械或人工夯实。严禁羊足碾碾压。

（15）帽石混凝土钢筋的规格、数量、钢筋骨架形式、钢筋连接方式应符合有关规定。

（16）对拉式加筋土挡墙左右两侧的墙趾、挡墙身、墙顶高程应相同。

（17）对拉式加筋土挡墙条带式拉筋尾部不得重叠。满铺式拉筋铺设时，应绷紧、铺平，不得褶皱或损坏，包裹压载体后拉筋回折宽度应符合设计要求。

（18）帽石与墙面板应嵌接牢固，墙面板应嵌入帽石之内构成整体。帽石分段应与墙身一致。

思考题与习题

1. 阐述加筋土挡墙的特点。

2. 阐述通过加筋对土体改良的基本原理。

3. 阐述加筋土挡墙破坏形式。

4. 阐述加筋土挡墙中筋体的受力特点。

5. 试比较加筋土挡墙和钢筋混凝土挡墙的优缺点。

6. 某厂区拟建一挡土墙，采用加筋土挡墙形式，墙高14m，按路肩式挡土墙设计。厂区原地面为砂砾黏性土，承载力为200kPa，厚度为1.5m，其下为基岩。挡墙设计参数如下：填料采用粉煤灰，重度为14.5kN/m³，内摩擦角为39.5°。单根筋带的断面宽度为18mm，厚度为1.2mm，容许拉应力为30MPa。筋带与填料的似摩擦系数为0.3，挡墙与地基的摩擦系数为0.3。试完成该加筋土挡墙的设计。

13 复合地基理论与设计

13.1 复合地基的概念及分类

复合地基（Composite Ground）是指天然地基在地基处理过程中，部分土体得到增强，或被置换，或在天然地基中设置加筋体，由天然地基土体和增强体两部分组成共同承担荷载的人工地基。复合地基一词最早出现在 1962 年，用来形容采用碎石桩加固的地基。复合地基一般由两种或两种以上刚度不同的材料（增强体和桩间土）所组成，在相对刚性基础下两者共同分担上部荷载并协调变形。复合地基与上部结构的基础一般通过碎石或砂石垫层来过渡，而不是直接接触（图 13-1）。

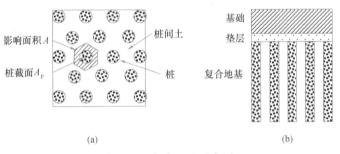

图 13-1 复合地基示意图
(a) 平面图；(b) 剖面图

随着复合地基技术在我国土木工程建设中的推广应用，复合地基理论得到了很大的发展。随着搅拌桩加固技术在工程中的应用，发展了水泥土桩复合地基的概念。碎石桩是散体材料桩，水泥土桩是黏结材料桩。水泥土桩复合地基的应用促进了柔性桩复合地基理论的发展。随着混凝土桩复合地基的应用，形成刚性桩复合地基概念，复合地基概念得到了进一步的发展。如果将由碎石桩等散体材料桩形成的人工地基称为狭义复合地基，则可将包括散体材料桩、各种刚度的黏结材料桩形成的人工地基以及各种形式的长-短桩复合地基称为广义复合地基。随着复合地基概念的发展和复合地基技术应用的扩大，发展形成了广义复合地基理论。

复合地基中桩的截面积 A_p 与其影响面积 A 之比被称为面积置换率 m。对于正方形、矩形和等边三角形布桩的情况，单桩的影响面积 A 分别为 l^2、$l_1 \cdot l_2$ 和 $\sqrt{3}/2 \cdot l^2$（l、l_1、l_2 分别为桩的间距、纵向间距和横向间距）。桩间距 l 越大，面积置换率 m 也越小。

在复合地基中，增强体的作用是主要的，而地基处理中增强体的材料类型较多，包括土、灰土、石灰、砂、碎石、水泥土、矿渣和混凝土等，由此形成的增强体则相应地被称为土桩、灰土桩、石灰桩、砂桩、碎石桩、水泥土桩（包括搅拌桩和旋喷桩）、CFG 桩和混凝土桩等。由于增强体材料以及成桩工艺上的不同，各种增强体的力学特性也差别较大。按照桩增强体料强度，复合地基中的增强体又可分为：

（1）完全柔性桩：桩身由散体材料组成，桩身强度低，主要包括碎石桩、砂桩和矿渣桩等。

（2）柔性桩：桩身强度小于1MPa，变形模量小于200MPa，主要包括土桩、灰土桩、石灰桩和强度较低的水泥土桩。

（3）半刚性桩：桩身强度在1～10MPa之间，变形模量在200～1000MPa之间，主要包括强度较高的水泥土桩。

（4）刚性桩：桩身强度大于10MPa，变形模量大于10000MPa，主要包括CFG桩和各种混凝土桩。

我国现行规范《复合地基技术规范》GB/T 50783—2012和《建筑地基处理技术规范》JGJ 79—2012根据增强体材料性质和荷载传递机理，将复合地基分为：散体材料桩复合地基、柔性桩复合地基和刚性桩复合地基三类。

13.2 复合地基性状

复合地基中的"桩"与桩基中的"桩"有所不同，主要体现在以下两方面。一方面是桩身材料及强度，复合地基中的桩有散体材料桩、柔性桩、半刚性桩和刚性桩之分，而桩基中的桩均为刚性桩；另外一方面是桩与上部结构的连接方式上，复合地基中桩体与基础往往通过垫层（碎石或砂石垫层）来过渡，而桩基中桩体与基础直接相连，两者形成一个整体。正是由于这两方面的原因，复合地基仍然属于地基的范畴，复合地基中的增强体属于地基一部分，主要受力层在加固体内，桩与桩间土共同承担上部荷载；而桩基中的桩与基础连接，是基础的一部分，主要受力层是在桩尖以下一定范围内（见图13-2）。

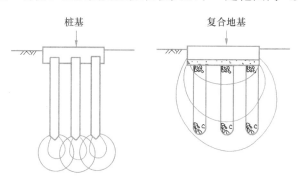

图13-2 复合地基与桩基受力特性对比

13.2.1 复合地基作用机理

不论何种复合地基，都具备以下一种或多种作用。

1. 增强体作用

天然地基在地基处理过程中，部分土体得到增强或被置换，天然地基土体和增强体共同形成复合地基。由于复合地基中增强体的刚度较周围土体为大，在刚性基础下等量变形时，地基中应力将按材料模量进行分布。因此，增强体上产生应力集中现象，大部分荷载将由增强体承担，增强体发挥其桩体作用，桩间土上应力相应减小。这样就使得复合地基承载力较原地基有所提高，沉降量有所减少。随着增强体刚度增加，其增强体作用发挥得更加明显。

2. 垫层作用

桩与桩间土复合形成的复合地基或称复合层，由于其性能优于原天然地基，它可起到类似垫层的换土、均匀地基应力和增大应力扩散角等作用。在增强体没有贯穿整个软弱土层的地基中，垫层的作用尤其明显。

3. 加速固结作用

除碎石桩、砂桩具有良好的透水特性，可加速地基的固结外，水泥土类和混凝土类桩在某种程度上也可加速地基固结。因为地基固结，不但与地基土的排水性能有关，而且还与地基土的变形特性有关，从固结系数 c_v 的计算式反映出来（$c_v = k(1+e_0)/(\gamma_w \cdot \alpha)$）。虽然水泥土类桩会降低地基土的渗透系数 k，但它同样会减小地基土的压缩系数 α，而且通常后者的减小幅度要较前者为大。为此，使加固后水泥土的固结系数 c_v 大于加固前原地基土的系数，同样可起到加速固结的作用。

4. 挤密作用

如砂桩、土桩、灰土桩、砂石桩等在施工过程中由于振动、挤压、排土等原因，可使桩间土起到一定的密实作用。特别在可挤密地基中进行挤土桩施工后，桩间土地基实际承载力比天然地基承载力有较大幅度提高。

5. 加筋作用

各种桩土复合地基除了可提高地基的承载力外，还可用来提高土体的抗剪强度，增加土坡的抗滑能力。目前在国内水泥土搅拌桩和旋喷桩等已被广泛地用作基坑开挖时的支护。在国外，对碎石桩和砂桩常用于高速公路等路基或路堤的加固，这都利用了复合地基中桩体的加筋作用。

13.2.2 复合地基中增强体破坏模式

复合地基中，增强体存在四种可能的破坏模式（图13-3）：刺入破坏、鼓胀破坏、整体剪切破坏和滑动破坏。

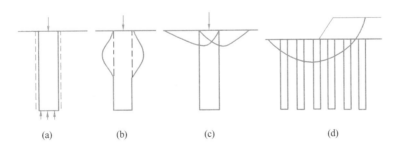

图 13-3　复合地基中桩体可能破坏模式
(a) 刺入破坏；(b) 鼓胀破坏；(c) 整体剪切破坏；(d) 滑动破坏

对于不同的桩型，有不同的破坏模式。如碎石桩可能的破坏模式是鼓胀破坏，而CFG短桩则是刺入破坏。

对于同一桩型，当其桩身强度不同时，也会有不同的破坏模式。当水泥土搅拌桩的水泥掺入量较小（$a_w = 5\%$）时，水泥土轴向应变很大（$4\% \sim 9\%$），应力才达到峰值并产生塑性破坏，此后在较大应变范围内缓慢下降，这就表现了桩体鼓胀破坏的特性。但当 $a_w=15\%$ 时，水泥土在较小应变的情况下，就使应力达到峰值，随即发生脆性破坏，这又类似于桩体整体剪切破坏的特性，以上两种均使桩体浅层发生破坏。然而当桩体为高水泥含量（$a_w=25\%$）时，水泥土变形及膨胀量均很小。为此，这种高强度的水泥土桩体在下卧软弱土层中就会发生刺入破坏。

对于同一桩型，当土层条件不同时，也将发生不同的破坏模式：对浅层存在有非常软的黏土情况（图 13-4a），碎石桩将在浅层发生剪切或鼓胀破坏；对较深层存在有局部非常软的黏土情况（图 13-4b），碎石桩将在较深层发生局部鼓胀；对较深层存在有较厚非常软的黏土情况（图 13-4c），碎石桩将在较深层发生鼓胀破坏，而其上的碎石桩将发生刺入破坏。实际上，对水泥土桩也存在类似问题，因为对相同水泥掺入量的桩体，当其处于不同土层中其桩身强度也是不同的。

综上所述，由于复合地基的破坏模式比较复杂，一般可认为取决于增强体和桩间土的破坏特性，其中增强体的破坏特性是主要的。对散体土类桩复合地基，由于增强体和桩间土的模量和破坏时应变值等一般相差不大，往往近乎同时进入破坏状态；对水泥土类桩复合地基，由于水泥土的模量较大，破坏应变较小，在同等应变条件下，水泥土率先进入破坏状态（图 13-5），此后施加的荷载将主要由桩间土承担，直至桩间土进入屈服状态，此时复合地基进入极限状态。

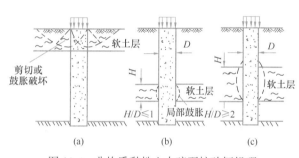

图 13-4 非均质黏性土中碎石桩破坏机理

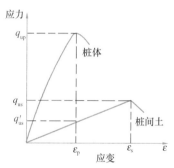

图 13-5 水泥土桩体与桩间土应力应变关系

13.2.3 复合地基应力特性

1. 基底反力

众所周知，刚性基础下天然地基（黏性土）中的基底反力呈马鞍形分布。图 13-6 为通过现场载荷试验得到的荷载板下碎石桩和水泥土搅拌桩复合地基的反力分布图。由图中可见，桩顶范围内应力集中明显，并随荷载的增大而加剧，但载荷板下桩间土反力仍保持类似天然地基时的马鞍形分布。

2. 附加应力分布

由于复合地基本身的复杂性，国内外目前尚无复合地基附加应力计算公式。图 13-7 为有限单元法计算得到的荷载作用下复合地基中竖向附加应力 σ_y 的等值线图，同样表现为复合地基中增强体范围内产生应力集中。若以等值线 $\sigma_y/p=0.1$ 为标准确定影响深度，则增强体范围内的影响深度为 $5.7R$（R 为荷载板直径的一半），而桩间土范围内的影响深度为 $3.9R$。计算还表明，随着模量比 E_p/E_s 的增大，增强体范围内的影响深度加大，而

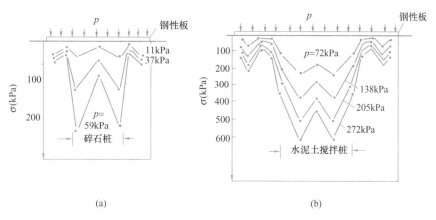

图 13-6 实测荷载板下复合地基反力分布图

桩间土内的影响深度减小，这也说明增强体的刚度直接影响着增强体的破坏模式。

尽管复合地基中的应力分布不均匀，但总体上讲，仍然呈现出随深度增加而明显衰减的特性。因此，复合地基中的附加应力的分布特点与天然地基中的很接近，而与桩基中的则相差较大。

3. 桩土应力比

复合地基中增强体与桩间土刚度有明显差异。在承受由基础传递的均布荷载时，增强体由于刚度较大而具有比桩间土较大的应力，增强体中和土中竖向应力的比值 σ_p/σ_s 称为桩土应力比 n。桩土应力比 n 是复合地基的一个重要计算参数，它关系到复合地基承载力和变形的计算，它与荷载水平、桩土模量比、桩土面积置换率、原地基土强度、桩长、固结时间和垫层情况等因素有关。

（1）荷载水平

桩土应力比 n 与荷载水平 p 间存在着一定的关系。由于复合地基与基础之间往往铺有碎石等垫层，图 13-7 复合地基竖向附加应力等值线图
在荷载作用初期，荷载将通过垫层比较均匀地传递到 m—置换率；E_p/E_s—桩土模量比
增强体和桩间土，然后随着增强体和桩间土变形的发

展，桩间土应力逐渐向增强体上集中。随着荷载的逐渐增大，复合地基变形也随之增大，增强体上应力加剧，桩土应力比也随之增大。但当随着荷载的继续增大，往往增强体首先进入塑性状态，增强体变形加大，增强体上应力就会逐渐向桩间土上转移，桩土应力比减小，直至增强体和桩间土共同进入塑性状态，趋于某一值。

（2）桩土模量比

桩土模量比 E_p/E_s 是影响桩土应力大小较明显的另一个参数。随着桩土模量比的增大，桩土应力比也增长。图 13-8 所示实际上也反映了桩土应力比随桩土模量比变化的情况。

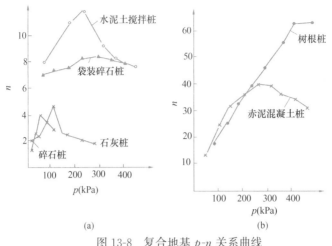

图 13-8　复合地基 p-n 关系曲线

（3）桩土面积置换率

桩土应力比 n 随置换率 m 的减小而增大，但幅度不大。

（4）原地基土强度

由于原地基土的强度大小直接影响增强体的强度和刚度，因此即使对同一类增强体，不同的地基土，也将会有不同的桩土应力比。原地基土强度低，其桩土应力比就大；而原地基土强度高，则其桩土应力比小。

（5）桩长

桩土应力比 n 值随桩长 L 的增大而增大，但当桩长达到某一值时，n 值几乎不再增大。为此，存在一有效桩长 L_0 的概念，即当 $L>L_0$ 后，n 值几乎不再增大。另外，有效桩长 L_0 与桩土模量比 E_p/E_s 有关，即 E_p/E_s 越小，则 L_0 也越小。

（6）时间

复合地基在承受荷载后，增强体与桩间土的应力分配要经历一段时间才能达到稳定。正常情况下，应力比开始时随时间延长而缓慢增大，再趋于稳定。

（7）垫层

垫层厚度越大，桩土应力比越小。

13.2.4　复合地基动力特性

国内外对天然地基的动力特性已进行了比较深入的研究和探讨。然而对复合地基动力特性的研究资料却相当少，目前所能见到的大多是关于碎石桩或砂桩加固砂性土地基抗液化方面的资料。碎石桩或砂桩处理可液化砂性土地基的有效性已为不少地震和实验研究结果所证实。

碎石桩或砂桩处理液化地基的效果在于：

（1）提高地基土（桩间土）的密实度；

（2）改善了地基的排水条件；

（3）地基土受到一定时间的预振动；

（4）由于桩对桩间土的约束作用，使得地基的刚度增大。

国外有关试验资料证明，由振源所产生的振动，通过增强体后，其振动幅度和加速度均有一定程度的减少，证明了增强体具有一定的隔振作用。由于复合地基中增强体的模量要大于桩间土的模量，复合地基中增强体对桩间土产生约束作用，使得地基刚度增大，改善地基的动力特性。

13.2.5　复合地基形成条件

复合地基中增强体和桩间土共同直接承担荷载是形成复合地基的必要条件，在复合地基设计中要充分重视，予以保证。在荷载作用下，增强体和桩间土是否能够共同直接承担上部结构传来的荷载是有条件的，即复合地基的形成是有条件的，下面进行简要分析（图 13-9）。

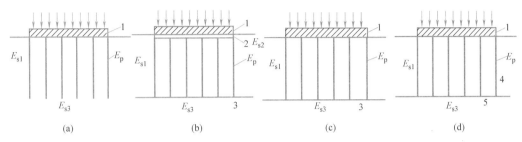

图 13-9　复合地基形成条件示意图

（a）桩端落在可压缩层；（b）设置垫层；（c）不设置垫层；（d）桩端落在相对好土层

1—刚性基础；2—垫层；3—不可压缩层；4—软弱土层；5—相对好土层；

E_p—增强体压缩模量；E_{s1}—桩间土压缩模量；E_{s2}—垫层压缩模量；E_{s3}—下卧层压缩模量

图中，$E_p > E_{s1}$，$E_p > E_{s2}$，$E_p > E_{s3}$。散体材料桩在荷载作用下产生侧向鼓胀变形，能够保证桩体和桩间土共同直接承担上部结构传来的荷载。因此当竖向增强体为散体材料桩时，各种情况均可满足桩和桩间土共同直接承担上部荷载。然而，当竖向增强体为黏结材料桩时情况就不同了。不设垫层，竖向增强体桩端落在可压缩层（图 13-9a），荷载作用下，竖向增强体和桩间土沉降量相同，则可保证桩和桩间土共同直接承担荷载。竖向增强体桩落在不可压缩层上，在基础下设置一定厚度的柔性垫层（图 13-9b），在荷载作用下，通过基础下柔性垫层的协调，也可保证竖向增强体和桩间土共同承担荷载。但需要注意分析柔性垫层对竖向增强体和桩间土的差异变形的协调能力，以及竖向增强体和桩间土之间可能产生的最大差异变形两者的关系。如果竖向增强体和桩间土之间可能产生的最大差异变形超过柔性垫层对竖向增强体和桩间土的差异变形的协调能力，那么虽在基础下设置了一定厚度的柔性垫层，在荷载作用下，也不能保证竖向增强体和桩间土始终共同直接承担荷载。当竖向增强体落在不可压缩层上，而且未设置垫层（图 13-9c），在荷载作用下，开始时竖向增强体和桩间土中的竖向应力大小大致上按两者的模量比分配，但是随着土体产生蠕变，土中应力不断减小，而竖向增强体中应力逐渐增大，荷载逐渐向桩上转移。若 $E_p \gg E_{s1}$，则桩间土承担的荷载比例极小。特别是遇到地下水位下降等情况，桩间土体进一步压缩，桩间土可能不再承担荷载。在这种情况下竖向增强体与桩间土难以共同直接承担荷载，也就是说竖向增强体和桩间土不能形成复合地基以共同承担上部荷载。当复合地基中增强体穿透最薄弱土层，落在相对好的土层上（图 13-9d），$E_{s3} > E_{s1}$，在这种情况下，应重视 E_p、E_{s1} 和 E_{s3} 三者之间的关系，保证在荷载作用下竖向增强体和桩间土通过变形协调共同承担荷载。因此采用黏结材料桩，特别是刚性桩形成的复合地基需要重视复合地基形成条件分析。

在实际工程中如果竖向增强体和桩间土不能满足复合地基形成条件，而以复合地基理念进行设计是不安全的。把不能直接承担荷载的桩间土地基承载力计算在内，高估了复合地基承载能力，降低了安全度，可能造成工程事故，应引起设计人员的充分重视。

13.3 复合地基勘察要点

对根据初步勘察或附近场地地质资料和地基处理经验初步确定采用复合地基处理方案的场地，进一步勘察前应搜集附近场地的地质资料及地基处理经验，并结合工程特点和设计要求，明确勘察任务和重点。

控制性勘探孔的深度应满足复合地基沉降计算的要求；需验算地基稳定性时勘探孔布置和勘察孔深度应满足稳定性验算的需要。

拟采用复合地基的场地，其岩土工程勘察应包括下列内容：

（1）查明场地地形、地貌和周边环境，并评价地基处理对附近建（构）筑物、管线等的影响；

（2）查明勘探深度内土的种类、成因类型、沉积时代及土层空间分布；

（3）查明大粒径块石、地下洞穴、植物残体、管线、障碍物等可能影响复合地基中增强体施工的因素，对地基处理工程有影响的多层含水层应分层测定其水位，软弱黏性土层宜根据地区土质，查明其灵敏度；

（4）应查明拟采用的复合地基中增强体的侧摩阻力、端阻力及土的压缩曲线和压缩模量，对柔性桩（墩）应查明未经修正的桩端土地基承载力；对软黏土地基应查明土体的固结系数；

（5）对需要进行稳定分析的复合地基应查明黏性土层土体的抗剪强度指标以及土体不排水抗剪强度；

（6）复合地基中增强体施工对加固区土体挤密或扰动程度较高时，宜测定增强体施工后加固区土体的压缩性指标和抗剪强度指标；

（7）路堤、堤坝、堆场工程的复合地基应查明填料或堆料的种类、重度、直接快剪强度指标等；

（8）除以上需要查明的内容外，尚应根据拟采用复合地基中增强体类型按表 13-1 的要求查明地质参数。

不同增强体类型需查明的参数 表 13-1

序号	增强体类型	需查明的参数
1	深层搅拌桩	含水量,pH 值,有机质含量,地下水和土的腐蚀性,黏性土的塑性指数和超固结度
2	高压旋喷桩	pH 值,有机质含量,地下水和土的腐蚀性,黏性土的超固结度
3	灰土挤密桩	地下水位,含水量,饱和度,干密度,最大干密度,最优含水量,湿陷性黄土的湿陷性类别、（自重）湿陷系数、湿陷起始压力及场地湿陷性评价,其他湿陷性土的湿陷程度、地基的湿陷等级
4	夯实水泥土桩	地下水位,含水量,pH 值,有机质含量,地下水和土的腐蚀性;用于湿陷性地基时参考灰土挤密桩
5	石灰桩	地下水位,含水量,塑性指数

序号	增强体类型	需查明的参数
6	挤密砂石桩	砂土、粉土的黏粒含量,液化评价,天然孔隙比,最大孔隙比,最小孔隙比,标准贯入击数
7	置换砂石桩	软黏土的含水量,不排水抗剪强度,灵敏度
8	强夯置换墩	软黏土的含水量,不排水抗剪强度,灵敏度,标准贯入或动力触探击数,液化评价
9	刚性桩	地下水和土的腐蚀性,不排水抗剪强度,软黏土的超固结度,灌注桩尚应测定软黏土的含水量

13.4 复合地基设计

13.4.1 复合地基设计原则

设计时应根据上部结构对地基处理的要求、工程地质和水文地质条件、工期、地区经验和环境保护要求等,提出技术上可行的方案,经过技术经济比较,选用合理的复合地基形式。

复合地基设计应进行承载力和沉降计算,其中用于填土路堤和柔性面层堆场等工程的复合地基除应进行承载力和沉降计算外,尚应进行稳定分析;对位于坡地、岸边的复合地基均应进行稳定分析。

在复合地基设计中,应根据各类复合地基的荷载传递特性,保证复合地基中桩体和桩间土在荷载作用下能够共同承担荷载。

复合地基应按上部结构、基础和地基共同作用的原理进行设计。对工后沉降控制较严的复合地基应按沉降控制的原则进行设计。

复合地基设计应符合下列规定:

(1)应根据建筑物的结构类型、荷载大小及使用要求,结合工程地质和水文地质条件、基础形式、施工条件、工期要求及环境条件进行综合分析,并进行技术经济比较,选用一种或几种可行的复合地基方案。

(2)对大型和重要工程,应对已经选用的复合地基方案,在有代表性的场地上进行相应的现场试验或试验性施工,检验设计参数和处理效果,通过分析比较选择和优化设计方案。

(3)在施工过程中应进行监测,当监测结果未达到设计要求时,应及时查明原因,修改设计或采用其他必要措施。

岩土问题分析应详细了解场地工程地质和水文地质条件,了解土层形成年代和成因,掌握土的工程性质,运用土力学基本概念,结合工程经验,进行计算分析。由于岩土工程分析中计算条件的模糊性和信息的不完全性,单纯力学计算不能解决实际问题,需要岩土工程师在计算分析结果和工程经验类比的基础上综合判断,所以复合地基设计注重概念设计。复合地基设计应在充分了解功能要求和掌握必要资料的基础上,通过设计条件的概化,先定性分析,再定量分析,从技术方法的适宜性和有效性、施工的可操作性、质量的可控制性、环境限制和可能产生的负面影响,以及经济性等多方面进行论证,然后选择一个或几个方案,进行必要的计算和验算,通过比较分析,逐步完善设计。

复合地基上宜设置垫层。垫层设置范围、厚度和垫层材料应根据复合地基的形式、桩土相对刚度和工程地质条件等因素确定。

在混凝土基础下的复合地基上设置垫层和在填土路堤和柔性面层堆场下的复合地基上设置垫层性状和要求是不同的。是否设置垫层和垫层厚度应通过技术、经济综合分析后确定。

混凝土基础下复合地基上的垫层宜采用 $100\sim300$mm 的砂石垫层（图 13-10a），当桩土相对刚度较小时取小值。由于砂石垫层的存在，桩间土单元 A_1 中的附加应力比桩间土单元 A_2 中的大，而桩体单元 B_1 中的竖向应力比桩体单元 B_2 中的小。也就是说设置垫层可减小桩土荷载分担比。另外，由于砂石垫层的存在，桩间土单元 A_1 中的水平向应力比桩间土单元 A_2 中的要大，桩体单元 B_1 中的水平向应力比桩体单元 B_2 也要大。由此可得出：由于砂石垫层的存在，使桩体单元 B_1 中的最大剪应力比桩体单元 B_2 中的要小得多。换句话说，砂石垫层的存在使桩体上端部分中竖向应力减小，水平向应力增大，造成该部分桩体中剪应力减小，有效改善了桩体的受力状态。

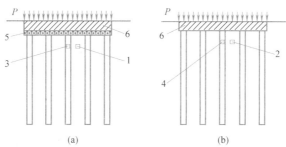

图 13-10　混凝土基础下复合地基示意图
(a) 设置垫层；(b) 不设置垫层
1—桩间土单元 A_1；2—桩间土单元 A_2；3—桩体单元 B_1；
4—桩体单元 B_2；5—砂石垫层；6—刚性基础

从上面的分析可以看到，混凝土基础下复合地基中设置砂石垫层，一方面可以增加桩间土承担荷载的比例，充分利用桩间土地基承载能力；另一方面可以改善桩体上端的受力状态，这对低强度桩复合地基是很有意义的。

混凝土基础下采用散体材料桩复合地基形式时，必须设置垫层，该垫层主要起水平排水作用，与竖向散体材料桩形成排水系统，充分发挥上部荷载作用下地基的排水固结效应，提高施工期的沉降速率，以减少使用期的沉降。混凝土基础下采用黏结材料桩复合地基形式时，视桩土相对刚度大小决定在复合地基上是否设置垫层。桩土相对刚度较大，而且桩体强度较小时，应设置垫层。通过设置柔性垫层可有效减小桩土应力比，改善接近桩顶部分桩体的受力状态。混凝土基础下黏结材料桩复合地基桩土相对刚度较小或桩体强度足够时，也可不设置垫层。混凝土基础下设置砂石垫层对复合地基性状的影响程度与垫层厚度有关。以桩土荷载分担比为例，垫层厚度越厚，桩土荷载分担比越小。但当垫层厚度达到一定数值后，仍继续增加，桩土荷载分担比并不会继续减小。

与混凝土基础下设置柔性砂石垫层作用相反，在填土路堤和柔性面层堆场下的复合地基上应设置刚度较大的垫层，可有效增加桩体承担荷载的比例，发挥桩的承载能力，提高复合地基承载力，有效减小复合地基的沉降。可采用灰土垫层、土工格栅加筋垫层、碎石垫层等。

13.4.2 复合地基承载力

1. 复合地基承载力概念

复合地基承载力与天然地基承载力的概念相同，代表地基能够承受外界荷载的能力。我国不同级别和行业的规范中采用的地基承载力的概念和计算方法也不完全相同。我国《建筑地基处理技术规范》JGJ 79 和《复合地基技术规范》GB/T 50783 中采用的是"复合地基承载力特征值"的概念，是指"由载荷试验确定的复合地基压力变形曲线线性变形段内所对应的压力值，其最大值为比例界限值"。如上部荷载控制在"地基承载力特征值"范围内，则地基可以确保不会发生失稳，也不会发生大的塑性变形。

在荷载作用时，作用在复合地基上的压力应符合下式要求：

$$p_k \leqslant f_a \tag{13-1}$$

当偏心荷载作用时，作用在复合地基上的压力除应符合公式（13-1）的要求外，尚应符合下式要求：

$$p_{kmax} \leqslant 1.2 f_a \tag{13-2}$$

式中 p_k——相应于荷载效应标准组合时，作用在复合地基上的平均压力值（kPa）；

f_a——复合地基经深度修正后的承载力特征值（kPa）；

p_{kmax}——相应于荷载效应标准组合时，作用在基础底面边缘处复合地基上的最大压力值（kPa）。

地基承载力并不是一个固定值，除了与地基的自身力学特性有关外，还与基础的埋深以及基础尺寸有关，因此还需要进行深度修正和宽度修正，对于复合地基，规范中规定：

（1）基础宽度的地基承载力修正系数应取零；

（2）基础埋深的地基承载力修正系数应取 1.0。

对于复合地基，当在受力范围内仍存在软弱下卧层时，就构成所谓的"双层地基"，这时，还应验算下卧层的地基承载力，以确保整个地基的稳定。

确定复合地基承载力 f_{spk} 有两种方法，一种是采用理论公式计算得到，另外一种是通过现场试验得到。在进行复合地基方案初步设计时，需要采用理论计算公式来得到复合地基承载力的计算值；而在进行复合地基详细设计以及检验复合地基效果时，则必须通过现场试验来确定复合地基承载力实际值。

2. 复合地基承载力计算方法

复合地基承载力计算采用复合求和法，就是将复合地基的承载力视为桩体承载力与桩间土承载力之和。在这个理论的基础上，又具体有两种计算方法，即应力复合法和变形复合法。这两种方法分别对应于不同类型的复合地基。应力复合法针对的是散体材料增强体复合地基；变形复合法针对的是黏结强度增强体复合地基。

应力复合法认为复合地基在达到其承载力的时候，复合地基中的增强体与桩间土也同时达到各自的承载力，各自的承载力发挥系数均为 1.0。变形复合法认为复合地基在达到其承载力的时候，复合地基中的增强体与桩间土并不同时达到各自的承载力，在变形协调条件下，增强体属于低应变材料，在地基沉降较小时就可以充分发挥其承载力；而桩间土属于大应变材料，只有发生较大变形时才能发挥其承载力。因此，复合地基中的增强体与桩间土存在一个发挥系数。

需要特别注意的是，采用应力复合法得到的复合地基承载力总是要大于天然地基的承载力的，但当采用变形复合法时，如桩间土的发挥系数过小，就有可能会得到复合地基承载力小于天然地基承载力的结果。出现这种情况是不合理的，工程实际中应该通过合理措施（如铺设褥垫层）使土的承载力最大程度发挥。因此在采用变形复合法设计复合地基时，应通过合理的设计，保证桩间土的承载力充分发挥，从而使设计方案更加优化。

3. 规范中两种计算方法的应用

(1) 中华人民共和国行业标准《建筑地基处理技术规范》JGJ 79—2012 的规定

复合地基承载力应通过复合地基静载荷试验或采用增强体静载荷试验结果和桩间土的承载力特征值结合经验确定，初步设计时，可按下式估算承载力：

1) 对散体材料增强体复合地基：

$$f_{spk} = [1 + m(n-1)]f_{sk} \tag{13-3}$$

式中　f_{spk}——复合地基承载力特征值（kPa）；

　　　f_{sk}——处理后桩间土承载力特征值（kPa），可按地区经验确定；无试验资料时，除灵敏度较高的土外，可取天然地基承载力特征值；

　　　n——复合地基桩土应力比，可按地区经验确定；

　　　m——复合地基置换率。

2) 对有黏结强度增强体复合地基：

$$f_{spk} = \lambda m \frac{R_a}{A_p} + \beta(1-m)f_{sk} \tag{13-4}$$

式中　λ——单桩承载力发挥系数，可按地区经验取值；

　　　m——面积置换率；

　　　R_a——单桩承载力特征值（kN）；

　　　A_p——桩的截面积（m^2）；

　　　β——桩间土承载力发挥系数，可按地区经验取值。

3) 增强体单桩竖向承载力特征值可按下式估算：

$$R_a = u_p \sum_{i=1}^{n} q_{si} l_{pi} + \alpha_p q_p A_p \tag{13-5}$$

式中　u_p——桩的周长（m）；

　　　q_{si}——桩周第 i 层土的侧阻力特征值（kPa），可按地区经验确定；

　　　l_{pi}——桩长范围内第 i 层土的厚度（m）；

　　　α_p——桩端阻力发挥系数，应按地区经验确定；

　　　q_p——桩端阻力特征值（kPa），可按地区经验确定；对于水泥搅拌桩、旋喷桩应取未经修正的桩端地基土承载力特征值。

4) 有黏结强度复合地基增强体桩身强度应满足式（13-6）的要求。当复合地基承载力进行基础埋深的深度修正时，增强体桩身强度应满足式（13-7）的要求。

$$f_{cu} \geqslant 4 \frac{\lambda R_a}{A_p} \tag{13-6}$$

$$f_{cu} \geqslant 4 \frac{\lambda R_a}{A_p} \left[1 + \frac{\gamma_m (d-0.5)}{f_{spa}} \right] \qquad (13-7)$$

式中 f_{cu} ——桩体试块（边长 150mm 的立方体）标准养护 28d 的立方体抗压强度平均值（kPa），对水泥土搅拌桩应取 90d 的立方体抗压强度平均值；

      γ_m ——基础底面以上土的加权平均重度（kN/m^3），地下水位以下取浮重度；

      d ——基础埋置深度（m）；

      f_{spa} ——深度修正后的复合地基承载力特征值（kPa）。

（2）中华人民共和国国家标准《复合地基技术规范》GB/T 50783—2012 的规定

复合地基承载力特征值应通过复合地基竖向抗压载荷试验或综合桩体竖向抗压载荷试验和桩间土地基竖向抗压载荷试验，并结合工程实践经验综合确定。

1）初步设计时，复合地基承载力特征值也可按下列公式估算：

$$f_{spk} = k_p \lambda_p m R_a / A_p + k_s \lambda_s (1-m) f_{sk} \qquad (13-8)$$

$$f_{spk} = \beta_p m R_a / A_p + \beta_s (1-m) f_{sk} \qquad (13-9)$$

$$\beta_p = k_p \lambda_p \qquad (13-10)$$

$$\beta_s = k_s \lambda_s \qquad (13-11)$$

式中 A_p ——单桩截面积（m^2）；

      R_a ——单桩竖向抗压承载力特征值（kN）；

      f_{sk} ——桩间土地基承载力特征值（kPa）；

      m ——复合地基置换率；

      k_p ——复合地基中桩体实际竖向抗压承载力的修正系数，与施工工艺、复合地基置换率、桩间土的工程性质、桩体类型等因素有关，宜按地区经验取值；

      k_s ——复合地基中桩间土地基实际承载力的修正系数，与桩间土的工程性质、施工工艺、桩体类型等因素有关，宜按地区经验取值；

      λ_p ——桩体竖向抗压承载力发挥系数，反映复合地基破坏时桩体竖向抗压承载力发挥度，宜按地区经验取值；

      λ_s ——桩间土地基承载力发挥系数，反映复合地基破坏时桩间地基承载力发挥度，宜按桩间土的工程性质、地区经验取值；

      β_p ——综合考虑复合地基中桩体实际竖向抗压承载力和复合地基破坏时桩体的竖向抗压承载力发挥度的桩体竖向抗压承载力修正系数，宜综合考虑上述影响因素，结合工程经验取值；

      β_s ——综合考虑复合地基中桩间土地基实际承载力和复合地基破坏时桩间土地基承载力发挥度的桩间土地基承载力修正系数，宜综合考虑上述影响因素，结合工程经验取值。

2）复合地基竖向增强体采用柔性桩和刚性桩时，柔性桩和刚性桩的竖向抗压承载力特征值应通过单桩竖向抗压载荷试验确定。初步设计时，由桩周土和桩端土的抗力可能提供的单桩竖向抗压承载力特征值可按公式（13-12）估算；由桩体材料强度可能提供的单桩竖向抗压承载力特征值可按公式（13-13）估算。

$$R_a = u_p \sum_{i=1}^{n} q_{si} l_i + \alpha q_p A_p \qquad (13-12)$$

$$R_a = \eta f_{cu} A_p \tag{13-13}$$

式中　R_a——单桩竖向抗压承载力特征值（kN）；

　　　A_p——单桩截面积（m^2）；

　　　u_p——桩的截面周长（m）；

　　　n——桩长范围内所划分的土层数；

　　　q_{si}——第 i 层土的桩侧摩阻力特征值（kPa）；

　　　l_i——桩长范围内第 i 层土的厚度（m）；

　　　q_p——桩端土地基承载力特征值（kPa）；

　　　α——桩端土地基承载力折减系数；

　　　f_{cu}——桩体抗压强度平均值（kPa）；

　　　η——桩体强度折减系数。

　　3）复合地基竖向增强体采用散体材料桩时，散体材料桩竖向抗压承载力特征值应通过单桩竖向抗压载荷试验确定。初步设计时，散体材料桩竖向抗压承载力特征值也可按下式估算：

$$R_a = \sigma_{ru} K_p A_p \tag{13-14}$$

式中　R_a——单桩竖向抗压承载力特征值（kN）；

　　　A_p——单桩截面积（m^2）；

　　　σ_{ru}——桩周土所能提供的最大侧限力（kPa）；

　　　K_p——被动土压力系数。

　　4）复合地基处理范围以下存在软弱下卧层时，下卧层承载力应按下式验算：

$$p_z + p_{cz} \leqslant f_{az} \tag{13-15}$$

式中　p_z——荷载效应标准组合时，软弱下卧层顶面处的附加压力值（kPa）；

　　　p_{cz}——软弱下卧层顶面处土的自重压力值（kPa）；

　　　f_{az}——软弱下卧层顶面处经深度修正后的地基承载力特征值（kPa）。

　　5）当采用长—短桩复合地基时，复合地基承载力特征值可按下式计算：

$$f_{spk} = \beta_{p1} m_1 R_{a1}/A_{p1} + \beta_{p2} m_2 R_{a2}/A_{p2} + \beta_s (1 - m_1 - m_2) f_{sk} \tag{13-16}$$

式中　A_{p1}——长桩的单桩截面积（m^2）；

　　　A_{p2}——短桩的单桩截面积（m^2）；

　　　R_{a1}——长桩单桩竖向抗压承载力特征值（kN）；

　　　R_{a2}——短桩单桩竖向抗压承载力特征值（kN）；

　　　f_{sk}——桩间土地基承载力特征值（kPa）；

　　　m_1——长桩的面积置换率；

　　　m_2——短桩的面积置换率；

　　　β_{p1}——综合考虑复合地基中桩体实际竖向抗压承载力和复合地基破坏时桩体竖向抗压承载力发挥度的长桩竖向抗压承载力修正系数，宜综合考虑各种影响因素，结合工程经验取值；

　　　β_{p2}——综合考虑复合地基中桩体实际竖向抗压承载力和复合地基破坏时桩体竖向抗压承载力发挥度的短桩竖向抗压承载力修正系数，宜综合考虑各种影响因素，结合工程经验取值；

β_s——综合考虑复合地基中桩间土地基实际承载力和复合地基破坏时桩间土地基承载力发挥度的桩间土地基承载力修正系数，宜综合考虑上述影响因素，结合工程经验取值。

上述公式中 k_p 反映复合地基中桩体实际竖向抗压承载力与自由单桩竖向抗压承载力之间的差异，与施工工艺、复合地基置换率、桩间土工程性质、桩体类型等因素有关，多数情况下可能稍大于 1.0，一般情况下可取 $k_p=1.0$；k_s 反映复合地基中桩间土地基实际承载力与天然地基承载力之间的差异，与桩间土的工程性质、施工工艺、桩体类型等因素有关，多数情况下大于 1.0，特别在可挤密地基中进行挤土桩施工后，桩间土地基实际承载力比天然地基承载力有较大幅度提高。表 13-2 中给出了各种增强体施工时所造成的桩间土承载力变化趋势，具体数值则需要结合现场试验以及经验确定。λ_p 反映复合地基破坏时桩体竖向抗压承载力发挥程度，混凝土基础下复合地基中桩体竖向抗压承载力发挥系数 λ_p 可取 1.0，而填土路堤和柔性面层堆场下的复合地基中桩体竖向抗压承载力发挥系数 λ_p 取值宜小于 1.0。λ_s 反映复合地基破坏时桩间土地基承载力的发挥程度，混凝土基础下复合地基中桩间土地基承载力发挥系数 λ_s 取值宜小于 1.0，而填土路堤和柔性面层堆场下的复合地基中桩间土地基承载力发挥系数 λ_s 可取 1.0。

公式中 β_p 综合反映了复合地基中桩体实际竖向抗压承载力与自由单桩竖向抗压承载力之间的差异，以及复合地基破坏时桩体竖向抗压承载力发挥程度，$\beta_p=k_p\lambda_p$；β_s 综合反映了复合地基中桩间土地基实际承载力与天然地基承载力之间的差异，以及复合地基破坏时桩间土地基承载力发挥程度，$\beta_s=k_s\lambda_s$。

地基处理后桩间土承载力变化 　　　　　　　　表 13-2

桩类	土类	桩间土承载力变化
砂桩、碎石桩	砂土	增大
	粉土、杂填土、含粗粒较多的素填土	增大
	非饱和黏性土	增大
	饱和黏性土	减小
石灰桩	黄土、低含水量填土	增大
	饱和软土	增大
水泥土桩	各类土	基本不变
CFG 桩	砂土、粉土、松散填土、粉质黏土、非饱和黏土	增大
	饱和黏土、淤泥质土	减小

13.4.3 复合地基变形

中华人民共和国行业标准《建筑地基处理技术规范》JGJ 79—2012 规定：

(1) 复合地基变形计算，应符合现行国家标准《建筑地基基础设计规范》GB 50007—2011 的有关规定，地基变形计算深度应大于复合土层的深度。当复合土层的分层与天然地基相同时，各复合土层的压缩模量等于该层天然地基压缩模量的 ζ 倍，ζ 值可按下式确定：

$$\zeta = \frac{f_{spk}}{f_{ak}}$$ (13-17)

式中 f_{ak}——基础底面下天然地基承载力特征值（kPa）。

（2）复合地基的变形计算经验系数 ψ_s 可根据地区沉降观测资料统计值确定，无经验取值时，可采用表 13-3 的数值。

复合地基变形计算经验系数 ψ_s　　　　　　　　　表 13-3

$\overline{E}_s$(MPa)	4.0	7.0	15.0	20.0	35.0
ψ_s	1.0	0.7	0.4	0.25	0.2

注：$\overline{E}_s$ 为变形计算深度范围内压缩模量的当量值，应按下式计算：

$$\overline{E}_s = \frac{\sum\limits_{i=1}^{n} A_i + \sum\limits_{j=1}^{m} A_j}{\sum\limits_{i=1}^{n} \dfrac{A_i}{E_{spi}} + \sum\limits_{j=1}^{m} \dfrac{A_j}{E_{sj}}}$$ (13-18)

式中 A_i——加固土层第 i 层土附加应力系数沿土层厚度的积分值；

A_j——加固土层下第 j 层土附加应力系数沿土层厚度的积分值。

中华人民共和国国家标准《复合地基技术规范》GB/T 50783—2012 规定：

（1）复合地基的沉降由垫层压缩变形量、加固区复合土层压缩变形量 s_1 和加固区下卧土层压缩变形量 s_2 组成。当垫层压缩变形量小，且在施工期已基本完成时，可以忽略不计。复合地基沉降可按下式计算：

$$s = s_1 + s_2$$ (13-19)

式中 s_1——复合地基加固区复合土层压缩变形量（mm）；

s_2——加固区下卧土层压缩变形量（mm）。

（2）复合地基加固区复合土层压缩变形量 s_1 宜根据复合地基类型分别按下列公式计算。

1）对散体材料桩复合地基和柔性桩复合地基可按下列公式计算：

$$s_1 = \psi_{s1} \sum_{i=1}^{n} \frac{\Delta p_i}{E_{spi}} l_i$$ (13-20)

$$E_{spi} = mE_{pi} + (1-m)E_{si}$$ (13-21)

式中 Δp_i——第 i 层土的平均附加应力增量（kPa）；

l_i——第 i 层土的厚度（mm）；

ψ_{s1}——复合地基加固区复合土层压缩变形量计算经验系数，根据复合地基类型、地区实测资料及经验确定；

E_{spi}——第 i 层复合土体的压缩模量（kPa）；

E_{pi}——第 i 层桩体压缩模量（kPa）；

E_{si}——第 i 层桩间土压缩模量（kPa），宜按当地经验取值，如无经验，可取天然地基压缩模量。

2）对刚性桩复合地基，加固区复合土层压缩变形量 s_1 可按下式计算：

$$s_1 = \psi_p \frac{Ql}{E_p A_p} \tag{13-22}$$

式中 Q——刚性桩桩顶附加荷载（kN）；

l——刚性桩桩长（mm）；

E_p——桩体压缩模量（kPa）；

A_p——单桩截面积（m^2）；

ψ_p——刚性桩桩体压缩经验系数，宜综合考虑刚性桩长细比、桩端刺入量，根据地区实测资料及经验确定。

（3）复合地基加固区下卧土层压缩变形量 s_2 可按下式计算：

$$s_2 = \psi_{s2} \sum_{i=1}^{n} \frac{\Delta p_i}{E_{si}} l_i \tag{13-23}$$

式中 Δp_i——第 i 层土的平均附加应力增量（kPa）；

l_i——第 i 层土的厚度（mm）；

E_{si}——基础底面下第 i 层土的压缩模量（kPa）；

ψ_{s2}——复合地基加固区下卧土层压缩变形量计算经验系数，根据复合地基类型地区实测资料及经验确定。

（4）作用在复合地基加固区下卧层顶部的附加压力宜根据复合地基类型采用不同方法。对散体材料桩复合地基宜采用压力扩散法计算，对刚性桩复合地基宜采用等效实体法计算，对柔性桩复合地基，可视桩土模量比大小分别采用等效实体法或压力扩散法计算。

（5）当采用长—短桩复合地基时，复合地基的沉降由垫层压缩量、加固区复合土层压缩变形量 s_1 和加固区下卧土层压缩变形量 s_2 组成。加固区复合土层压缩变形量又由短桩范围内复合土层压缩变形量 s_{11} 和短桩以下只有长桩部分复合土层压缩变形量 s_{12} 组成。垫层压缩量小，且在施工期已基本完成，可以忽略不计。长—短桩复合地基的沉降宜按下式计算：

$$s = s_{11} + s_{12} + s_2 \tag{13-24}$$

长—短复合地基中短桩范围内复合土层压缩变形量 s_{11} 和短桩以下只有长桩部分复合土层压缩变形量 s_{12} 可按公式（13-20）计算，加固区下卧土层压缩变形量 s_2 可按公式（13-23）计算。短桩范围内第 i 层复合土体的压缩模量 E_{spi} 可按下式计算：

$$E_{spi} = m_1 E_{p1i} + m_2 E_{p2i} + (1 - m_1 - m_2) E_{si} \tag{13-25}$$

式中 E_{p1i}——第 i 层长桩桩体压缩模量（kPa）；

E_{p2i}——第 i 层短桩桩体压缩模量（kPa）；

E_{si}——第 i 层桩间土压缩模量（kPa），宜按当地经验取值，无经验时，可取天然地基压缩模量。

13.4.4 复合地基固结度

由于复合地基是由桩和桩间土所组成的复合体，桩与桩间土的物理力学特性相差较大，其固结特性远比天然地基复杂。下面主要介绍便于实际工程中应用的两种简化分析方法。

1. 巴伦解—固结系数等代法（适用于砂桩、碎石桩复合地基）

1940—1942 年，巴伦（Barron）基于太沙基的固结理论，提出了砂井固结理论。巴伦的理论既考虑了垂直向渗透固结，又考虑了径向的排水固结。这个理论也可用于砂桩和碎石桩复合地基的固结分析，但由于未考虑桩体刚度对固结速度的影响，得到的固结度要偏小一些。韩杰、叶书麟（1990）曾通过理论推导建立了碎石桩复合地基固结度计算公式，考虑了桩体刚度对固结速度的影响。该公式在形式上与巴伦解的公式完全相同，只是采用了不同的固结系数——等代固结系数 c'_h 和 c'_v，即

$$\left.\begin{aligned} c'_h &= c_h\left(1 + N\,\frac{m}{1-m}\right) \\ c'_v &= c_v\left(1 + N\,\frac{m}{1-m}\right) \end{aligned}\right\} \tag{13-26}$$

式中　c_h、c_v——分别为桩间土水平向和垂直向固结系数；

　　　　N——桩、土弹性模量之比（E_p/E_s）。

从该式可以看出，桩土模量比 N 和置换率 m 的增加会使垂直向和水平向固结系数增加，从而加快固结速度。

2. 太沙基解—复合参数法（适用于水泥土桩复合地基）

如果说砂桩、碎石桩复合地基固结过程中孔隙水的主要流动方向为径向的话，水泥土桩复合地基固结过程中孔隙水的主要流动方向为垂直向，这一点与天然地基类似，因此工程中常采用太沙基固结理论来进行水泥土桩复合地基的分析，其中压缩模量采用复合地基的压缩模量 E_{ps}，渗透系数采用复合地基的垂直向渗透系数 k_{vps}，即：

$$k_{vps} = mk_{vp} + (1-m)k_{vs} \tag{13-27}$$

式中　k_{vp}——桩体范围内软土的竖向渗透系数，一般随水泥掺合量增大而减小，可近似取零；

　　　　k_{vs}——加固深度范围内软土的竖向渗透系数。

3. 双层地基固结理论

以上两种方法适用于单层复合地基的固结分析，即复合地基的厚度与沉降计算深度相同。但在实际工程中，常常会出现复合地基厚度小于沉降计算深度的情况，上部为桩土复合地基，下部为下卧层，构成双层地基。双层地基中下卧层的孔压消散往往要经历较长的时间，从而减小整个地基的平均固结度。双层地基固结分析需要借助双层地基固结理论。谢康和等（1990）通过建立固结方程与求解条件，经过数学推导，得出了瞬时加荷下双层地基的平均固结度，以及单级等速加荷下单面排水条件时的平均固结度表达式。读者可参阅原文献。

13.4.5　复合地基稳定性

受较大水平荷载或位于斜坡上的建筑物及构筑物，当建造在处理后的地基上时；或由于建筑物及构筑物建造在处理后的地基上，而临近地下工程施工改变了原建筑物地基的设计条件，建筑物地基存在稳定问题时；或用于填土路堤和柔性面层堆场等工程的复合地基除应进行承载力和沉降计算外，尚应进行稳定分析。

稳定性分析计算方法主要有：传统的复合地基稳定计算方法、英国加筋土及加筋填土规范计算方法（BS8006）、考虑桩体弯曲破坏的可使用抗剪强度计算方法、桩在滑动面断开处发挥摩擦力的计算方法、扣除桩分担荷载的等效荷载法等。目前我国规范中对复合地基稳定性的计算分析方法有所差异，现分别进行介绍。

1. 中华人民共和国行业标准《建筑地基处理技术规范》JGJ 79—2012

该规范规定：处理后地基的整体稳定分析可采用圆弧滑动法，其稳定安全系数不应小于 1.30。散体加固材料的抗剪强度指标，可按加固体材料的密实度通过试验确定；胶结材料的抗剪强度指标可按桩体断裂后滑动面材料的摩擦性能确定。

采用散体材料进行地基处理，其地基的稳定可采用圆弧滑动法分析，已得到工程界的共识；对于采用具有黏结强度的材料进行地基处理，其地基的稳定性分析方法还有不同的认识。同时，不同的稳定分析的方法其保证工程安全的最小稳定安全系数的取值不同。采用具有黏结强度的材料进行地基处理，其地基整体失稳是增强体断裂，并逐渐形成连续滑动面的破坏现象，已得到工程的验证。

研究结果表明，采用无配筋的竖向增强体地基处理，其提高稳定安全性的能力是有限的。工程需要时应配置钢筋，增加增强体的抗剪强度；或采用设置抗滑构件的方法满足稳定安全性要求。

2. 中华人民共和国国家标准《复合地基技术规范》GB/T 50783—2012

该规范规定：在复合地基稳定分析中，所采用的稳定分析方法、计算参数、计算参数的测定方法和稳定安全系数取值应相互匹配。复合地基稳定分析可采用圆弧滑动总应力法进行分析。稳定安全系数由最危险滑动面上的总剪切力 T_t 和总抗剪切力 T_s，按下式计算：

$$K = \frac{T_s}{T_t}$$ (13-28)

式中　T_t——荷载效应标准组合时最危险滑动面上的总剪切力（kN）；

　　　T_s——最危险滑动面上的总抗剪切力（kN）；

　　　K——安全系数。

复合地基稳定分析方法宜根据复合地基类型合理选用。复合地基竖向增强体长度应大于设计要求安全度对应的危险滑动面下 2m。

稳定性安全系数取值四者相互匹配非常重要。岩土工程中稳定分析方法很多，所用计算参数也多。以饱和黏性土为例，抗剪强度指标有有效应力指标和总应力指标两类，也可直接测定土的不排水抗剪强度。采用不同试验方法测得的抗剪强度指标值，或不排水抗剪强度值是有差异的。甚至取土器不同也可造成较大差异。对灵敏度较大的软黏土，采用薄壁取土器取样试验得到的抗剪强度指标值比一般取土器取的大 30% 左右。在岩土工程稳定分析中取的安全系数值一般是特定条件下的经验总结。目前不少规程规范，特别是商用岩土工程稳定分析软件中不重视上述四者相匹配的原则，采用再好的岩土工程稳定分析方法也难以取得客观的分析结果，失去进行稳定分析的意义，有时会酿成工程事故，应予以充分重视。

对散体材料桩复合地基，稳定分析中最危险滑动面上的总剪切力可由传至复合地基面上的总荷载确定，最危险滑动面上的总抗剪切力计算中，复合地基加固区强度指标可采用复合土体综合抗剪强度指标，也可分别采用桩体和桩间土的抗剪强度指标；未加固区可采用天然地基土体抗剪强度指标。

对柔性桩复合地基可采用上述散体材料桩复合地基稳定分析方法。在分析时，应视桩土模量比对抗力的贡献进行折减。

对刚性桩复合地基，最危险滑动面上的总剪切力可只考虑传至复合地基桩间土地基面上的荷载，最危险滑动面上的总抗剪切力计算中，可只考虑复合地基加固区桩间土和未加固区天然地基土体对抗力的贡献，稳定安全系数可通过综合考虑桩体类型、复合地基置换率、工程地质条件、桩持力层情况等因素确定。稳定分析中没有考虑由刚性桩承担的荷载产生的滑动力和刚性桩抵抗滑动的贡献。由于没有考虑由刚性桩承担的荷载产生的滑动力的效应可能比刚性桩抵抗滑动的贡献要大，稳定分析安全系数应适当提高。

13.5 检验与监测

13.5.1 地基处理检验

1. 基本原则

地基处理工程的验收检验应在分析工程的岩土工程勘察报告、地基基础设计及地基处理设计资料，了解施工工艺和施工中出现的异常情况等后，根据地基处理的目的，制定检验方案，选择检验方法。当采用一种检验方法的检测结果具有不确定性时，应采用其他检验方法进行验证。

检验数量应根据场地复杂程度、建筑物的重要性以及地基处理施工技术的可靠性确定，满足处理地基的评价要求。在满足规范各种处理地基的检验数量，检验结果不满足设计要求时，应分析原因，提出处理措施。对重要的部位，必要时应增加检验数量。

不同基础形式，对检验数量和检验位置的要求应有不同。每个独立基础、条形基础应有检验点；满堂基础一般应均匀布置检验点。对检验结果的评价也应视不同基础部位以及其不满足设计要求时的后果给予不同的评价。

验收检验的抽检位置应按下列要求综合确定：抽检点宜随机、均匀和有代表性分布；设计认为的重要部位；局部岩土特性复杂可能影响施工质量的部位；施工出现异常情况的部位。

2. 复合地基增强体单桩和复合地基载荷试验

在实际工程中，单桩和复合地基载荷试验是检验加固效果和工程质量的一种有效而常用的方法。单桩竖向载荷试验用于测定单桩竖向承载力、变形参数和桩身质量；复合地基载荷试验用于测定承压板下应力主要影响范围内复合土层的承载力和变形参数，验证设计方案的合理性。

（1）开始试验的时间间隔

开始进行载荷试验的时间，应考虑桩体以及复合地基的强度时效，待其强度趋于稳定后再进行。从制桩完成到进行正式试验的时间间隔，可参考表 13-4。

表 13-4

制桩完成到荷载试验的间隔时间

桩类型	土类	间隔时间	备注
砂桩、碎石桩	砂土	1 周	试验时间由桩间土中的孔压消散和强度恢复确定
	粉土、杂填土、含粗粒较多的素填土	1～2 周	
	非饱和黏性土	2～3 周	
	饱和黏性土	3～4 周	

桩类型	土类	间隔时间	备注
石灰桩	黄土、低含水量填土	1～2周	试验时间由桩的龄期确定；对水泥土桩和石灰桩而言，间隔时间均低于其龄期，试验结果偏安全
	饱和软土	4～6周	
水泥土桩	各类土	4周	
CFG桩	各类土	4周	

（2）试验前准备工作

试验前准备工作包括：加载系统和量测系统传感器的标定和安装、开挖试坑、铺设垫层、放置载荷板等。具体要求如下：

1）载荷板：载荷板应为刚性。圆形单桩可采用等直径圆形载荷板，"8"字形水泥土搅拌桩可采用矩形载荷板；单桩复合地基载荷试验的承压板可用圆形或方形，面积为一根桩承担的处理面积；多桩复合地基载荷试验的承压板可用方形或矩形，其尺寸按实际桩数所承担的处理面积确定。桩的中心（或形心）应与承压板中心保持一致，并与荷载作用点相重合。

2）试坑深度、长度和宽度：载荷板底高程应与基础底面设计高程相同。试验标高处的试坑长度和宽度，一般应大于载荷板尺寸的3倍。基准梁支点应在试坑之外。

3）垫层：载荷板下宜铺设中、粗砂或中砂找平层，其厚度为50～150mm，桩身强度高时宜取大值，且铺设垫层和安装载荷板时坑底不宜积水，并避免地基土的扰动，以免影响试验结果。

（3）现场试验

通过加荷系统逐级施加荷载，同时定时量测并记录每级荷载下的地基变形，直到荷载达到最大加载量或复合地基破坏。具体要求如下：

1）载荷及等级

为提供设计依据的试验桩，应加载至破坏；为工程验收而进行抽样检测的试验桩，最大加载量应分别不小于单桩或复合地基承载力设计值的2.0倍。设计加荷等级可分为8～12级，第一级荷载可加倍。

2）沉降测读时间

加载方法应采用慢速维持荷载法。每级荷载施加后按第5、15、30、45、60min测读沉降量，以后每隔30min测读一次，当沉降速率达到相对稳定标准时，施加下一级荷载。

3）稳定标准

当一小时的沉降量小于0.1mm/h时即可加下一级荷载。

4）终止试验条件

当出现下列现象之一时可终止试验。

① 沉降急剧增大，土被挤出或承压板周围出现明显的隆起；

② 承压板的累计沉降量已大于其宽度或直径的6%；

③ 当达不到极限荷载，而最大加载压力已大于设计要求压力值的2倍。

5）卸荷

卸荷应分级进行，每级卸载值取加载值的2倍，逐级等量卸载。每级荷载维持1h，按第5、15、30、60min测读沉降量，卸载至零后，应测读残余沉降量，测读时间为第5、

15、30、60min，以后每隔 30min 测读一次，一般维持 3h。

（4）增强体单桩和复合地基承载力确定（中华人民共和国行业标准《建筑地基处理技术规范》JGJ 79—2012）

增强体单桩竖向抗压极限承载力应按下列方法确定：

1）作荷载—沉降（Q—s）曲线和其他辅助分析所需的曲线；

2）曲线陡降段明显时，取相应于陡降段起点的荷载值；

3）当试验加载至某级荷载出现破坏时，取前一级荷载值；

4）Q—s 曲线呈缓变形时，取桩顶总沉降量 s 为 40mm 所对应的荷载值；

5）按上述方法判断有困难时，可结合其他辅助分析方法综合判定；

6）参加统计的试桩，当满足其极差不超过平均值的 30% 时，设计时可取其平均值为单桩极限承载力；极差超过平均值的 30% 时，应分析离差过大的原因，结合工程具体情况确定单桩极限承载力；必要时增加试桩数量。工程验收时应视建筑物结构、基础形式综合评价，对于桩数少于 5 根的独立基础或桩数少于 3 排的条形基础，应取最低值。

将单桩极限承载力除以安全系数 2，为单桩承载力特征值。

复合地基承载力特征值的确定：

1）当压力—沉降曲线上极限荷载能确定，而其值不小于对应比例界限的 2 倍时，可取比例界限；当其值小于对应比例界限的 2 倍时，可取极限荷载的一半；

2）当压力—沉降曲线是平缓的光滑曲线时，可按相对变形值确定：

① 对沉管砂石桩、振冲碎石桩和柱锤冲扩桩复合地基，可取 s/b 或 s/d 等于 0.01 所对应的压力（s 为静载荷试验承压板的沉降量；b 和 d 分别为承压板宽度和直径）；

② 对灰土挤密桩复合地基，可取 s/b 或 s/d 等于 0.008 所对应的压力；

③ 对水泥粉煤灰碎石桩或夯实水泥土桩复合地基，对以卵石、圆砾、密实粗中砂为主的地基，可取 s/b 或 s/d 等于 0.008 所对应的压力；对以黏性土、粉土为主的地基，可取 s/b 或 s/d 等于 0.01 所对应的压力；

④ 对水泥土搅拌桩或旋喷桩复合地基，可取 s/b 或 s/d 等于 0.006~0.008 所对应的压力，桩身强度大于 1.0MPa 且桩身质量均匀时可取高值；

⑤ 对有经验的地区，可按当地经验确定相对变形值，但原地基土为高压缩性土层时相对变形值的最大值不应大于 0.015；

⑥ 复合地基荷载试验，当采用承压板边长或直径大于 2m 的大承压板进行试验时，b 或 d 按 2m 计；

⑦ 按相对变形值确定的承载力特征值不应大于最大加载压力的一半。

试验点的数量不应少于 3 点，当满足其极差不超过平均值的 30% 时，可取其平均值为复合地基承载力特征值。当极差超过平均值的 30% 时，应分析离差过大的原因，必要时应增加试验数量，并结合工程具体情况确定复合地基承载力特征值。工程验收时应视建筑物结构、基础形式综合评价，对于桩数少于 5 根的独立基础或桩数少于 3 排的条形基础，应取最低值。

（5）增强体单桩和复合地基承载力确定（中华人民共和国国家标准《复合地基技术规范》GB/T 50783—2012）

增强体单桩（墩）竖向抗压极限承载力可按以下方法综合确定：

1）当试验加载至某级荷载出现破坏时，取前一级荷载值；

2）$Q—s$ 曲线为缓变型时，可采用总沉降或相对沉降确定，总沉降或相对沉降应根据桩（墩）类型、地区或行业经验、工程特点等确定，总沉降可取 $40\sim60mm$，直径大于 $800mm$ 时相对沉降可取 $0.05\sim0.07$，长细比大于 80 的柔性桩、散体材料桩宜取大值。

增强体单桩（墩）竖向抗压承载力特征值可按下列方法综合确定：

1）刚性桩单桩（墩）$Q—s$ 曲线比例界限荷载不大于极限荷载的一半时，刚性桩竖向抗压承载力特征值取比例界限荷载；

2）刚性桩单桩（墩）$Q—s$ 曲线比例界限荷载大于极限荷载的一半时，刚性桩竖向抗压承载力特征值取极限荷载除以安全系数 2。

复合地基极限荷载取当试验加载至某级荷载出现破坏时的前一级荷载值。单点承载力特征值可按下列方法综合确定：

1）极限荷载除以 $2\sim3$ 的安全系数，安全系数取值根据行业或地区经验、工程特点确定；

2）$p—s$ 曲线为缓变型时，可采用相对沉降确定，相对沉降值应根据桩（墩）类型、地区或行业经验、工程特点等确定：

① 散体材料桩（墩）可取 $0.010\sim0.020$，桩间土压缩性高时取大值；

② 石灰桩可取 $0.010\sim0.015$；

③ 灰土挤密桩可取 0.008；

④ 深层搅拌桩、旋喷桩可取 $0.005\sim0.010$，桩间土为淤泥时取小值；

⑤ 夯实水泥土桩可取 $0.008\sim0.01$；

⑥ 刚性桩可取 $0.008\sim0.01$。

按照相对沉降确定的承载力特征值不应大于最大试验荷载的一半。

一个检验批参加统计的试验点不应少于 3 点，承载力极差不超过平均值的 30% 时，取其平均值作为承载力特征值。

当极差超过平均值的 30% 时，应分析原因，结合工程具体情况综合确定，必要时可增加试验点数量。

（6）变形模量的确定

由复合地基载荷试验可以绘制压力 p 与沉降 s 的关系曲线，即 $p—s$ 曲线，通过这条曲线可进一步求得复合地基的变形模量 E_{sp0}，计算公式如下：

$$E_{sp0}=\frac{(1-\mu_{sp}{}^2)\pi d}{4}\cdot\frac{p}{s} \tag{13-29}$$

式中　d——圆形载荷板直径（m），如为矩形载荷板，则按照面积等效的原则换算得到等效直径；

　　μ_{sp}——复合地基泊松比，$\mu_{sp}=m\mu_{p}+(1-m)\mu_{s}$，$\mu_{p}$ 和 μ_{s} 分别为桩和桩间土的泊松比。

由于 $p—s$ 曲线呈非线性，因此求得的 E_{sp} 并非为一定值，会随着荷载的增大而减小（见图 13-11）。因此，在进行复合变形计算的时候要根据基础的实际情况（如荷载大小以及基础尺寸）选用合理的变形模量值。

采用同样的方法，也可通过桩间土载荷试验和单桩载荷试验分别得到桩间土和单桩的变形模量 E_{s0} 和 E_{p0}。

13.5.2 地基处理监测

地基处理工程应进行施工全过程的监测。施工中，应有专人或专门机构负责监测工作，随时检查施工记录和计量记录，并按照规定的施工工艺对工序进行质量评定。

堆载预压工程，在加载过程中应进行竖向变形量、水平位移及孔隙水压力等项目的监测。真空预压应进行膜下真空度、地下水位、地面变形、深层竖向变形、孔隙水压力等监测。真空预压加固区周边有建筑物时，还应进行深层侧向位移和地表边桩位移监测。

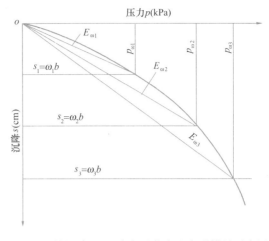

图 13-11　按沉降比 w 确定承载力和变形模量示意图

强夯施工应进行夯击次数、夯沉量、隆起量、孔隙水压力等项目的监测；强夯置换施工尚应进行置换深度的监测。

当夯实、挤密、旋喷桩、水泥粉煤灰碎石桩、柱锤冲扩桩、注浆等方法施工可能对周边环境及建筑物产生不良影响时，应对施工过程的振动、孔隙水压力、噪声、地下管线、建筑物变形进行监测。

大面积填土、填海等地基处理工程，应对地面变形进行长期监测；施工过程中还应对土体位移、孔隙水压力等进行监测。

地基处理工程施工对周边环境有影响时，应进行邻近建（构）筑物竖向及水平位移监测、邻近地下管线监测以及邻近地面变形监测。

处理地基上的建筑物应在施工期间及使用期间进行沉降观测，直至沉降达到稳定标准为止。

思考题与习题

1. 阐述复合地基的概念以及复合地基的形成条件。
2. 阐述复合地基中增强体的分类。
3. 阐述复合地基作用机理。
4. 阐述复合地基中增强体的破坏模式。
5. 阐述复合地基中桩土应力比的影响因素。
6. 阐述复合地基中褥垫层的设置原则。
7. 阐述复合地基承载力计算的应力复合法和变形复合法及其适用桩型。
8. 阐述碎石桩复合地基和搅拌桩复合地基固结度的计算方法。
9. 阐述通过复合地基载荷试验确定复合地基承载力特征值的方法。

参 考 文 献

[1] 中华人民共和国行业标准. 建筑地基处理技术规范 JGJ 79—2012. 北京：中国建筑工业出版社，2012.

[2] 中华人民共和国国家标准. 复合地基技术规范 GB/T 50783—2012. 北京：中国计划出版社，2012.

[3] 中华人民共和国国家标准. 建筑地基基础工程施工规范 GB 51004—2015. 北京：中国计划出版社，2015.

[4] 中华人民共和国国家标准. 建筑地基基础工程施工质量验收规范 GB 50202—2018. 北京：中国计划出版社，2018.

[5] 中华人民共和国国家标准. 建筑地基基础设计规范 GB 50007—2011. 北京：中国建筑工业出版社，2011.

[6] 中华人民共和国国家标准. 建筑抗震设计规范 GB 50011—2010（2016 年版）. 北京：中国建筑工业出版社，2016.

[7] 中华人民共和国行业标准. 建筑桩基技术规范 JGJ 94—2008. 北京：中国建筑工业出版社，2008.

[8] 中华人民共和国国家标准. 岩土工程勘察规范 GB 50021—2001（2009 年版）. 北京：中国建筑工业出版社，2009.

[9] 中华人民共和国国家标准. 湿陷性黄土地区建筑标准 GB 50025—2018. 北京：中国建筑工业出版社，2018.

[10] 中华人民共和国行业标准. 水泥土配合比设计规程 JGJ/T 233—2011. 北京：中国建筑工业出版社，2011.

[11] 中华人民共和国行业标准. 刚-柔性桩复合地基技术规程 JGJ/T 210—2010. 北京：中国建筑工业出版社，2010.

[12] 中华人民共和国行业标准. 劲性复合桩技术规程 JGJ/T 327—2014. 北京：中国建筑工业出版社，2014.

[13] 上海市工程建设规范. 地基处理技术规范 DG/TJ 08—40—2010. 上海市工程建设标准化办公室，2010.

[14] 上海市工程建设规范. GS 土体硬化剂应用技术规程 DG/TJ 08—2082—2017. 上海：同济大学出版社，2017.

[15] 上海市工程建设规范. 迪士尼度假区场地形成工程技术规程 DG/TJ 08—2197—2016. 上海：同济大学出版社，2016.

[16] 上海市工程建设标准. 地基基础设计标准 DGJ 08—11—2018. 上海：同济大学出版社，2018.

[17] 中华人民共和国行业标准. 组合锤法地基处理技术规程 JGJ/T 290—2012. 北京：中国建筑工业出版社，2012.

[18] 中国工程协会标准. 强夯地基处理技术规程 CECS 279：2010. 北京：中国计划出版社，2010.

[19] 江苏省地方标准. 公路工程水泥搅拌桩成桩质量检测规程 DB 32/T 2283—2012. 南京：江苏省质量技术监督局，2012.

[20] 冶金工业部技术规程. 混凝土用高炉重矿渣碎石技术条件 YBJ 205—2008. 北京：冶金工业出版社，2008.

[21] 中华人民共和国国家标准. 用于水泥和混凝土中的粉煤灰 GB 1596—2017. 北京：中国标准出版社，2017.

[22] 中华人民共和国国家标准. 公路路基施工技术规范 JTGF 10—2016. 北京：人民交通出版社，2016.

[23] 中华人民共和国国家标准. 土工试验方法标准 GB/T 50123—2019. 北京：中国计划出版社，2019.

[24] 中华人民共和国行业标准：公路路基设计规范 JTG D30—2015. 北京：人民交通出版社，2015.

[25] 地基处理手册编写委员会. 地基处理手册（第一版、第二版、第三版）. 北京：中国建筑工业出版社，1998，2000，2008.

[26] 叶书麟编著. 地基处理. 北京：中国建筑工业出版社，1988.

[27] 叶书麟主编. 地基处理工程实例应用手册，北京：中国建筑工业出版社，1998.

[28] 林宗元主编. 岩土工程治理手册. 沈阳：辽宁科学技术出版社，1993.

[29] 叶观宝编著. 地基加固新技术（第二版）. 北京：机械工业出版社，2002.

[30] 叶书麟，叶观宝. 地基处理. 北京：中国建筑工业出版社，1997.

[31] 叶书麟，叶观宝. 地基处理（第二版）. 北京：中国建筑工业出版社，2004.

[32] 叶观宝，高彦斌. 地基处理（第三版）. 北京：中国建筑工业出版社，2009.

[33] 康景文，叶观宝，荆伟，唐海峰. 场地形成工程关键技术研究与应用. 北京：中国建筑工业出版社，2019.

[34] 交通部公路科学研究院. 公路冲击碾压应用技术指南. 北京：人民交通出版社，2006.

[35] 阎明礼，张东刚. CFG 桩复合地基技术及工程实践. 北京：中国水利水电出版社，2001.

[36] 周大纲等. 土工合成材料制造技术及性能. 北京：中国轻工业出版社，2001.

[37] 陈仲颐，叶书麟主编. 基础工程学. 北京：中国建筑工业出版社，1990.

[38] 俞调梅，叶书麟，曹名葆等译校. 岩土工程. 北京：中国建筑工业出版社，1986.

[39] 钱鸿缙，叶书麟等译校. 基础工程手册. 北京：中国建筑工业出版社，1983.

[40] 铁道部第四勘察设计院科研所. 加筋土挡墙. 北京：人民交通出版社，1985.

[41] 叶书麟，宰金璋译校. 软黏土工程学. 北京：中国铁道出版社，1991.

[42] 南京水利科学研究院主编. 土工合成材料测试手册. 北京：水利电力出版社，1991.

[43] 朱诗鳌编著. 土工织物应用与计算. 北京：中国地质大学出版社，1989.

[44] 龚晓南. 复合地基. 杭州：浙江大学出版社，1992.